"十三五"国家重点出版物出版规划项目
中国海岸带研究

中国海岸带
大型底栖动物资源

李宝泉　李新正　陈琳琳　王少青 等　编著

科 学 出 版 社
龙 門 書 局
北 京

内 容 简 介

本书系统地对我国海岸带具有较高经济价值的大型底栖动物资源进行了描述，从低等的腔肠动物、环节动物到鱼类，共收录海洋大型底栖动物 11 门 124 科 279 种，大部分物种均提供了整体照片或者鉴定特征图。同时对我国海岸带动物资源的调查研究方法、开发利用历史、现状和未来及目前存在的问题进行了系统论述。

本书可供高校和科研院所的教师、学生和科研人员使用，也可为环境生态保护和渔业资源部门及行业人员提供参考，还可作为渔业从业者及动物爱好者的参考工具书。

图书在版编目（CIP）数据

中国海岸带大型底栖动物资源/李宝泉等编著. —北京：科学出版社，2019.2

（中国海岸带研究丛书）

"十三五"国家重点出版物出版规划项目

ISBN 978-7-03-058664-3

Ⅰ.①中… Ⅱ.①李… Ⅲ.①海岸带-动物资源-资源利用-中国 Ⅳ.①Q95

中国版本图书馆CIP数据核字（2018）第201228号

责任编辑：朱　瑾　田明霞　白　雪 / 责任校对：严　娜
责任印制：肖　兴 / 封面设计：北京图阅盛世文化传媒有限公司

科 学 出 版 社
龍 門 書 局　出版

北京东黄城根北街16号
邮政编码：100717
http://www.sciencep.com

中国科学院印刷厂　印刷
科学出版社发行　各地新华书店经销

*

2019年2月第 一 版　开本：720×1000 1/16
2019年2月第一次印刷　印张：19 1/4
字数：385 000

定价：328.00元
（如有印装质量问题，我社负责调换）

《中国海岸带大型底栖动物资源》
编著者名单

编著者：李宝泉　李新正　陈琳琳　徐　勇

　　　　闫　嘉　李晓静　周政权　刘甜甜

摄　影：王少青　李宝泉　李新正　赵　一

　　　　杨　东　刘　博　杨陆飞　宋　博

　　　　姜少玉　闫　朗

丛 书 序

　　海岸带是地球表层动态而复杂的陆-海过渡带，具有独特的陆、海属性，承受着强烈的陆海相互作用。广义上，海岸带是以海岸线为基准向海、陆两个方向辐射延伸的广阔地带，包括沿海平原、滨海湿地、河口三角洲、潮间带、水下岸坡、浅海大陆架等。海岸带也是人口密集、交通频繁、文化繁荣和经济发达地区，因而又是人文-自然复合的社会-生态系统。全球有 40 余万千米海岸线，一半以上的人口生活在沿海 60 千米的区间内，人口在 250 万以上的城市有 2/3 位于海岸带的潮汐河口附近。在中国，大陆及海岛海岸线总长约为 3.2 万千米，跨越热带、亚热带、温带三大气候带；大陆 11 个沿海省、自治区和直辖市的面积约占全国陆地国土面积的 13%，集中了全国 70% 以上的大城市、42% 的人口和 60% 以上的国内生产总值，新兴海洋经济还在快速增长。21 世纪以来，我国在沿海地区部署了近 20 个战略性国家发展规划，现在的海岸带既是国家经济发展的支柱区域，又是区域社会发展的"黄金地带"。在国家"一带一路"倡议和生态文明建设战略部署下，海岸带作为第一海洋经济区，成为拉动我国经济社会发展的新引擎。

　　然而，随着人类高强度的活动和气候变化，我国乃至世界海岸带面临着自然岸线缩短、泥沙输入减少、营养盐增加、污染加剧、海平面上升、强风暴潮增多、围填海频发和渔业资源萎缩等严重问题，越来越多的海岸带生态系统产品和服务呈现不可持续的趋势，甚至出现生态、环境灾害。海岸带已是自然生态环境与经济社会可持续发展的关键带。

　　海岸带既是深受相连陆地作用的海洋部分，也是深受相连海洋作用的陆地部分。海岸动力学、海域空间规划和海岸管理等已超越传统地理学的范畴，海岸工程、海岸土地利用规划与管理、海岸水文生态、海岸社会学和海岸文化等也已超越传统海洋学的范畴。当今人类社会急需深入认识海岸带结构、组成、性质及功能，陆海相互作用过程、机制、效应及其与人类活动和气候变化的关系，创新工程技术和管理政策，发展海岸科学，支持可持续发展。目前，如何通过科学创新和技术发明，更好地认识、预测和应对气候、环境和人文的变化对海岸带的冲击，管控海岸带风险，增强其可持续性，提高其恢复力，已成为我国乃至全球未来地球海岸科学与可持续发展的重大研究课题。近年来，国际上设立的"未来地球海岸国际计划（Future Earth Coasts，FEC）"，以及我国成立的"中国未来海洋联合会""中国海洋工程咨询协会海岸科学与工程分会""中国太平洋学会海岸管理科学分会"等，充分反映了这种迫切需求。

"中国海岸带研究"丛书正是在认识海岸带自然规律和支持可持续发展的需求下应运而生的。该丛书邀请了包括中国科学院、教育部、国土资源部（国家海洋局）、环境保护部、农业部、交通运输部等系统及企业界在内的数十位知名海岸带研究专家、学者、管理者和企业家，结合他们多年来在科技部、国家自然科学基金委员会、国家海洋局及国际合作项目等研究进展、工程技术实践和旅游文化教育的基础，组织撰写丛书分册。分册涵盖海岸带的自然科学、社会科学和社会-生态交叉学科，涉及海岸带地理、土壤、地质、生态、环境、资源、生物、灾害、信息、工程、经济、文化、管理等多个学科领域，旨在持续向国内外系统展示我国科学家、工程师和管理者在海岸带与可持续发展研究方面的新成果，包括新数据、新图集、新理论、新方法、新技术、新平台、新规定和新策略。出版"中国海岸带研究"丛书在我国尚属首次。无疑，这不仅可以增进科技交流与合作，促进我国及全球海岸科学、技术和管理的研究与发展，而且必将为我国乃至世界海岸带保护、利用和改良提供科技支撑和重要参考。

中国科学院院士、厦门大学教授

2017 年 2 月于厦门

前　言

　　大型底栖生物是海洋生物群落中的重要组成部分，其分布极其广泛，遍及世界各个海域，从热带至极地区域，从潮间带至万米深的超深渊海底。大型底栖生物种类众多，在海洋生态系统的物质和能量循环，乃至平衡和稳定区域生态系统过程中起着重要的作用。其中有些种类在我国海域不仅分布范围广，而且资源量丰富，是极具经济价值的捕捞和养殖对象，如某些虾类、贝类。人类对大型底栖生物的研究历史久远，自古希腊亚里士多德始就有相关记载，其后随着调查手段和采样技术的提高，研究内容更加广泛和深入，逐步从表面观测和物种描述的定性阶段向生物量和丰度的时空分布与群落结构特征研究的定量阶段，以及在整个海洋生态系统中的功能和作用等深层次研究过渡。

　　人类对大型底栖动物的认识较早，利用也较早。我国远古时代曾广泛利用宝贝（贝类）作为钱币和饰品，之后陆续将其开发为中药利用，《神农本草经》《海药本草》《本草纲目》《本草纲目拾遗》均有海洋药物的记载。当然，在民以食为天的远古时代，对海洋生物（包括底栖生物）的利用更多的是食用，它们是当时重要的食物来源，与不同阶段海岸带区域人类社会的发展息息相关。

　　我国对大型底栖动物资源的调查始于 1950 年的全国海洋普查，之后陆续进行的多次海洋调查及近期开展的 908 专项调查，积累了大量的标本和数据，并基本掌握了我国海洋生物资源现状和变化过程。20 世纪 90 年代以来人类涉海活动的增加，尤其是过度捕捞和污染排放，致使环境持续恶化，影响和改变了海洋生物的生境及群落结构，导致物种单一化和小型化趋势更加明显，海岸带动物资源衰退加速，在优势种、生物量和丰度的时空分布格局方面都发生了变化。

　　我国提出的"一带一路"倡议，以及党的十八大提出的"要提高海洋资源开发能力，发展海洋经济，保护海洋生态环境，坚决维护国家海洋权益，建设海洋强国"，也对我国海洋动物资源研究的现状、机遇及面临的问题提出了更高的要求与挑战。为了更加适应国家海洋经济建设发展的战略需要，本书重点描述了我国海岸带区域具有经济价值的各种动物资源，并对我国海岸带动物资源的开发利用历史、目前存在的问题及未来的发展趋势进行了系统论述。书中物种描述所用图片大部分是课题组对多年采集的标本及中国科学院海洋生物标本馆历年收藏标本拍照所得，少数物种因无标本或标本不完整，引用其他文献、专著和网络，并注明了出处。

各章节编著分工如下。前言和总论由李宝泉编写，第一章由李晓静、李宝泉编写，第二章由陈琳琳、周政权编写，第三章由刘甜甜、李宝泉编写，第四章由徐勇、李新正编写，第五章由闫嘉、李新正、陈琳琳编写，第六章由李宝泉、李新正编写，第七章至第十二章由李宝泉、李新正编写。书中物种拍照、图片处理和文字输入由王少青、赵一、杨东、刘博、杨陆飞、李晓静、周政权、宋博、姜少玉、闫朗处理。全书由李宝泉、李新正、陈琳琳统稿。

衷心感谢中国科学院海洋研究所／中国科学院烟台海岸带研究所杨红生常务副所长对本书出版的大力支持和指导。感谢中国科学院南京土壤研究所骆永明研究员对本书出版给予的指导和帮助。同时，中国科学院海洋生物标本馆帅莲梅同志协助样品的处理和拍照，在此一并表示衷心感谢！

由于本书涉及物种繁多，编著者能力和学术水平有限，不足之处在所难免，恳请专家、读者批评指正。

李宝泉

2018 年 7 月 13 日于烟台

目　录

第一篇　海岸带大型底栖动物群落研究

第一章　绪论………………………………………003

第一节　海岸带生态环境类型………………………003

第二节　海岸带大型底栖动物主要类群……………004

第三节　海岸带大型底栖动物的研究历史及现状…006

第四节　海岸带大型底栖动物的生态作用…………009

第二章　典型海岸带大型底栖动物的栖息生境和生物学特征

………………………………………013

第一节　栖息生境……………………………………013

第二节　摄食习性和行为……………………………016

第三节　繁殖和发育习性……………………………019

第三章　海岸带大型底栖动物的调查与研究方法……022

第一节　采样方法和工具及样品处理………………022

第二节　分类和鉴定技术……………………………024

第三节　研究方法……………………………………024

第二篇　海岸带动物保护生物学

第四章　海岸带动物资源的保护……………………033

第一节　海岸带动物资源的现状……………………033

第二节　海岸带动物资源多样性下降成因…………040

第三节　海岸带动物资源保护的意义…………………045

第四节　海岸带动物资源保护原理与技术……………047

第五节　实例研究——海洋自然保护区和国家海洋

　　　　公园…………………………………………051

第五章　**海岸带动物资源的开发**…………………………057

第一节　海岸带动物资源开发的历史…………………057

第二节　海岸带动物资源开发利用的研究……………066

第三节　海岸带动物资源的产业化开发现状…………072

第四节　海岸带动物资源开发利用中存在的问题

　　　　与发展趋势…………………………………081

第六章　**大型底栖动物研究的发展趋势**…………………088

第三篇　中国海岸带常见大型底栖动物图谱

第七章　**环节动物**………………………………………099

第八章　**软体动物**………………………………………126

第九章　**节肢动物**………………………………………209

第十章　**棘皮动物**………………………………………231

第十一章　**鱼类**…………………………………………240

第十二章　**其他门类**……………………………………268

主要参考文献………………………………………………274

中文名索引…………………………………………………286

拉丁学名索引………………………………………………290

第一篇

海岸带大型底栖动物群落研究

第一章 绪 论

第一节 海岸带生态环境类型

一、海岸带的概念

海岸带是海洋和陆地之间衔接的过渡地带，也可称为海洋生态系统和陆域生态系统之间的交界带，具有丰富的自然资源和复杂多样的环境变化，是人类涉海经济的主要活动区域，受气候变化和人类活动的影响较大。笼统的海岸带概念可以理解为以海岸线为基线，向海洋和陆地两侧延展的广阔地带，具有一定的宽度，包括海岸环境及其毗连的水域。目前，海岸带的具体定义和划分的宽度还没有形成统一的标准，世界各国和国际组织均有自己的定义，相对来说美国对海岸带及其边界范围的限定已形成比较完整的体系(赵锐和赵鹏，2014)。在中国，海岸带一般理解为海岸线向海、陆两侧扩展一定距离的带状区域。1985年开展的全国海岸带和海涂资源综合调查，规定了海岸带的工作范围为：自海岸线向陆地延伸10km，向海延伸10～15m等深线。1995年国际地圈生物圈计划(International Geosphere-Biosphere Programme，IGBP)对海岸带进行了新的规定，其大陆侧的上限为200m等高线，其海洋侧的下限为大陆架的边缘海域。很多海洋学家对海岸带进行了界定(房成义，1996；陈宝红等，2001；徐质斌和牛增福，2003；赵怡本，2009)。陈宝红等(2001)认为国家应该对海岸带的管理边界做出较全面的原则性的规定。但从目前中国海岸带的研究和实践来看，还没有形成科学有效的界定范围和边界(赵锐和赵鹏，2014)。房成义(1996)认为关于海岸带至今尚无统一的定义，比较笼统的说法是陆地与海洋的交接、过渡地带，广义的概念则指直接入海的流域地区和外至大陆架的整个水域，但实际通常是指海岸线向海、陆两侧扩展一定距离的带状区域。

二、海岸带生态环境类型

以环境单元为标准，海岸带一般包括海岸(潮上带)、海滩(海涂、潮间带)和水下岸坡(潮下带)三部分。海岸带是陆海交互作用的地带，其地形地貌是在波浪、潮汐和海流等长期交互作用下形成的。海岸带在发育过程中受多种因素的影响，海陆交互作用十分强烈，形成了错综复杂的海岸形态。根据海岸带的物种组成，海岸带一般可分为岩岸、砂岸、生物海岸和冰雪海岸四大主要类型。其中，岩岸主要包括山地海岸；生物海岸包括珊瑚礁和红树林海岸等；冰雪海岸主要分布在南极和北极。另外，随着科学技术和社会经济的发展，人工海岸规模越来越大，如盐场海堤和港口海岸等。但是，一般所说的海岸均指天然海岸(安鑫龙等，2005)。海岸带有3个主要的环境梯度：从海至陆地的垂直梯度；暴露在波浪中的水平梯度；从固体岩石到砾石和卵石、到粗砂和细砂、再到淤泥的颗粒大小梯度。

中国大陆海岸线全长约1.8万km，北起中朝交界的鸭绿江口，南至中越交界的北仑河口，地跨温带、亚热带和热带，涵盖众多的河口、海湾和岛屿。根据海岸的形态和成因，中国的海岸带一般可分为河口岸、基岩岸、淤泥质岸、珊瑚礁岸和红树林岸等5种基本类型。其组成部分有河口三角洲、海岸平原、湿地、海滩与沙丘、红树林、珊瑚礁、潟湖及其他地理单元(王栋等，2007)。另外，随着涉海经济的快速发展，人工海岸规模越来越大，如盐场海堤和港口海岸等，我国的海岸带区域正面临着各种巨大的生态环境压力，其可持续发展也受到影响(骆永明，2016)。作为陆地系统、海洋系统和大气系统相互作用的结合带，海岸带与流域及外围海域通过物质流动和能量交换形成无法分割的空间联系，不仅承受了近岸和近海的开发压力，还接纳了入海河流携带的流域内污染排放和泥沙搬运，具有自然、社会与经济多组分耦合的复杂性与开放性。海岸带是世界上生产力较高和生物多样性较为丰富的生境类型之一，在生物多样性保育、景观结构自然演替维系、潮汐和风暴潮缓冲等方面具有重要作用。其中的滨海湿地、红树林、珊瑚礁、产卵场、育幼场、砂质岸线等均为极易受到外界活动影响的敏感脆弱区域，故而海岸带成为研究全球变化和人类活动影响的热点区域。

第二节　海岸带大型底栖动物主要类群

底栖动物是指生活在海底表面或沉积物内部动物的总称，是海洋生态系统重要的组成部分。底栖动物按个体大小分为3种类型：微型底栖动物、小型底栖动物和大型底栖动物。微型底栖动物是指分选时能通过42μm孔径网筛的生物，主要是原生动物等。小型底栖动物是指分选时能通过0.5mm孔径网筛而被42μm孔径网筛留住的动物，主要类群包括自由生活海洋线虫、底栖桡足类、介形纲、动吻纲、涡虫纲、腹毛虫、颚咽动物、缓步动物门、甲壳动物、须虾亚纲和螨类，也包括一部分原生动物，如有孔虫和纤毛虫。大型底栖动物是指分选时能被0.5mm孔径网筛留住的底栖动物，主要包括腔肠动物、多毛类、软体动物、甲壳类和棘皮动物5个主要类群，其他常见的类群还有海绵动物、纽虫、苔藓动物和底栖鱼类等(李新正等，2010)。

此外，根据人们的研究目的或兴趣爱好，依据不同的标准，将大型底栖动物分为不同的生态类群。例如，根据大型底栖动物生活的沉积物环境不同，将其分为硬底质、软底质或者砂质底质生态类群。依据生活方式，可将大型底栖动物划分为固着生物、周丛生物、底埋生物、穴居生物、爬行动物和钻蚀动物六类。固着生物为营固着生活的种类，其分布广泛，从潮上带到深海均有分布，常见种类包括海绵动物、腔肠动物、甲壳类的藤壶、软体动物的瓣鳃类(如贻贝)、尾索动物(如海鞘)。周丛生物为覆盖在动植物、船舶、石块等物体上的一类营丛生生活的生物，大部分营固着生活，但也有自由活动的种类。底埋生物为营底埋生活的种类，主要类群包括环节动物的多毛类、软体动物的双壳类、节肢动物的甲壳类、腕足类和棘皮动物。穴居生物为营穴居生活的种类，主要包括甲壳类和部分软体动物，在潮间带生物中占有很大比例。爬行动物是指生活在水底基质表面的动物，包括软体动物门腹足纲，甲壳类的海蟑螂和棘皮动物的海参、海胆、海星等。钻蚀动物是指可以利用身体的特殊构造钻蚀坚硬的岩石或木材，并生活在钻蚀的管道内的底栖生物，常见的有钻石类动物(如藤壶、海笋)和钻木类动物(如船蛆)。

根据食性和摄食方式，大型底栖动物可划分为4种功能群：①滤食性动物，也称悬浮食性动物，滤食水体中的悬浮有机碎屑或微小生物，如许多双壳类、甲壳类等；②沉积食性动物，也称碎食性动物，啃食海底表面的有机碎屑、沉积物，如某些双壳类、心形海胆[*Echinocardium cordatum* (Pennant，1777)]等；③肉食性动物，捕食小型动物和动物幼体，如对虾、海葵等；④寄生性动物，多缺乏捕食器官，依靠吸取寄主体内的营养而生存。在海洋底栖动物中，以前3种功能群为主。

海洋大型底栖动物是种类最多的海洋生物类群之一，在已有记录的海洋动物种类中，60%以上是大型底栖动物。海洋大型底栖动物在海洋生态系统物质和能量循环、生态系统平衡与稳定中起着重要的作用。鉴于其在海洋生态系统中的重要性，将其作为海洋科学研究最重要的内容之一。在海洋生态系统研究的各个领域，包括海洋资源调查、海洋生态系统动力学研究、海洋环境评价，以及海洋生物多样性、分类系统学、区系和动物地理学研究，海洋大型底栖动物的调查和研究均是必不可少的内容。

第三节　海岸带大型底栖动物的研究历史及现状

一、国外研究历史及现状

　　海洋底栖动物的研究历程与海洋科学的发展紧密相关。18世纪初，一些科学家开始零星的海洋底栖生物调查，英国的Forbs采用底拖网采集并观察底栖生物，提出了海洋生物垂直分布的分带现象，被称为海洋生态学的奠基人（蔡立哲，2006）。海洋科学发展史上的一个重要里程碑是1873年12月至1876年5月由英国皇家学会组织的"挑战者"号环球调查，通过4年环球航行，获取了大量的海洋底栖生物标本，它标志着始于中世纪的海洋探险时代的结束和海洋调查时代的开始。之后到20世纪50年代，欧美各国相继展开大规模的海洋科考研究，开展了多次大规模的全球性调查工作。底栖动物的研究也进入快速发展期，由定性研究进入定量研究、生物群落研究及生物多样性研究阶段，并通过对底栖生物群落的长期调查以监测环境，在大型底栖动物生物学特性、群落结构、生态能量学、次级生产量和水质检测等方面都积累了丰富的资料。20世纪70年代中期，大型底栖动物作为一个重要变量进入生态系统模型，如全球海洋生态系统动力学（Global Ocean Ecosystem Dynamics，GLOBEC）研究计划、全球海洋通量联合研究（Joint Global Ocean Flux Study，JGOFS）、沿岸带陆海相互作用研究。20世纪90年代后期，分子生物学及测序技术的发展也极大地推进了底栖动物的研究，尤其是在物种鉴定和系统发育领域。与此同时，英国普利茅斯海洋研究所、美国伍兹霍尔海洋研究所等一批以海洋生物为研究对象的科研院所相继建立，积极推进了海洋底栖生物的研究进展。

　　海洋大型底栖动物的定量研究始于20世纪初，随着采样设备和采集方法的进步，前30年定量研究方法发展迅速，特别是对软泥沉积物的研究（Paine，1994）。Peterson于1913年首先使用了Peterson采泥器，之后各种类型的采泥器被陆续应用于世界各海域的大型底栖动物调查过程，积累了大量的第一手资料（蔡立哲，2006）。Crisp（1984）和Zenkevich（1963）采用单位面积生物量等线图的形式绘制了海底总生物量的变化图形，并估算了整个海洋底栖生物的总现存量；Sanders（1956）首次报道了生产量与生物量之比[P/B，（production/biomass）]；之后Crisp（1984）采用多种方法来估算大型底栖动物各物种的生产量。但当时由于经济发展和采样条件限制，仅在少数海域获得大型底栖动物群落生产量的数据，且这些数据也多是采用P/B值或动物体大小估算得到的近似值（Brey，1990）。由于缺乏统一的方法和标准，要确定大型底栖动物的次级生产量非常困难。近些年来，生物化学和分子生物学研究方法在这一领域得到较好的应用（Warwick，1997）。

（一）生物群落研究

海洋底栖生物群落是指生活在海洋底部的各种生物种群，通过相互作用而有机结合的复合体。生物群落的研究包括对群落组成及其稳定性和多样性、群落演替、功能群、能流和物流等方面所开展的基础性研究工作。

受气候变化和人类活动的影响，海洋生态系统一直处于动态的变化过程中，该变化过程涉及物理、化学和生物等多个方面。底栖生物是海洋生物中的重要类群，其群落特征和演替的研究一直以来被各国海洋生物学家关注。开展底栖动物长周期的调查和分析，是定量研究生物对环境条件长期变化的响应的较好方法，也可了解气候变化和人类活动对海洋生态系统的影响过程和程度。目前，对大型底栖动物群落结构和变化的研究主要有两种方法：一是基于长期的实测数据进行分析（Sarda et al.，1994；Frid et al.，1996）；二是对历史积累数据资料进行比较（Jensen，1992；Pearson et al.，1985）。这二者各有其优缺点。前者数据的可比性较强，能更真实地反映群落变化特征，但要估计群落组成在时间上的大尺度变化，需要有规律的采样周期和大量的样品处理，耗费大量的人力和物力，所以采用这种研究手段的人很少（López et al.，1995）。第二种方法需要搜集该地区的长期积累资料，其优点是可以较快地确定动物区系的变化，但实践证明这种方法很少能够提供引起这种变化的原因或动力学信息（Reise and Sehubert，1987），并且所参照的观察值常太陈旧，测定的环境因子也有限。尽管如此，但由于相对于前者，后者不需要耗费大量人力和物力，仍在一些研究中被采用，并得出了令人信服的结果，如对位于丹麦海域、波罗的海与北海相连接处的Kattegatt和Skagerrak海域富营养化的研究（Rosenberg et al.，1987）。

（二）生物多样性研究

生物多样性是指"存在于陆地、海洋和其他水生生态系统中的所有生命体之间以及它们所处的生态复合体之间的全部变异，这包含物种内以及物种和生态系统间的多样性"（《生物多样性公约》）。因此，生物多样性实际上包括整个自然界在所有的时间和空间尺度上以及从生命有机体内的遗传变异到生态系统的结构组成在内的一切变异。生物多样性分为遗传多样性、物种多样性和生态系统多样性3个层次。

20世纪60年代初，人们大多使用物种的存在与否、常见种的丰度和生物量来评价海洋生物生境的状况；到70年代，生物多样性香农-维纳(Shannon-Wiener)指数被广泛应用(蔡立哲，2006)。Whittaker(1972)根据研究的空间尺度，将多样性分为α、β和γ 3个层次：α多样性表征栖息地内的生物多样性，在栖息地内，物种之间存在着相互作用，并对相似的利用资源展开竞争；β多样性为栖息地间的生物多样性；γ多样性又称为景观多样性，为更大尺度上地域间的生物多样性，是由进化因素控制的，而非生态过程。生物多样性在维持海洋生态系统稳定性和弹性上具有重要作用，一般而言，生物多样性愈高的区域，生态系统愈稳定，抵御环境变化的能力愈强。关于物种多样性在生态系统功能方面的作用，存在两种截然不同的观点：第一种观点认为，在多样性高的区域，物种高度特化并协同进化(Jackson，1994)，每一物种都具有重要性，每一物种的消失均影响生态系统的功能和效率(Ehrlich and Wilson，1991)；第二种观点则认为，在生态系统中有许多密度较大的种，即优势种，在相同的功能上其作用有冗余，所以某些种的消失对生态系统功能的影响并不大(Walker，1992)。目前，第二种观点得到了越来越多科学家的认可。在没有充足的证据时，不能轻易地认为维持生态系统功能需要高的生物多样性，只有群落中主要的功能群消失时，才可能引起生态系统功能的剧烈改变。

二、国内研究历史及现状

与欧美相比，我国对大型底栖动物的研究起步相对较晚。较早的调查始于1919年，包括对北戴河、烟台、青岛、厦门、香港、海南岛等沿海地区的调查。1950年以后，我国相继开展了大范围的系统调查研究，获得了大批大型底栖动物的标本，并发表了大量调查报告、研究论文和专著，极大地丰富了我国海洋生物多样性数据。主要调查航次包括：1958～1959年中国近海海洋普查、1959～1962年北部湾的调查、1975～1976年东海大陆架综合海洋调查、1980～1985年全国海岸带和滩涂综合资源调查、1989～1993年全国海岛调查。我国河口潮间带生态学研究也同样经历了几个阶段，20世纪50年代到60年代中期，主要进行潮间带生物区系、种类组成及分布的研究(古丽亚诺娃等，1958；张玺等，1963；刘瑞玉和徐凤山，1963)。70年代末至2017年，主要进行潮间带生物种群及群落生态学的研究，研究内容集中在潮区、海域和生境的划分及区系分析上，如种群结构、种类和数量组成及分布特点与次级生产力研究(李新正等，2004，2006，2007a；于海燕等，2005；王洪法等，2006；王金宝等，2006，2007；李宝泉等，2005，2006，2007；张宝琳等，2007；周进等，2008；王全超等，2013a；王全超和李宝泉，2013；李晓静等，2016，2017)。群落生态学研究是近些年潮间带生态学研究的热点之一。张志南等(1990a，1990b)分别于1980～1982年和1985～1987年与美国合作，对我国长江和黄河的河口水下三角洲及其邻近海域进行了联合调查。通过上述调查和研究，基本上掌握了我国近海和河口潮间带主要大型底栖动物类群的种类、分布和资源利用情况。

进入20世纪80年代后期，我国大型底栖动物生态学的研究开始发生质的变化。随着我国近年来在海洋大型底栖动物研究领域与世界发达国家的逐步接轨，积极参与国际有关研究计划，如全球海洋生态系统动力学研究计划(GLOBEC)、全球海洋通量联合研究、沿岸带陆海相互作用研究等，大型底栖动物研究在获得长足发展的同时，也具有了新的发展趋势。例如，大型底栖动物在水层-底栖耦合及生物地球化学循环中的作用被纳入了海洋生态动力学的研究范围，生物扰动实验系统的建立，使水层-底栖界面过程的实验研究成为可能(张志南等，1999；张志南，2000；李宝泉等，2015)。同时，在研究设计上，加强了过程、机制、动态规律的研究；在研究方法上，更注重多学科交叉、渗透与综合；在研究内容上，更加注意定量研究；在研究手段上，大量应用高新技术，如计算机数据库及系统建模等；在信息交流上，则强调数据资料的可比、统一、共享和信息平台的建立与应用。

第四节　海岸带大型底栖动物的生态作用

大型底栖动物同人类生活密切相关，许多物种作为渔业捕捞或养殖的对象，具有重要的经济价值，是人类重要的蛋白质来源，其中最主要的是可食用的贝类、虾蟹类及底栖鱼类。全球每年海洋渔业生产600多万吨虾蟹和贝类，其中中国黄海每年对虾和大型蟹类的产量超过10万t，经济贝类如毛蚶、蛤仔、文蛤、四角蛤蜊、牡蛎等每年产量达几十万吨。此外，一些个体较小的动物(如多毛类、小型甲壳类和软体动物等)既是经济鱼虾类的天然饵料，又可作为家畜养殖的饲料。除食用外，许多大型底栖动物还可作为医药或工业原料。

大型底栖动物在海洋生态系统中属于消费者亚系统，是该生态系统物质循环、能量流动中积极的消费者和转移者。它们与海洋中的生产者、其他消费者和分解者共同构成海洋生态系统的生物成分，并与无机环境中的非生物成分共同组成了海洋生态系统的四大基本成分。大型底栖动物主要通过摄食、掘穴和建管等扰动活动直接或间接地影响生态系统。大型底栖动物多生活在有氧和有机质丰富的沉积物表层，其次级生产量是海洋生态系统中能流和物流的重要环节(Holme and McIntyre，1984)。寿命相对较长的大型底栖动物及小型底栖动物的现存量，能反映一定时期内底栖动物食物资源的平均量或碳通量信息(Schaff et al.，

1992）。

水层-底栖界面耦合过程是构成河口、近岸和浅海水域的关键生态过程，生物扰动是这一关键生态过程中至关重要的环节和枢纽。生物扰动是指由于大型底栖动物的摄食、掘穴、建管及生理代谢等活动直接或间接影响沉积物环境。物理、地球化学及生物等不同因素的共同作用，改变了沉积物粒径组成和表层细颗粒泥沙的转运（Andresen and Kristensen，2002；Volkenborn et al.，2007；Widdows et al.，2004），影响沉积物的渗透性和生物地球化学过程（Lohrer et al.，2004；Ciutat et al.，2006；Li et al.，2017），进而改变底栖生物群落结构和入侵种的拓殖（Lohrer et al.，2008）。

底栖生物类群参与海洋生态系统中的大多数物理、化学、地质和生物过程，其生态作用主要体现在以下3个方面。

1. 对污染物的代谢、转化和迁移能力

底栖生物可通过生物富集及直接降解有毒物质的方式调节水体中污染物的浓度。此外，还可通过摄食细菌和真菌，影响细菌和真菌的丰度与繁殖速率而刺激水体中有机物的分解。在夏、秋季，底栖生物的滤食影响浮游植物的丰度和生物量，间接控制水域富营养化。

大型底栖动物也可通过一系列生物扰动过程影响沉积物中污染物的代谢、转化和迁移。首先，大型底栖动物通过滤食或将污染物结合在体表，从水体中搬运污染物。然而，此过程虽然降低了水体和沉积物中污染物的浓度，却可能通过食物链传递，产生生物放大效应，影响食物网结构。其次，通过扰动沉积物的混合作用影响污染物在垂直方向上的迁移，如在沉积物表层摄食、在深层排泄的种类会加速污染物向下迁移；反之，在深层摄食而在表层排泄的种类，则阻碍污染物的掩埋过程。

2. 对沉积物移动和稳定性的影响

生物因素与海洋物理过程紧密结合共同改变海洋地形地貌，一方面沉积物动力过程中的物理因素可以限制生物的空间分布，另一方面底栖生物群落中的关键种是调节不同物理因素间相互作用的关键角色。底栖生物群落通过影响沉积物表层的沉降和侵蚀过程，来调节沉积物的侵蚀度（Willows et al.，1998）。栖息在沉积物中的细菌、底栖硅藻及一些大型底栖动物扮演着"生态系统工程师（ecosystem engineer）"的重要角色，可以改变沉积层的侵蚀阈值（erosion threshold）和侵蚀速率（Paterson，1989；Widdows et al.，1998）。微型底栖植物（microphytobenthos，MPB）是大多数浅水区沉积层中主要的初级生产者，底栖

硅藻是其中的主要类群，并分泌30%～60%的胞外聚合物(extracellular polymeric substance，EPS)至周围沉积物环境中(Underwood et al.，1995)。胞外聚合物能够粘连沉积物颗粒，进而增加侵蚀阈值(即生物膜的生物稳定作用)(Paterson，1997)。一般来说，底栖生物能够增加沉积物粗糙程度，区域性地改变底层界面，小范围地增加底剪应力(bottom shear stress)的变化范围(Friedrichs et al.，2000)。

按照生活方式的不同，大型底栖动物主要分为两种功能群，即生物稳定者(bio-stabiliser)和生物不稳定者(bio-destabiliser)(Widdows and Brinsley，2002)。一般来说，底上动物(epibenthos)能够加固和稳定沉积物表层(Stal，2003)；底内动物(endobenthos)则降低沉积物的稳定性并通过生物扰动增加沉积物的侵蚀度；滤食性动物通过产生假粪增加生物沉积(Bruschetti et al.，2011)。不同类型功能群的生物之间对沉积物表层的侵蚀效果不同，如生物膜和软体动物*Hydrobia ulvae*可以调节湿地表层的侵蚀度，生物膜增加了侵蚀阈值并降低了侵蚀速率，而*Hydrobia ulvae*摄食活动中产生的假粪降低了侵蚀阈值(Andersen，2001；Andersen et al.，2002a)。由于在食物链中所处位置不同，啃食性和杂食性的大型底栖动物可以通过生物扰动和沉积物粒径的颗粒化直接影响粉砂质沉积层的侵蚀度，同时也可通过摄食底栖硅藻间接影响沉积层的侵蚀度(Widdows et al.，1998)。群落中的大型种类或优势种，其产生的生物扰动作用更明显，如海胆对沉积物的翻动速率为20 000cm³/(m²·d)，这意味着该区域的表层沉积物每隔3天就被翻动一次(Lohrer et al.，2005)，这样就松动了沉积层，增加了沉积物的粗糙程度，进而降低了侵蚀阈值。研究也表明，>20cm的沉积物表层每年可能被翻动数次(Riisgard and Banta，1998)，不断使新沉积物暴露于水动力的影响下，受潮汐和海流的冲刷作用，如此高强度的生物扰动，将较大程度地改变沉积物输移及区域性的沉积动力特征，进而在长周期内改变潮间带和近岸海底地形地貌(Borsje et al.，2008)。

生物扰动作用对于泥质黏性沉积物和砂质非黏性沉积物的侵蚀作用也有差异，黏性沉积物颗粒之间相互吸引产生的凝聚力和黏合力远大于非黏性沉积物，因此侵蚀阈值要高于后者。已开展的实验表明，欧洲鸟尾蛤(*Cerastoderma edule*)的生物扰动降低了两种沉积物的侵蚀阈值，但对泥质沉积物侵蚀的影响更明显。流速对两种类型沉积物的侵蚀作用不同，高流速对砂质沉积物的侵蚀更明显。高流速下，由于流速的侵蚀作用更显著，生物的扰动作用对两种类型沉积物的侵蚀作用没有明显差异(Li et al.，2017)。

大型底栖动物在生长繁殖和新陈代谢过程中会影响和改变沉积物质量：导致沉积物中有机物耗竭；分泌的体外黏液和生物膜等黏合沉积物颗粒，降低沉积物在生态系统中的移动性和流失；摄食和掘穴活动增强沉积物的悬浮和移动性；加剧生物沉降；生物扰动改变水体-沉积物界面的溶解氧（DO）通量，造成沉积物的氧化作用。此外，底栖动物死亡后形成的遗骸堆积，在波浪和潮流的水动力作用下形成堆积的混合沉积物，对大陆架浅水区及大江河口沉积物性质改变也较大。

3. 生态系统能量流动的重要渠道

底栖动物是水生生态系统的次级生产者，构成了水生生态系统中的底栖亚系统，在海洋生态系统的物质循环和能量流动过程中扮演着重要的角色。作为水生生态系统能量流动的重要中间环节，大型底栖动物通过对食物网中的能量进行再加工、分配，来影响和改变食物网结构。

大型底栖动物中滤食者的主动摄食会导致水体中颗粒有机物的下沉，即生物沉降（biodeposition）。生物沉降极大地加速了水层颗粒有机物的沉降过程。与自然沉降相比，在近岸浅水滤食性动物栖息水域，生物沉降是更为重要的过程，而与此密切相关的再悬浮过程在沉积物-海水界面过程研究中十分关键。两种滤食性双壳类——菲律宾蛤仔（*Ruditapes philippinarum*）的平均净生物沉降率与自然沉降率的比值最高为3.05∶1，缢蛏（*Sinonovacula constricta*）的平均比值为2.63∶1（张志南，2000）。同时，由于生物沉降而到达沉积物表面的颗粒有机物（POM）会因潮流和生物扰动而被再悬浮。

大型底栖动物的粪便和假粪也是沉积物的一种重要成分，富含有机物与胶黏体的粪便和假粪可以使沉积物胶结成团块，增加有机物含量的同时稳定沉积物。一些甲壳类和多毛类动物的粪球被黏液黏结在一起，增加了其功能性颗粒的大小，借此增大沉积物侵蚀阈值。

第二章　典型海岸带大型底栖动物的栖息生境和生物学特征

第一节　栖息生境

中国的海岸带一般可分为河口海岸、基岩海岸、淤泥质海岸、珊瑚礁海岸和红树林海岸等5种基本类型。5种类型海岸带环境中均栖息着不同生态类型的底栖动物。生活型是指生物为了适应不同环境或相同环境，在长期的进化过程中表现出来的外部形态特征、生活习性等相异或相同，是不同物种对相同环境条件产生趋同适应的结果。海岸带底栖动物的物种组成和生活方式比较复杂，按照栖息生境的位置不同可以划分为底上型、底内型(杨德渐等，1996；范航清等，2000)。底上型包括底上附着型(包括软体动物门腹足纲的所有种类)、底上匍匐漫游型(如等足目的所有种类)和游泳底栖型(如虾类、鱼类)。底内型包括底内潜穴型(包括环节动物门和软体动物门瓣鳃纲种类)和穴居型(甲壳纲蟹类)。

海洋底质类型多样，对底栖动物产生的影响不同，同时底栖动物的生物扰动作用对表层沉积物的结构也有改造作用。海洋底质结构和类型也会影响底栖动物的分布格局和变化。70%~80%的底栖动物有浮游生活的幼虫期，该阶段幼虫运动能力相对较差，会随海流和潮流而漂浮扩散，并在适宜的时机幼虫变态和下沉海底。在下沉过程中，幼虫会选择适宜的底质环境。其中有些类群，如十足目长尾类和短尾类幼虫期游泳能力最强，常以密集的群体本能地寻找适宜的底质环境。当潮流、波浪等剧烈活动，以及人为扰动直接影响海底表层沉积物粒度时，幼虫在短时间内又浮起游泳，并延迟变态期，最后可能导致底栖动物群落分布格局的弥散性。如果底质环境适宜，幼虫会很快下沉至海底栖息，并发育直至成体。一般来说，在近岸海况较稳定的水域，软泥底质有机物的含量通常在1.0%~1.5%或1.5%以上，为潜居在软泥底质内的底栖动物，如多毛类、双壳类、甲壳类、海参类、海胆类、蛇尾类等提供丰富的饵料。软泥底质内底栖动物的生物量要普遍高于砂底，但栖息密度可能低于砂底(吴耀泉，1983)。

一般在浅海沿岸带，沉积物类型的分布界线比较清楚，底栖动物的群落划分与底质分布近乎一致。某些区域，尤其是河口区，由于大陆江河冲淡水的作用及沿岸流的影响，沉积物粒度组成复杂且多变，导致底质环境不稳定，也使底栖动物的群落分布常出现镶嵌现象。

1. 河口海岸

河口是陆海交互作用的重要场所。由河口进入海洋的过程影响海洋乃至全球的物质循环与能量平衡，海洋通过河口也影响流域的发育，河口系统的演变可以直接反映出陆海相互作用的生态效应。河口生态系统是典型的近岸型海洋生态系统，海水和淡水在此交汇，环境因子复杂多变。河流携带营养盐和有机物入海，形成了适宜海洋生物生长、发育的良好生态环境。但是，随着航运发展、水产捕捞、污染物排放等人类活动的干扰，河口生态系统的多样性和稳定性受到了一定程度的影响。同时，河口本身作为一个演变速度快、干扰复杂的特殊生态系统，也导致生活在其中的生物随着环境的变化而发生时间和空间上的变化。近十年来，我国经济的快速增长，伴随着大量自然资源的损耗和污染物质的排放，海洋环境和生态系统均遭受到空前的压力。河流、大气及滨海地区的径流将大量污染物输送进近岸区域，引起我国大陆1.8万km海岸带相当部分生境退化或遭受根本性的破坏(陈吉余和陈沈良，2002)。我国典型的河口海岸包括黄河口、长江口、闽江口及珠江口等及其邻近的三角洲、滨海湿地等生态类型。

2. 基岩海岸

基岩海岸是由岩石组成的海岸，基岩是被海浪冲击形成的海蚀岩台等海蚀地貌，包括海蚀洞、海蚀拱桥、海蚀崖、海蚀平台和海蚀柱。基岩海岸的主要特征是岸线曲折、湾岬相间、岸坡陡峭、滩沙狭窄。我国的山东半岛、辽东半岛及杭州湾以南的浙江、福建、台湾、广东、广西、海南等，基岩海岸广为分布。在潮间带岩石表面的底上动物对空间的竞争十分激烈，通常占优势的为软珊瑚、海葵和海鞘等。地势较高的岩礁和大砾石由于潮汐退涨及存留的小水洼能为底栖动物提供各种小生境，适于不同类型的动物生存。滤食性动物在岩礁的侧面和突出部分常占据优势，如贻贝、牡蛎和藤壶，它们对水流的变化有很强的适应能力，可以根据水流的大小调整其摄食行为。如果水流过小，造成营养颗粒物传输不足，这些动物会因能量获益较少而停止摄食；水流过大，则营养颗粒不易被捕获，强水流也会对生物体本身造成伤害。为了配合浮游动物的活动规律，这类滤食底栖动物形成了相应的每日摄食节律。在岩礁和砾石生境中，普遍存在的空隙和裂缝是固着生物抵御强大水流及逃避敌害的理想庇护所。同时，此处频繁的水体交换也会带来充足氧气。因此，许多重要的经济鱼类的幼鱼常生活在岩礁、砾石区。

3. 淤泥质海岸

淤泥质海岸是由粉砂和淤泥等细颗粒物质所组成的坡度平缓的海岸，多分布在输入细颗粒泥沙的大河入海口沿岸。从地质结构来看，淤泥质海岸处于长期下沉的地区，因此有利于大量物质的堆积。由于沿岸有众多的入海河流，因此河流所携带的泥沙物质在河口及沿海堆积，同时使海岸不断向外推移。只在极少数地段，淤泥质海岸中有贝壳碎屑和沙组成的贝壳堤。淤泥质海岸波浪通过浅滩能量减弱，而潮汐作用相当活跃，从而发育了大范围的淤泥质浅滩，如我国长江口、黄河口、珠江口、苏北海岸、福建海岸等及南美洲的苏里南海岸、欧洲的荷兰海岸等。

泥质、砂质、泥沙质和砂泥质类型的沉积物中，底栖动物的物种数量和丰度均存在差异。一般来说，泥沙质和砂泥质沉积物中的底栖动物物种多样性较高。大型的穴居动物常以甲壳类为主，许多种类利用现成的洞穴，这些洞穴为它们提供了较好的掩蔽场所。有些大型底栖动物可建造洞穴，借此引入的水流会在穴壁上创造出表层的有氧沉积环境。由于掘穴能力不同，以及相互间的竞争和干扰作用，不同底内动物占据不同深度，但多数只利用几厘米或几十厘米。大型底栖动物的摄食、掘穴、建管及生理代谢等活动对沉积物环境的直接或间接影响即为生物扰动。生物扰动是水层-底栖界面耦合过程中的重要环节和枢纽。不同因素的共同作用改变了沉积物的粒径组成和表层细颗粒泥沙的转运（Andresen and Kristensen，2002；Widdows et al.，2004；Volkenborn et al.，2007），影响沉积物的渗透性和生物地球化学过程（Lohrer et al.，2004；Ciutat et al.，2006；Li et al.，2017），进而改变底栖生物群落结构和入侵种的拓殖（Lohrer et al.，2008）。

4. 珊瑚礁海岸

珊瑚礁是热带、亚热带潮下浅海区造礁珊瑚群落及其碳酸盐骨骼堆积和各种生物碎屑充填胶结共同形成的海底隆起，其中珊瑚及少数其他腔肠动物、软体动物和某些藻类对石灰岩基质的形成起到了重要作用（黄金森和吕柄全，1987）。珊瑚礁是地球上生产力最高、生物多样性最丰富的生态系统之一（赵焕庭和王丽荣，2000）。珊瑚礁海岸是一种热带特有的生物海岸类型，具有强大的护岸防浪功能，对维持海岸带生物多样性、渔业资源、滨海景观、环境美学和旅游休闲等具有显著的生态意义，在全球生态平衡中起着不可替代的重要作用。在所有海洋生态系统中，珊瑚礁生态系统是生物多样性最高的，属高生产生态系，被誉为"海洋中的热带雨林""蓝色海洋沙漠中的绿洲"。珊瑚礁资源极其丰富，生活在其中的数千种造礁石珊瑚、腔肠动物、海绵动物、软体动物、甲壳动物、棘皮动物及藻类等构成了一个生物多样性极高的顶极生物群落，形成了一个复杂而脆弱的生态系统。生态学家常把珊瑚礁与热带雨林相提并论，把它们看作生态系统进化所能达到的上限，珊瑚礁对于海洋环境和海洋生态系统的优化具有重要意义。

5. 红树林海岸

红树林海岸是由耐盐的红树林植物群落构成的海岸。红树林分布在低平的堆积海岸的潮间带泥滩上，特别是背风浪的河口、海湾与沙坝后侧的潟湖内最适合红树林发育。红树林海岸常常沿河口、潮水沟道向内陆深入数千米。红树林海滩剖面的形态是潮汐、波浪、泥沙和红树林本身等因素长期相互作用的结果。在红树林海滩的不同部位，由于红树林的种属、覆盖度、水流流速等不同，潮水携带的泥沙在不同部位的沉降速率也明显不同，导致海滩变得起伏不平，并随红树林植物群落的演替而不断发生变化，使红树林海岸不断淤高并且向海延伸。同一地区的红树林海滩剖面形态基本相同，不同地区的红树林海滩剖面形态大致相似。红树林不仅对海岸生物多样性保护、海洋水产资源维持、海岸堤防保护及海岸水环境净化起到重要作用，而且极大地影响了海岸带沉积过程和地貌形成过程。红树林海岸以特有的海岸生物地貌过程，在海岸生态系统响应和反馈全球变化的过程中起到重要作用。

第二节　摄食习性和行为

一、摄食习性

底栖动物在接触底质环境时都具有选择适合食性的沉积物粒度的特性。由于它们的栖息方式复杂多样，如爬行、潜居、固着等，其食性也表现出多样性。浅海常见底栖动物的食性大致可分为如下5种类型。

1）固着生活滤食性：此类底栖动物多分布于水流畅通、潮流强的水域，海底表层为粗砂、砾石和滚石，有时还露出基岩。在水动力条件强的环境里，食物大多是有机悬浮物和部分无机颗粒，在这里的底栖动物主要营固着生活，如海鞘类、腔肠动物门八放珊瑚亚纲、海绵动物、苔藓虫、蔓足类、多毛类石缨虫属（*Laonome*）和海百合类（Crinoidea）等，它们主要滤食底表上层水中悬浮物和微生物。

2）漫游生活滤食性：此类底栖动物分布区的海况与第1类型相似，水流畅通，沉积物为中砂和细砂底质。此类底栖动物大多以匍匐、爬行或半潜居方式栖息在含砂量90%左右的砂底表层，如软体动物的帘蛤类等，它们伸出水管滤食海水并过滤其中的悬浮物。

3）选择性沉积食性：此类底栖动物多分布于潮流弱的水域，海况稳定，水动力条件良好，沉积物为黏土质软泥和砂质泥。此类底栖动物几乎完全潜居于含砂量70%左右的软泥底质表层，摄食富含有机物、单胞藻类、有孔虫和桡足类等的细颗粒沉积物，如软体动物胡桃蛤属（*Nucula*）、云母蛤属（*Yoldia*）等，多毛类的蛰龙介科（Terebellidae）、海稚虫科（Spionidae）、丝鳃虫属（*Cirratulus*）等，甲壳类的栗壳蟹属（*Arcania*）、豆蟹属（*Pinnotheres*）等。

4）非选择性沉积食性：此类底栖动物分布区的海况与第3类型相同，底栖动物完全潜居于软泥底质内，一般不加选择地吞咽和吸食含营养丰富的腐殖有机物的软泥，如软体动物毛蚶、多毛类的齿吻沙蚕科、棘皮动物紫纹芋参及蛇尾类的滩栖阳遂足等。在生态系统中，第3、4类型一般为广食性动物，有时很难加以区分。

5）肉食性：此类底栖动物在整个底栖动物群落中所占比例较小，并且肉食性底栖动物的栖息与底质环境关系不太密切。主要是甲壳动物中的一些虾、蟹，多毛类的沙蚕（Talitridae）等，软体动物中的少数腹足类，棘皮动物中的海星类和蛇尾类等，它们不仅吃活的小动物，还吃动物的尸体和腐肉。因此，肉食性底栖动物具有第2、3级消费者的生物学特性。

在软质底中，食悬浮物底栖动物和食沉积物底栖动物的相对数量与沉积物的粒径组成关系密切。食悬浮物底栖动物在砂质沉积物中密度最高，尤其是在粒径为0.18mm的沉积物中，因为这种颗粒最易搬运，它们所在区域的波浪和海流作用最小，食悬浮物者会利用这一特性。另外，在松软的泥质沉积区，有机物含量丰富，食沉积物者可达最大密度。

大陆架底栖掠食动物的摄食对策表现出很高的灵活性，几乎所有的掠食动物同时也是食腐动物，如鱼类中的欧洲黄盖鲽（*Limanda limanda*）、棘皮动物红海盘车（*Asterias rubens*）、甲壳类中的黄道蟹（*Cancer irroratus*）和腹足类的波纹蛾螺（*Buccinum undatum*）。即使是某些草食性的海胆，如*Echinus esculentus*和某些食悬浮物的海蛇尾，如脆刺蛇尾（*Ophiothrix fragilis*）、金氏真蛇尾（*Ophiura ophiura*）等也属兼性食腐动物。一些动物属专性食腐动物，如端足类弹钩虾属（*Orchomene*）的种类专性摄食甲壳类的腐肉。

采用功能群（functional group）的研究方法，依据不同的摄食类型和食物组成，可将大型底栖动物分为浮游生物食者（planktophagous group，Pl）、植食者（phytophagous group，Ph）、肉食者（camivorous group，C）、杂食者（omnivorous group，O）和碎屑食者 （detritivorous group，D）五类功能群。群落中不同功能群

的生态作用各不相同，互相弥补，组成复杂的食物网，共同维系群落在海洋生态系统中物质循环和能量流动的作用。

二、行为

行为是动物在个体层次上对外界环境的变化和内在的生理状况的改变所做出的整体性反应，具有一定的生物学意义。动物只有借助于行为才能适应多变的环境(生物的和非生物的)，以最有利的方式完成取食、饮水、筑巢、寻找配偶、繁殖后代和逃避敌害等各种生命活动，以便最大限度地确保个体的存活和子代延续(尚玉昌，2014)。

底栖动物的行为可区分为与其生理功能如摄食、蜕皮或生殖等有关的本能行为，以及它们对环境因素如光照、水流、底质、溶解氧、盐度或温度等的反应行为。底栖动物种类繁多，其行为也变化万千。

1. 摄食行为

摄食是动物为了获取食物而表现出的一些单独的行为时相或动作依次交替的复杂过程。它从动物获得食物信号开始，终止于最后将其吞噬或摒弃。底栖动物的摄食与其本身的形态结构、栖息环境及底质类型有很大的相关性。

2. 运动行为

甲壳动物有爬行、游泳等运动方式，较少见的有掘穴、跳跃或借助它物而移动。许多寄生种类(如鳃尾类、某些等足类和桡足类)大部分时间固着在宿主上，大多数蔓足类完全营固着生活。游泳是靠附肢的划动而完成的。无甲类、背甲类和桨足类等低等甲壳动物的躯干部相对较不分化，附肢为双枝型，数量多，结构相似。

3. 防御行为

防御行为是指任何一种能够减少来自其他动物伤害的反应行为，一般可以区分为初级防御(primary defence)和次级防御(secondary defence)两大类。自然环境中，对虾的防御行为以潜底、隐蔽等初级防御为主，次级防御只是做连续的弹跳。初级防御包括以下几种：①白天潜底，夜晚浮现。对虾等大型底栖动物的捕食者大多是视觉捕食者，它们需要光线及相当清澈的水体以便看见猎物。白天潜底、夜晚浮现的行为模式可抵御视觉捕食者。②栖息于海藻丰富的区域，便于躲避捕食者。③选择浑浊度较高的水体。浑浊的水体可以降低水中的能见度，从而降低被捕食的可能性。

4. 蜕皮行为

甲壳动物的生长发育总是与蜕皮联系在一起，如对虾每隔几天或几周蜕皮一次。蜕皮除与生长、变态有关外，通过蜕皮，甲壳动物还可蜕掉甲壳上的附着物和寄生虫并使残肢再生，因此蜕皮对于甲壳动物的生长和生存具有重要意义。

5. 潜底和浮现行为

许多底栖动物都有白天潜入底质、夜晚浮现的特点。潜底有两个明显的优势，即减少能量消耗和抵御捕食者。潜底的深度因种类及个体大小不同而异。浮现后，也并不是一直在运动，其运动模式也是因物种而不同。

第三节　繁殖和发育习性

底栖动物涵盖门类众多，从最原始、最低等的多细胞动物——海绵动物，到后生动物的开端——腔肠动物；从初次出现两侧对称结构和中胚层的扁形动物，到两侧对称、身体发生分节、出现真体腔的环节动物；动物界第一大类群的节肢动物和第二大类群的软体动物；较为高等的无脊椎动物：棘皮动物、半索动物、尾索动物、头索动物，以及脊椎动物门中的底栖鱼类。因其形态多样，繁殖和发育的模式也多种多样。从低等到高等，不同类群的底栖动物在胚层数、体腔发育的程度及生活史等方面差异很大，生殖和发育的模式不限于一种主流模式。即使相同类群，由于生境和营养等条件的不同，生殖和发育模式也有变化，可概括为无性繁殖和有性繁殖两种方式。

一、无性繁殖

无性繁殖通常是一个真正的复制过程，所产生的后代在遗传上与上一代是一致的。无性繁殖(非减数分裂)不增加种群的遗传多样性。另外，一个个体通过无性繁殖能迅速增加种群的大小，不存在潜在的竞争者，并使整个种群都有最成功的基因型。

有些底栖动物类群的无性繁殖不需要雌性个体的参与，如海绵、水母水螅体、海樽(Thaliacea)，以及某些海鞘，它们通过出芽这种无性繁殖的方式产生新的个体。其他一些再生能力较强的类群，如珊瑚虫类、多毛类、海星和海蛇尾类，其身体的一部分可以从成体上脱落下来，而某些海星和海蛇尾类甚至可以从幼体上脱落下来，随后再生成一个形态上完整的新个体(宋大祥，2004)。

无性繁殖的另一种方式称为孤雌生殖，它需要雌性个体产生的卵的参与，但卵可以不经受精而发育到成体。孤雌生殖见于轮虫、鳃足类和桡足类(宋大祥，1964)，在少数脊椎动物中也有。多数种类在有雄性个体时可营两性生殖，且两种生殖方式交替进行。有些能营孤雌生殖的种类，至今未找到它们的雄性个体。

总之，无性繁殖在底栖动物中相当普遍，无性繁殖通常只需要一个个体即可完成繁殖过程，是许多物种主要的繁殖方式。

二、有性繁殖

有性繁殖需要两个个体，而且子代的遗传组成不同于任何一个亲体。两个亲体是不同性别的，即雌雄异体；另一种情况是一个个体既是雄体又是雌体，即雌雄同体。雌雄同体可分同时雌雄同体和先后雌雄同体，后者又有雄性先熟雌雄同体和雌性先熟雌雄同体(较罕见)两种情况(宋大祥，1964)。

雌雄同体在底栖动物中较为常见，如美洲牡蛎(*Crassostrea virginica*)为典型的先后雌雄同体，幼牡蛎成熟时为雄体，后来变为雌体，此后每几年可以变换一次。许多先后雌雄同体只变性1次，而且常常是由雄变为雌，称为雄性先熟雌雄同体。与上述随年龄增长而变性的种类相反，许多无脊椎动物是同时雌雄同体，如某些多毛类。这些动物虽然能够自体受精，但很少行自体受精。同时雌雄同体的优势在于两个成熟个体相遇就能交配，这种方式对于营固着生活的动物如藤壶类的种群维持十分有利(宋大祥，2004)。

底栖动物的配子在结构和功能上极其多样。某些无脊椎动物产生的卵中有一些是不能受精或受精后不能发育的，称为育卵(nurse egg)，这种现象在腹足类中最常见。育卵最终被邻近的胚胎所吞食。精子在功能上的多样性程度也很高。许多无脊椎动物只产生一定比例的正常精子，这些精子能使卵正常受精，并促成随后的胚胎发育，此为有核精子(eupyrene sperm)。其余的精子因为染色体数目超常或太少，在发育中无直接作用。极端情况下，不正常的精子完全没有染色体，即无核精子(apyrene sperm)。无核精子在腹足类中尤为常见(宋大祥，2004)。

精卵结合是有性繁殖的关键步骤。陆地和淡水生活的种类，因为环境对配子的生存不利，所以除少数外，受精一般在体内进行。体内受精通过几种方式完成。一种通过阴茎直接传送精子，即精子通过雄性阴茎直接送入雌性生殖孔内。另一种没有雄性交配器官的种类则通过间接传递精子的方法，即把精子包装在精包(spermatophore)内。精包由雄体的特殊腺体分泌而成,其复杂程度不等。许多海洋底栖动物如多毛类、寡毛类、腹足类、头足类、甲壳类、须腕动物都使用精包。有些物种的精包释放到海水中后,通过偶然的机会到达雌体。采用这种传递精子方式的动物通常生活在一起,所以精子的损失并不大。

另外,许多海洋底栖动物的体内受精可能完全不发生交配或没有复杂的精子包装。因为海水中的溶解盐浓度与大多数细胞和组织非常接近,精子可以自由地排放到海水中,借助水流到达雌体,如棘皮动物、双壳类、海绵等都是以这种机制完成体内受精的。某些孵育的腹足类、双壳类和海蛇尾,精、卵一旦在体内受精,胚胎就一直在体内发育,释出时像一个成体的缩小体。或者成群的受精卵装在一个卵囊内,卵囊有的受到母体的保护,有的则不加保护地附着或埋入海底(宋大祥,2004)。

海洋底栖动物也可精、卵同期排放到周围的海水中,精子和卵相遇并完成受精过程。这种体外受精方式在海洋环境中也较常见。卵的受精率取决于多种因素,如水的流速和流向、个体在产卵群集中的位置、群集的大小、卵的直径和卵化学性引诱精子的程度等。体外的受精卵一般发育成一个自由游泳的幼体,在水中生长发育,也组成浮游生物的一部分。体内受精的种类通常也产生幼体,幼体在雌体内孵育一段时间后产出,幼体靠纤毛运动;对那些发育阶段需要进食的幼体,其纤毛还有收集食物的功能。底栖动物的幼体移动缓慢或营固着生活,有此幼体营自由生活,这种生活方式有利于种群扩散和对分布格局的适应,如有利于地理隔绝的同一物种种群间的扩散和基因交流,在局部地区灭绝后迅速占领新的分布区,减少近交的概率,在发育过程中不与成体争夺食物和空间(宋大祥,2004)。

第三章　海岸带大型底栖动物的调查与研究方法

大型底栖动物的调查方法主要依据中华人民共和国国家标准GB17378.7—2007《海洋监测规范 第7部分：近海污染生态调查和生物监测》中大型底栖动物生态调查和潮间带生物生态调查部分的内容。开展生物调查时，同时进行环境调查。

生物调查：主要包括物种组成、优势种、栖息密度、生物量和生物多样性的调查，对于优势种群尽可能测量其个体大小、年龄结构、性别比例等，根据研究目的，进行干湿比、去灰干重、生长率和生殖率的测量。

环境调查：主要包括3个方面，一是环境特点，如调查海区的地理环境、沉积物性质、污染物排放等；二是水文气象，如水温、水深、盐度、透明度、流速、流向；三是水体和沉积物取样调查，分析水体营养盐、叶绿素a、沉积物粒径、有机质含量、氧化还原电位、硫化物。

开展调查之前需根据历史资料和文献分析、了解调查水域的基本状况，包括沉积物类型、海流、泥沙运动和底栖生物群落特征等，摸清主要沿海工业和海上工程建设对海区环境的影响，为制定调查方案提供依据。

第一节　采样方法和工具及样品处理

一、调查区域站位布设

根据研究和调查目的及调查海域的时间状况，进行站位布设应综合考虑调查海区的水文、水质、沉积物底质的环境资料，如养殖区的分布情况、水深、沉积物类型和底栖动物分布差异。一般性调查可采用方格式布设站位，断面的布设则主要考虑水深和盐度梯度的变化。

调查类型和次数的确定一般依据如下原则。

基线调查：每月一次，至少按生物季节(春季3～5月，夏季6～8月，秋季9～11月，冬季12月至翌年2月)一年调查一次。

监测性调查：根据各地实情和需要，选择若干固定月份和若干站点定期取样分析，为了便于比较，所选月份和站位，应与基线调查时的时间和站位相对应。

应急调查：若遇到突发性事故，如赤潮、浒苔暴发、倾废等，应跟踪调查，并于事故后进行若干次危害评价调查。

二、采样、保存和处理方法

大型底栖动物群落的调查一般分为定量调查和定性调查。定量调查一般使用$0.1m^2$箱式采泥器，每站取2~4次；在港湾中或无动力设备的小船上，可用$0.05m^2$箱式或抓斗式采泥器，每站取5次，特殊情况下，不少于2次。定性(或半定量)调查常使用阿氏底拖网，拖网时保持调查船以低于3kn的速度低速前进，拖网时间一般为15min。半定量取样，拖网时间为10min，使用GPS记录起始点经纬度，以网具着底起始算起至起网止，根据经纬度换算实际拖网距离，进行定量计算。进行深水拖网，可适当延长时间至30min。

定量采集的沉积物样品，经涡旋冲泥器和0.5mm套筛冲洗后，获取的生物样品一般使用80%乙醇保存(以后拟开展分子生物学实验的样品，乙醇浓度可增大至95%，提高DNA提取效果)，对于较大的个体，如鱼类，需要使用5%中性甲醛溶液固定保存。阿氏底拖网样品上船后首先进行现场初步分拣，记录常见种类并按类群或大小、软硬分别装瓶，避免标本损坏。对于一些稀有种类或个体形态容易发生变化的物种用75%乙醇固定。如果拖网样品数量过多则适当取样，可取其中部分称重和计算各类群或各种类个体(一般取1/2或1/4)，换算成标本总数量。保留一定数量个体数(大、中、小个体)，作生物学特征测定，余者经称重后处理掉。发现具典型生态意义的标本，及时拍照且进行有关生物学的观察及测量。

样品运回实验室后，按站位、定量和定性样品进行系统分拣，并将分拣出的各门类样品送交各门类专家鉴定。

1)定量标本需固定3天以上方可称重，若标本分离时已有3天以上的固定时间，称重可与标本分离、登记同时进行。

2)对各站位经过鉴定的定量样品进行计数及称重。标本计数时，如遇残缺标本则只计数具头部的个体。称重时将样品从标本瓶中取出，用吸水纸吸去标本表面水分，然后用精度为0.001g的电子天平称量。管栖动物的大型管子要剥去，小型管子可保留。软体动物称重时一般不去壳，如果个体大且数量多时，可将壳肉分离并分别称重。在称重前或称重后还需计算各种生物的个体数(岩岸采集的易碎生物个体数由野外记录查得)。群体仅用重量表示。

3)将称重、计数结果记录于表格中，并注明是湿重(甲醛湿重或乙醇湿重)还是干重(烘或晒)。必要时考虑去灰干重。

4)依据取样面积，将数据换算为单位面积的栖息密度($个/m^2$)和生物量(g/m^2)。

第二节　分类和鉴定技术

物种的准确鉴定和分类是进行底栖动物生态学研究的基础，鉴定结果的准确与否对于调查和研究结果具有较大影响。依据研究目的的不同，样品可鉴定到不同的分类水平，如科、属和种级水平。在底栖动物生态学研究中，物种的分类鉴定技术仍以传统的形态分类学为主，对于疑难种和易混淆种类，且具有重要的生态学意义者，可利用分子生物学手段进行物种的准确鉴定。目前，广泛使用的DNA条形码技术不仅可以针对当前的生物多样性进行有效的评估，还可以对过去的动植物群落多样性进行评估，与基于传统分类的生物多样性分析相辅相成，可提供更为全面的群落多样性信息。选择适宜的条形码标记［线粒体COI（cytochrome oxidase subunit I）、18S rDNA等］，利用DNA条形码技术（DNA barcoding和DNA metabarcoding），结合一代及高通量测序技术，分析不同区域的底栖动物遗传多样性水平、物种组成等群落结构特点，并分析其与地理环境、食性及典型环境因子的相关性。标本鉴定应遵循以下原则。

1）优势种和主要类群的种类应力求鉴定到种，疑难种可请有关专家鉴定或先进行必要的特征描述，暂以sp.1、sp.2、sp.3等表示，以后再行分析、鉴定。

2）鉴定时若发现一瓶内有两种以上生物，应将其分出另编新号，注明标本原出处，并及时更改标签和表格中有关数据。

3）种类鉴定结果若与原标签初定种名不符，应立即更换标签和更改表格中有误种名。

经鉴定、登记后的标本，应按调查项目编号归类，妥善保存，以备检查和进一步研究，且需建立制度，定期检查、添加或更换固定液，以防标本干涸和霉变。标本整理好以后，需要有地方存放和经常管理。存放和管理的要旨是有条不紊，研究人员使用方便，能迅速地找出要查找的标本，因此，需要系统地存放保管。浸制标本和干制标本，因情况不同，应分开存放。

第三节　研　究　方　法

大型底栖动物研究内容主要是群落特征的研究，包括群落特征参数物种组成、优势种、生物量、栖息密度、分布格局和群落演替及生物多样性变化等研究。数据则主要基于对历史资料的梳理分析和现状调查。

由于大型底栖动物多数种类的成体终生栖息在固定场所或只能在有限的范围内活动，行为方式与游泳动物和浮游生物显著不同，对逆境的逃避相对迟缓，受到人类活动引起的环境变化的影响更持久且更严重（Sanders，1956；Grey et al.，2000；Warwick and Ruswahyuni，1987；Stark and Riddle，2003）。同时，大型底栖动物具有以下特点：不易移动或移动范围有限，可以反映其生境的大部分条件；许多种类有较长的生命周期；占据了几乎所有的消费者营养级水平，能完成一个完整的生物积累过程。这些特点使得大型底栖动物成为环境评价中的最佳选择，并已经成功地应用到水环境评价研究中（戴纪翠和倪晋仁，2008）。在人类活动干预或环境受到污染后，大型底栖动物群落结构便发生变化，较为敏感的种类和不适应缺氧环境的种类逐渐消失，耐受性较高的生物种类得以保留，并且成为优势种类，使得群落结构趋向简化，种类间的分布平衡被打破。从20世纪50年代起，不少学者开始引入一些数学公式评估污染状况，如多样性指数（diversity index）（Shannon and Weaver，1949）、观测值/预测值（O/E）（方圆等，2000）、生物完整性指数（index of biological integrity）（Weisberg et al.，1997）等；也常用一些图形显示方法评估污染状况，如种内个体对数正态分布法（Gray，1981）、丰度生物量比较法（Warwick，1986；Warwick and Clarke，1994）。各种方法实际上都是通过数学手段，捕捉各种信息，了解采样站位的物种数与物种相对多度概况，阐明物种数或物种多度沿环境梯度变化的速率和范围，确定群落结构的变化与污染之间的关系。这些方法大致可分成三类，即单变量分析、作图分析和多变量分析。

一、单变量分析

单变量分析是通过计算和比较代表群落结构信息的单一变量，确定不同群落或同一群落不同时间的结构差别。目前，单变量分析中应用的指数有很多种，主要有物种丰富度指数（Pielou，1966）、香农-维纳指数、均匀度指数和优势度指数等（Margalef，1968）。

（一）物种丰富度指数

物种丰富度指数（d）即物种的数目，是最简单、最古老的物种多样性测度方法，一般用物种数目与个体总数之间的关系来测度，比较常用的公式为

$$d=(S-1)/\ln N \tag{3-1}$$

式中，S为物种数目；N为所有物种个体数之和。

（二）香农 - 维纳指数

香农-维纳指数（H'）是最常用的生物多样性指数，它综合了群落的丰富性和

均匀性两个方面的影响，计算公式为

$$H' = -\sum_{i=1}^{S} P_i \times \log_2 P_i \qquad (3-2)$$

式中，S为收集到的底栖动物种类数；P_i为该站位第i种的个体数占总个体数的比例，如样品总个体数为N，第i种个体数为n_i，则$P_i = n_i/N$。

（三）均匀度指数

均匀度指数（J'）可以定义为群落中不同物种的多度（生物量或栖息密度）分布的均匀程度，常用公式为

$$J' = H'/\log_2 S \qquad (3-3)$$

式中，H'为香农-维纳指数；S为收集到的底栖动物种类数。

（四）优势度指数

优势度指数（Y）用于指示某物种在群落中的优势地位，常用公式为

$$Y = \frac{n_i}{N} f_i \qquad (3-4)$$

式中，N为在各个站位采集的所有物种的总个体数；n_i为第i种的总个体数；f_i为该物种在各调查站位中出现的频率（陈亚瞿等，1995）。

二、作图分析

作图分析是将群落的结构特征，如种类数、各物种个体数的分布等，经过数学转换，再以图形形式表现出来，从而对群落的结构特征进行直观的分析。常见的作图分析有Sander曲线、种类的拟合对数正态分布、丰度/生物量曲线（ABC曲线）、聚类分析和NMDS分析等。

这类分析主要是利用底栖动物群落专用软件PRIMER（Plymouth Routines in Multivariate Ecological Research）中的一些处理功能。PRIMER是英国普利茅斯海洋实验室（Plymouth Marine Laboratory）基于以等级相似性为基础的非参数多元统计技术而开发的大型多元统计软件，已被广泛应用于海洋生物群落的结构、功能和生物多样性研究，并逐渐向生态监测和环境评价的方向发展（周红和张志南，2003）。最新版本PRIMER v7.0可从网上获得（http://www.primer-e.com/），其包括的主要多元统计分析程序有：①等级聚类（CLUSTER）；②非度量多维标度（nonmetric multi-dimensional scaling，NMDS）；③主成分分析（principal component analysis，PCA）；④相似性分析检验（analysis of similarities，ANOSIM）；⑤相

似性百分比(similarity percentage，SIMPER)分析；⑥生物-环境分析(biota-environment stepwise analysis，BIOENV/BVSTEP)；⑦相关检验(RELATE)(Clarke and Gorly，2001)。利用PRIMER中上述7种分析程序可对底栖生物群落进行群落特征、等级聚类及环境因子相关性等多种分析，获取详细的分析结果。

k-优势度曲线可用于多样性评价(图3-1)。图3-1中X轴是种类依密度重要性的相对种数(对数)排序，Y轴是丰度优势度累计百分比。显然，位于最下方的曲线代表多样性最高的群落；反之，最上方的曲线代表多样性最低的群落(韩洁等，2003)。

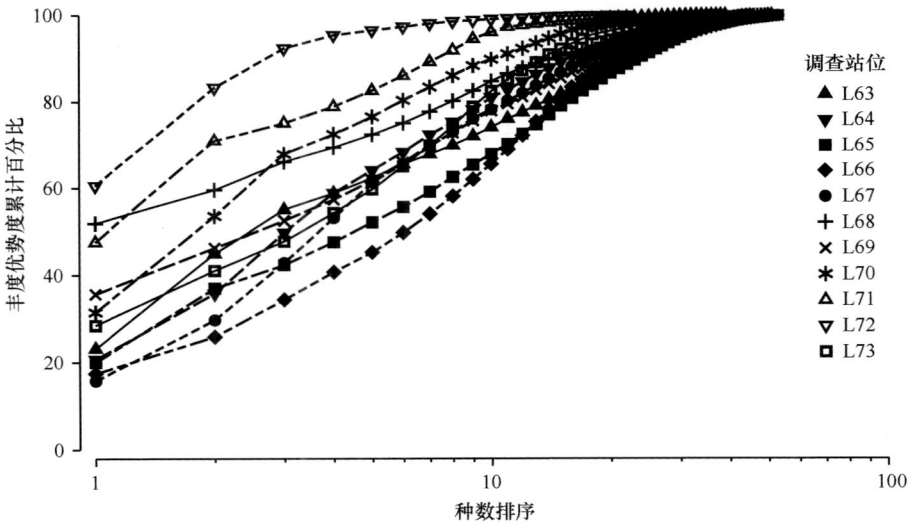

图 3-1　大型底栖动物的 k- 优势度曲线（韩洁等，2003）

丰度/生物量曲线(ABC曲线)用于分析大型底栖动物群落受污染及扰动状况(图3-2)。当生物量曲线明显高于丰度曲线时，表明生物生存环境很少或未受扰动；当生物量曲线与丰度曲线相对位置接近时，表明环境受到轻微扰动；当生物量曲线与丰度曲线出现交叉或者接近重合时，表明环境受到中度扰动；当生物量曲线明显低于丰度曲线时，表明环境受到强烈扰动(田胜艳等，2006)。

三、多变量分析

多变量分析也称为多元统计分析，它是统计学的一个重要分支学科，主要研究多个变量的集合之间的关系及具有这些变量的个体之间的关系。到目前为止，有多种序列分析方法用于评价环境污染压力下底栖生物群落的变化，其中聚

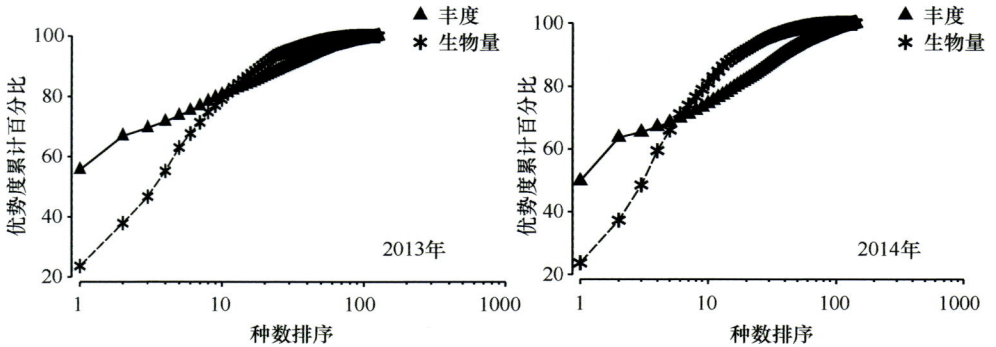

图 3-2 2013 年和 2014 年调查区域 ABC 曲线（李晓静等，2017）

类（CLUSTER）分析和非度量多维标度（NMDS）被认为是最有效的分析群落结构的方法，它能够较好地解释群落结构与多种环境因素的关系。通过比较各样品间物种的相似性状况，可以对污染的影响进行判定（图3-3）。聚类和标序由样品间的相似性三角矩阵开始。聚类（CLUSTER）分析是基于每对样品间的某种相似性（如Bray-Curtis），将样品逐级连接成组并通过一个树状图来表示群落结构。其目的是找出样品的"自然分组"，以使组内样品彼此间较组间的样品更相似，即它强调的是组的划分而不是在连续尺度上展现样品间的关系，因此等级聚类更适用

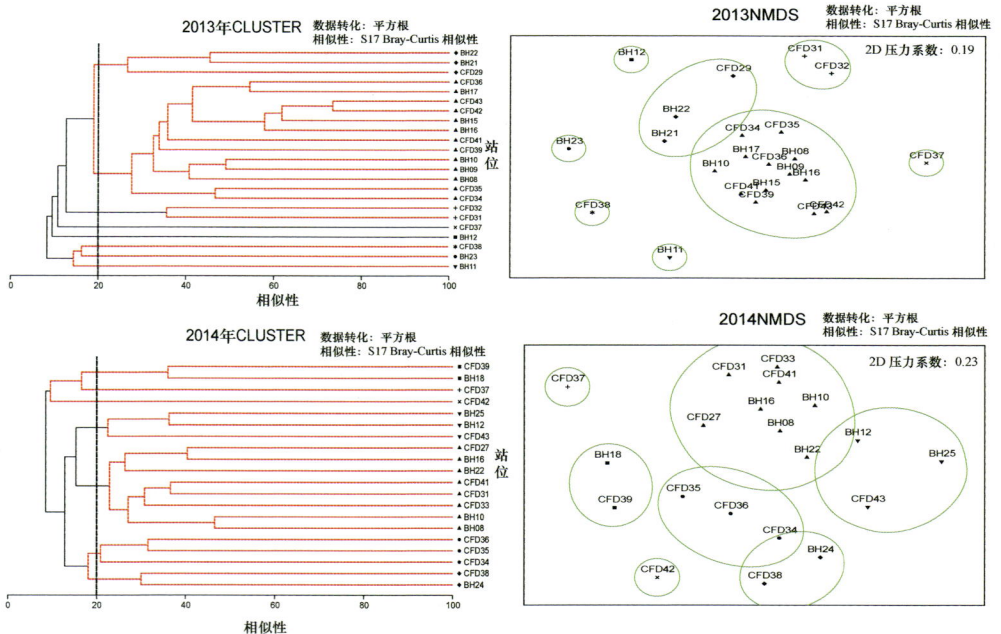

图 3-3 2013 年和 2014 年渤海大型底栖动物群落 CLUSTER 和 NMDS 分析（李晓静等，2017）

于环境条件明显不同、样品能够明确划分成组的情况。相比之下，标序技术能更好地表达群落对比较连续的非生物环境梯度的响应(周红和张志南，2003)。与单变量分析和作图分析相比，NMDS具有以下优点。首先，NMDS可以对多个区域的生物群落状况进行对比，而其他方法都难以做到；其次，NMDS可以采用不同的变量指标，得到相同的响应模式；最后，环境变量，如污染物的浓度等，可以与生物变量分析得到的模式相比较，从而对污染物和生物效应之间的关系进行分析。

孙国钧和冯虎元(1998)用主成分分析和信息聚类分析对白水江自然保护区与国内其他13个具有代表性的种子植物区系进行了比较分析，结果将这14个地区划分为5组，并证明这种分组可以客观地反映各区系间的差异。多变量分析方法可正确揭示由污染梯度变化引起的群落结构的变化，与生物多样性指数方法相比，多变量分析方法更能敏感地指示污染压力对群落结构的影响(马藏允和刘海，1997)。一般在研究过程中往往需要结合上述3种分析方法，以获取更准确的结果。Tagliapietra等(1998)在研究意大利威尼斯咸水湖一个富营养化区域的大型底栖动物群落结构变化时，运用单变量分析和多变量分析两类方法同时进行分析，结果显示，底栖动物群落结构的波动与一种大型藻类的季节演替密切相关，在受严重影响区域和很少受影响的区域，各站位底栖动物群落结构和多样性差别十分显著。

第二篇

海岸带动物保护生物学

第四章　海岸带动物资源的保护

第一节　海岸带动物资源的现状

中国海岸带面积约28.82×10⁴km²，包括陆地面积10.91×10⁴km²，潮间带滩涂面积2.08×10⁴km²，浅海面积约15.83×10⁴km²（傅秀梅和王长云，2008）。海岸带的滨海湿地、潮间带滩涂类型多种多样，主要有岩礁滩、沙滩、泥滩、珊瑚礁滩和红树林滩，如黄河三角洲滨海湿地、苏北浅滩滩涂、海南珊瑚礁滩、海南红树林湿地等（傅秀梅和王长云，2008）。中国海岸带南北跨度约38个纬度，处于温带、亚热带和热带3个气候带，形成了冷水性、暖温性和暖水性3个生态习性的物种，其中以暖温性物种为主。多样的海岸带生境类型和较大的纬度梯度决定了中国海岸带动物资源丰富多样。

从海洋生物分类学角度来看，中国海岸带海洋动物包括海洋无脊椎动物和海洋脊椎动物。海洋无脊椎动物门类繁多，按照最新的分类系统，包括原生动物、海绵动物、腔肠动物、多毛类环节动物、软体动物、甲壳动物、棘皮动物、苔藓动物、动吻动物、线虫动物、棘头动物、须腕动物、被囊动物、星虫动物、螠虫动物、曳鳃动物、内肛动物、帚形动物、腕足动物、纽形动物、扁形动物、毛颚动物、半索动物和尾索动物等类群（李新正，2000）。海洋脊椎动物主要包括鱼类、爬行动物（如海龟）、鸟类（如海鸥）、哺乳类。其中鱼类是最重要的海洋动物，其种类繁多、数量巨大，处于海洋食物链的顶端，在食物网功能和海洋渔业中均占有举足轻重的地位。海洋爬行动物、鸟类和哺乳类在海洋生态系统和渔业经济方面也具有一定的价值（傅秀梅和王长云，2008）。

从海洋生物生态学角度来看，中国海岸带海洋动物包括浮游动物、游泳动物和底栖动物。

浮游动物是指在水流运动的作用下，被动地漂浮在水层中的动物群。海洋浮游动物种类繁多，在生态学上比较重要的有：原生动物（包括鞭毛虫类、有孔虫类和纤毛虫类）、浮游甲壳动物（桡足类、磷虾类、端足类和樱虾类）、水母类和栉水母类、毛颚类、被囊动物有尾类等（沈国英等，2010）。浮游动物由于运动器官缺失或欠发达，运动能力弱或完全没有运动能力，只能随水流移动，并进化成多种多样适应浮游生活的身体结构。浮游动物个体小、数量多、分布广，是海洋生产力的基础，是海洋生态系统能量流动和物质循环最主要的环节。浮游植物作为初级生产者，其光合作用产物基本上都要通过浮游动物这个环节才能被其他动物利用。浮游动物通过捕食浮游植物影响或控制初级生产力。通过食物网中物流和能流传递，浮游动物种群数量的动态变化可影响鱼类或其他动物资源群体的生物量，有些浮游动物（如毛虾、海蜇）本身就是渔业对象；有些浮游动物可作为环境变化的指示种，如判别水团和海流移动的指示种，可指示海洋地质及海底环境演变的浮游动物尸骸（沈国英等，2010）。

游泳动物是具有发达的运动器官、游泳能力很强的一类大型动物。海洋游泳动物主要包括某些头足类、某些虾类、鱼类、爬行类（如海蛇、海龟）、海鸟、哺乳类（如海豹、海牛）等。游泳动物在体形上通常呈流线型，运动时可有效减小阻力。同时一些海洋哺乳类体貌特征发生改变，如身上的毛消失或变短、乳腺扁平，以减小运动阻力；游泳动物还具备某些浮力适应机制，如大部分鱼类具有鳔，能够通过调节鳔内的气体含量而使身体保持悬浮，有的鱼类（如鲨鱼）可在体内增加比水轻的脂类物质的含量，从而增加浮力（沈国英等，2010）。

底栖动物由生活在海洋基底表面或沉积物中的各种动物所组成。底栖动物种类繁多，是一个重要的生态类群，其物种组成和生活方式比浮游动物和游泳动物要复杂得多。底栖动物中种类和数量较多的类群包括多毛类、软体动物（特别是双壳类）、甲壳动物、棘皮动物、线虫等。底栖动物通过充分利用从水层沉降的有机碎屑，促进营养物质分解，在海洋生态系统的能量流动和物质循环中起很重要的作用；同时很多底栖动物也是人类可直接利用的海洋生物资源（如多数软体动物和甲壳动物）（沈国英等，2010）。根据个体大小可将底栖动物划分为微型底栖动物（microbenthos）（可以通过42μm孔径网筛的种类）、小型底栖动物（meiobenthos）（可被42μm～0.5mm孔径网筛截留的种类）和大型底栖动物（macrobenthos）（不能通过0.5mm孔径网筛的种类），此外，有些学者把个体较大或体重较重的物种划分为巨型底栖动物（megabenthos）（Eleftheriou，2013）。大型底栖动物由于运动能力较弱，生活史较长，活动范围有限，有的甚至营固着生活，对于逆境的逃避相对迟缓，深受环境变化的影响，因此其种类组成、群落结构和次级生产力的变化能够更准确地反映出所处环境长期、宏观的变化（李新正，2011）。

从近海不同海区的角度来看，中国海岸带海洋动物包括渤海区、黄海区、东海区和南海区4个海区的海岸带海洋动物，包括浮游动物、底栖动物和游泳动物。

渤海区浮游动物区系属北太平洋温带区东亚区，大部分是广温低盐种。1997～2000年全国大陆架生物资源和环境调查发现，渤海区浮游动物约100种，优势种类有中华哲水蚤、小拟哲水蚤、真刺唇角水蚤、强壮箭虫等（傅秀梅和王长云，2008；刘承初，2006）；2006～2007年"我国近海海洋综合调查与评价"

专项共采集浮游动物75种，其中数量多、出现频率高的种类是强壮滨箭虫、中华哲水蚤、双毛纺锤水蚤、腹针胸刺水蚤等。广温性近岸种是渤海浮游动物的主要物种，如强壮滨箭虫、双毛纺锤水蚤、真刺唇角水蚤等。此外，渤海区常见的浮游动物还包括八斑芮氏水母、锡兰和平水母、住囊虫、长额刺糠虾、黄海刺糠虾、漂浮囊糠虾、三叶针尾涟虫、中国毛虾等(孙松等，2012)。

渤海区底栖动物属印度洋—西太平洋区系的暖温性种类，其中大型底栖动物种类组成较简单，占优势的主要是广温低盐性暖水种。1982年调查发现，渤海大型底栖动物有276种，主要包括强鳞虫、细蛇潜虫、寡鳃齿吻沙蚕、索沙蚕、不倒翁虫、胡桃蛤、光滴形蛤(滑理蛤)、灰双齿蛤、光亮倍棘蛇尾、日本倍棘蛇尾等(孙道元和刘银城，1991)。2006~2007年"我国近海海洋综合调查与评价"专项在渤海共采集大型底栖动物413种，优势种类包括不倒翁虫、拟特须虫、背蚓虫、江户明樱蛤、紫色阿文蛤、小亮樱蛤、理蛤、细长涟虫、日本拟背尾水虱、塞切尔泥钩虾、日本倍棘蛇尾、棘刺锚参、纵沟纽虫等(李新正等，2012a)。

渤海区游泳动物以鱼类为主，多达150种，还有少量虾蟹类和头足类。渤海区鱼类区系属北太平洋东亚区，主要经济鱼类有小黄鱼、带鱼、黄姑鱼、鲥、真鲷、蓝点马鲛等(傅秀梅和王长云，2008；刘承初，2006)。1998年渤海近岸水域春季到秋季的鱼类群落中，优势种有4种：黄鲫、斑鰶、银鲳和赤鼻棱鳀，它们都是中小型、中上层鱼类，都属于浮游生物食性的功能群，在近岸生态系统的鱼类食物网中所处的营养级都比较低，这些优势种合计占鱼类群落总重量的67.2%；重要种有5种：蓝点马鲛、小带鱼、小黄鱼、鳀和矛尾鰕虎鱼，其中鳀和小带鱼属浮游生物食性，蓝点马鲛属游泳动物食性，小黄鱼和矛尾鰕虎鱼属底栖动物食性，它们在鱼类食物网中所处的营养级相对更高一些，这些重要种合计占鱼类群落总重量的23.0%(唐启升，2012)。

黄海区浮游动物有北太平洋暖温带区和印度洋—西太平洋热带区的双重性，大部分是广温低盐种，以温带种类占优势。20世纪80年代全国海岸带调查表明，在黄海沿岸记录了浮游动物125种(不包括原生动物)，其中水母类38种(水螅水母36种、栉水母1种、钵水母1种)、毛颚动物3种、甲壳动物78种(桡足类50种、枝角类3种、介形类1种、磷虾2种、糠虾9种、樱虾总科4种、十足类2种、涟虫2种、等足类1种、端足类4种)(郭玉洁和陈亚瞿，1996)。2006~2007年"我国近海海洋综合调查与评价"专项在黄海鉴定出浮游动物207种，其中节肢动物112种、刺胞动物68种、栉水母5种、软体动物7种、毛颚动物5种、尾索动物10种(张武昌和张光涛，2012)。海岸带生境不同于外海，浮游动物种类也有所不同。一些枝角类多数只在河口或者近岸海域出现，在黄海外海则没有；一些桡足类，如中华哲水蚤、火腿许水蚤等，属于河口种类，这些种类最常出现的地区是长江口，但也出现在其他有淡水输入的黄海近岸海域；墨氏胸刺水蚤和真刺唇角水蚤是近岸种类，分布范围很少延伸到黄海中部海区；有些猛水蚤只能生活在近岸水域，如小毛猛水蚤、红小毛猛水蚤、尖额谐猛水蚤、硬鳞暴猛水蚤、巨大怪水蚤、标准戴氏猛水蚤等(郭玉洁和陈亚瞿，1996)；在南黄海苏北沿岸海域，受到长江口的影响，部分长江口的浮游动物优势种能够扩散到该海域，包括中华假磷虾、长额刺糠虾、中型莹虾、汉森莹虾等(张武昌和张光涛，2012)。

黄海区底栖动物区系具有明显的暖温带特点，在黄海沿岸浅水区，底栖动物主要是广温低盐种，基本上属于印度洋—西太平洋区系的暖水性种类。底栖动物以多毛类种数最多，其次为软体动物、甲壳动物和棘皮动物，优势种类有不倒翁虫、长须沙蚕、持真节虫、红角沙蚕、背褶沙蚕、细螯虾、钩倍棘蛇尾、浅水萨氏真蛇尾等；其中牡蛎、贻贝、蚶类、蛤类、扇贝和鲍鱼等是重要的经济贝类，中国明对虾、鹰爪虾、新对虾和褐虾是重要的经济虾类，三疣梭子蟹是重要的经济蟹类。该海域中刺参的产量也相当可观(傅秀梅和王长云，2008；刘承初，2006)。1997～1998年黄海近岸海域大型底栖动物的调查结果显示，南北海域的物种组成和分布有明显差异：北黄海近岸海域，夏季受到黄海冷水团的影响，底层水温较低，冷水种明显增加，如脊腹褐虾、屈腹七腕虾、敖氏长臂虾、浅水萨氏真蛇尾、柯氏双鳞蛇尾、索足蛤、皮氏蛾螺、醒目云母蛤等，北太平洋温带种在种类和数量上占有一定的优势，如紫蛇尾、奇异指纹蛤等；南黄海近岸海域环境条件的主要特点是底质复杂、温度较低，该海域底栖动物的种类组成以广温低盐性近岸种占优势，夏季受暖流影响，少数东海和南海的种类进入该海区，如多毛类的毛齿吻沙蚕、棘皮动物的哈氏刻肋海胆(胡颢琰等，2000)。2006～2007年"我国近海海洋综合调查与评价"专项在北黄海采得大型底栖动物658种，种数最多的是多毛类动物，共261种，优势种类包括不倒翁虫、米列虫、后指虫、长吻沙蚕、薄壳索足蛤、鸭嘴蛤、大寄居蟹、日本鼓虾、心形海胆、萨氏真蛇尾、紫蛇尾、海葵、单环刺螠等；该专项在南黄海共采得大型底栖动物416种，其中多毛类动物种数最多，为199种，优势种类包括背蚓虫、索沙蚕、角海蛹、曲强真节虫、梳鳃虫、掌鳃索沙蚕、圆楔樱蛤、理蛤、日本胡桃蛤、日本鼓虾、哈氏美人虾、博氏双眼钩虾、日本倍棘蛇尾、紫蛇尾、萨氏真蛇尾等(李新正等，2012a)。

黄海区游泳动物以鱼类为主，还有虾蟹类和头足类等。鱼类区系属北太平洋东亚区，有300多种，主要的经济鱼类有小黄鱼、带鱼、鲐、蓝点马鲛、黄姑鱼、鳓、太平洋鲱、鲳、太平洋鳕、叫姑鱼、白姑鱼、褐牙鲆等(傅秀梅和王长云，2008；刘承初，2006)。黄海的渔业生物按其在越冬场和产卵场的分布及洄游距离的长短，可分为沿岸型、近海型和外海型(唐启升等，1990)。其中，沿岸型鱼类栖息于沿岸的河口、海湾和岛屿、岩礁附近水域，只进行浅水到深水之间的往返移动，其代表种有鳀、凤鲚等中上层鱼类和鳐类、舌鳎类、鰕虎鱼类、鲻等底层鱼类。1998～2000年调查获得的黄海沿岸型鱼类优势种包括高眼鲽、细纹狮子鱼、绒杜父鱼、黄鮟鱇、大头鳕和小带鱼(唐启升，2012)。

　　东海区浮游动物区系属北太平洋温带区的东亚区，以暖温性种类为主。浮游动物在长江口附近有81种，浙江沿岸有223种，优势种类有中华哲水蚤、真刺唇角水蚤、中华假磷虾、太平洋纺锤水蚤、肥胖箭虫等(傅秀梅和王长云，2008；刘承初，2006)。东海北部近海的主要种类：春季有中华哲水蚤、五角水母、真刺唇角水蚤、磷虾幼体等；夏季主要有中华哲水蚤、肥胖箭虫、太平洋纺锤水蚤、中型莹虾等；秋季优势种最多，主要有精致真刺水蚤、亚强次真哲水蚤、双生水母、百陶箭虫、肥胖箭虫、长刺小厚壳水蚤、太平洋纺锤水蚤、微刺哲水蚤、中华哲水蚤等；冬季主要有真刺水蚤幼体、中华哲水蚤、海龙箭虫、五角水母等。东海南部近海的主要种类：春季有双尾纽鳃樽东方亚种、中华哲水蚤、五角水母、小齿海樽、软拟海樽等；夏季主要种类有亚强次真哲水蚤、达氏筛哲水蚤、普通波水蚤等；秋季主要有普通波水蚤、亚强次真哲水蚤、丽隆剑水蚤、海洋真刺水蚤、肥胖箭虫等；冬季主要有中华哲水蚤、达氏筛哲水蚤、海洋真刺水蚤、短棒真浮萤等。台湾海峡的主要种类：春季主要有异尾宽水蚤、中华哲水蚤、亚强次真哲水蚤、五角水母等；夏季为中型莹虾、刷状莹虾、普通波水蚤、亚强次真哲水蚤、软拟海樽、双尾纽鳃樽东方亚种等；秋季主要有精致真刺水蚤、普通波水蚤、平滑真刺水蚤、锥形宽水蚤、百陶箭虫等(赵苑和肖天，2012)。

　　东海区底栖动物与黄海有很大差别。东海海域已发现大型底栖动物855种，其中多毛类268种、软体动物283种、甲壳动物171种、棘皮动物68种、其他类群动物65种(唐启升，2006)。依据1998～2000年东海的大型底栖动物调查结果，将大型底栖动物群落划分为东海北部近海群落、东海南部近海群落、东海北部外海群落、东海南部外海群落和台湾海峡群落，其中东海北部近海群落优势种包括独指虫、蕃红花丽角贝、鸟喙小脆蛤、日本美人虾、洼颚倍棘蛇尾、球小卷吻沙蚕、双带瓷光螺、不等壳毛蚶、东方长眼虾；东海南部近海群落优势种包括欧努菲虫、蕃红花丽角贝、日本美人虾、钩倍棘蛇尾、独指虫、日本大螯蜚；台湾海峡群落包括独毛虫、蕃红花丽角贝、轮双眼钩虾、洼颚倍棘蛇尾、长锥虫、宽壳胡桃蛤、短角双眼钩虾(李荣冠，2003)。2006～2007年"我国近海海洋综合调查与评价"专项在东海近岸的长江口海域、浙江海域和台湾海峡分别进行了调查，发现长江口海域的优势种为奇异稚齿虫、双形拟单指虫、小头虫、不倒翁虫、后指虫、纵肋织纹螺、红带织纹螺、江户明樱蛤、绒螯近方蟹、鲜明鼓虾、轮双眼钩虾、细螯虾、滩栖阳遂足、洼颚倍棘蛇尾、红狼牙鰕虎鱼、纽虫和海葵；浙江海域的优势种为不倒翁虫、背蚓虫、后指虫、双形拟单指虫、尖叶长手沙蚕、圆筒原盒螺、西格织纹螺、钩虾、豆形短眼蟹、寄居蟹、棘刺锚参、滩栖阳遂足、纽虫和海葵；台湾海峡的优势种为不倒翁虫、拟特须虫、袋稚齿虫、加州中蚓虫、背毛背蚓虫、带偏顶蛤、刀明樱蛤、衣角蛤、塞切尔泥钩虾、葛氏胖钩虾、拟猛钩虾属一种、日本沙钩虾、阳遂足属一种、近辐蛇尾、洼颚倍棘蛇尾、毛头梨体星虫、文昌鱼和纽虫(蔡立哲等，2012a)。底栖动物中双壳类和虾类是重要的经济种类，三疣梭子蟹和锯缘青蟹等蟹类的产量也很高(傅秀梅和王长云，2008；刘承初，2006)。东海区游泳动物以鱼类为主，鱼类达600多种，传统的经济鱼类主要是带鱼、大黄鱼和小黄鱼，绿鳍马面鲀、鲐、蓝圆鲹、沙丁鱼及头足类的无针乌贼属的种类产量也很高(傅秀梅和王长云，2008；刘承初，2006)。

　　东海中的大多数鱼、虾、蟹类在一年中往往具有越冬、产卵、育幼和索饵等不同性质的栖息地，根据实际调查资料和相关文献，唐启升(2012)将主要洄游类型归纳为以下几种：南北向洄游鱼类、东西向洄游鱼类、外海型洄游鱼类、暖水性洄游鱼类、沿岸型洄游鱼类、河口定居性鱼类、溯河洄游鱼类。其中沿岸型洄游鱼类终生栖息于沿岸和近海的浅水区，只做短距离洄游，其代表性鱼类有梅童鱼、石斑鱼、二长棘鲷、黄鲫、龙头鱼等；河口定居性鱼类终生生活在河口半咸水水域中，是典型的河口鱼类，可在较大盐度范围的水中生活，其代表种类有鲻、鲅、斑鰶、大银鱼、四指马鲅、花鲈和弹涂鱼等；溯河洄游鱼类包括中华鲟、凤鲚、鲚、前颌间银鱼、鲥和暗纹东方鲀等，其在每年春夏时期性腺发育或临成熟时溯河到河川或湖泊淡水区产卵，仔稚鱼和产过卵的成鱼到河口至海洋中育肥、索饵和越冬，在生命中的一段时间内在海岸带海区生活；另外，南北向洄游鱼类(如带鱼、海鳗、鲐、蓝圆鲹和蓝点马鲛等)和东西向洄游鱼类(如小黄鱼、大黄鱼、白姑鱼、鳓、银鲳和灰鲳等)也会在沿岸浅水区产卵(唐启升，2012)。

　　南海区浮游动物区系属印度洋—西太平洋热带区的印度—马来西亚区，以热带种为主，具有热带大洋特征。浮游动物在南海北部沿岸已记录130种左右，优势类群为桡足类动物(傅秀梅和王长云，2008；刘承初，2006)。根据浮游动物的生态特性和地理分布，南海区浮游动物可分为3大生态类群，即暖水近岸生态类群、暖水外海生态类群和广布生态类群。其中暖水近岸生态类群为适应高温低盐的种类，包括双生水母、拟细浅室水母、球形侧腕水母、肥胖三角溞、小纺锤水蚤、太平洋纺锤水蚤、小长足水蚤、锥形宽水蚤、异尾宽水蚤、亚强真哲水蚤、百陶箭虫、弱箭虫、小箭虫和柔佛箭虫等；暖水生态类群具有广盐性，既可在高盐的外海水域，也可在低盐的沿岸水域广泛分布，包括四叶小舌水母、两手筐水母、尖笔帽螺、针刺真浮萤、精致真刺水蚤、宽额假磷虾、肥胖箭虫、小齿海樽、红粒住囊虫等(谭烨辉等，2012)。

南海底栖动物资源相当丰富，多为热带和亚热带种，主要有珠母贝、近江牡蛎、翡翠贻贝、日月贝、杂色鲍、墨吉对虾、长毛对虾、中国龙虾、远海梭子蟹、锯缘青蟹、梅花参、黑海参等(傅秀梅和王长云，2008；刘承初，2006)。1980~1985年在广东、广西和海南3省区海岸带浅海水域调查共发现大型底栖动物935种，其中软体动物302种、节肢动物217种、鱼类204种、棘皮动物84种、环节动物68种、腔肠动物52种、其他类群8种(李纯厚等，2005；余勉余等，1990)。2006~2007年"我国近海海洋综合调查与评价"专项在南海北部的珠江口海域、海南岛东部海域和北部湾海域分别进行了调查，发现珠江口海域的优势种为背蚓虫、双形拟单指虫、不倒翁虫、中华内卷齿蚕、光滑河篮蛤、鳞片帝汶蛤、棒锥螺、日本美人虾、短角双眼钩虾、鼓虾、光滑倍棘蛇尾、中间倍棘蛇尾、毛头梨体星虫和纽虫；海南岛东部海域的优势种为梳鳃虫、双须内卷齿蚕、色斑角吻沙蚕、简毛拟节虫、棒锥螺、维提织纹螺、轮双眼钩虾、日本美人虾、大螯蜚虾、光滑倍棘蛇尾、独双鳞蛇尾、洼颚倍棘蛇尾、小头栉孔鰕虎鱼和纽虫；北部湾海域的优势种为双须内卷齿蚕、背蚓虫、栉状长手沙蚕、丝鳃稚齿虫、波纹巴非蛤、小亮樱蛤、豆形凯利蛤、塞切尔泥钩虾、哈氏美人虾、模糊新短眼蟹、克氏三齿蛇尾、歪刺锚参、洼颚倍棘蛇尾、毛头梨体星虫和纽虫(蔡立哲等，2012b)。南海区游泳动物以鱼类为主，鱼类资源丰富，北部海区有鱼类750多种，以暖水性为主，暖温带种较少，区系属印度洋—西太平洋热带区的中国—日本亚区；南部海产鱼类更多，达1000种，均为暖水性，属印度洋—西太平洋热带区的印度—马来西亚区，为热带区系。南海区主要经济种类有蛇鲻、鲱鲤、红笛鲷、短尾大眼鲷、金线鱼、蓝圆鲹、绿鳍马面鲀、沙丁鱼、大黄鱼、带鱼、石斑鱼、海鳗等，此外，中国枪乌贼、海蛇、海龟等也很多(傅秀梅和王长云，2008；刘承初，2006)。

1997~2000年南海北部的底拖网调查结果表明，南海北部渔业资源种类繁多，但单一种类的数量不大，优势最大的前10种经济渔获物为多齿蛇鲻、花斑蛇鲻、带鱼、短带鱼、剑尖枪乌贼、金线鱼、蓝圆鲹、鳞烟管鱼、短尾大眼鲷和中国枪乌贼(唐启升，2012)。在东沙群岛、中沙群岛、西沙群岛和南沙群岛的岛礁、珊瑚礁海域及南海北部沿岸的岛礁周围，生存着岩礁和珊瑚礁鱼类，它们是栖息于岩石礁丛间、珊瑚礁之间或其邻近海域的岩礁和珊瑚礁鱼类，或者季节性进入珊瑚礁区索饵的趋礁性鱼类。这些类群在南海区种类繁多，体态多姿，色彩鲜艳，是热带海域鱼类区系的一大特色，具有代表性的有鮨科、笛鲷科、裸颊鲷科、海鳝科、锥齿鲷科、蝴蝶鱼科、隆头鱼科、雀鲷科、鲹科、羊鱼科、鹦嘴鱼科、蓝子鱼科、鲻科及鳞鲀科中一些种类(唐启升, 2012)。

第二节　海岸带动物资源多样性下降成因

　　我国的海岸带全长约1.8万km, 集中了全国70%以上的大城市、42%左右的人口和60%以上的国内生产总值(GDP)。海岸带已经成为中国经济活力最为充沛的区域之一, 为社会的发展提供了强有力的支撑和保障(陈彬, 2012)。然而, 海岸带资源不合理的开发利用, 导致环境恶化, 海岸带动物资源多样性急剧下降, 生态系统的良性循环遭到破坏。人类活动是影响海岸带的主要因素, 这里人口最密集, 经济活动最频繁。过度捕捞、资源衰退给海洋生物多样性带来严重的威胁; 沿海工农业、特别是养殖业的发展, 造成流域性的、区域性的环境污染; 城市化及围填海工程建设, 导致大量浅海滩涂生境的丧失、海岸带生态系统多样性遭到破坏; 外来物种入侵和转基因释放, 导致当地种遭受排挤、灭绝及遗传多样性被破坏等(陈彬, 2012; 陈清潮, 1997; 王斌, 2006; 王晓红和张恒庆, 2003)。综上, 过度捕捞、海洋污染、生境破坏和外来物种入侵是海洋生物多样性下降的直接原因(杜建国等, 2011)。

一、过度捕捞

　　过度捕捞和毁灭性捕捞正成为世界生物多样性和生态系统所面临的核心风险, 过度捕捞是海洋生态系统目前面临的主要压力。人口发展趋势及对食物(或蛋白质、药物、保健食品等)的需求, 导致海洋鱼类需求增加, 价格上涨, 海洋捕捞业在市场需求和经济刺激下迅猛发展。从20世纪初期到90年代中期, 海洋捕捞业的规模增长了3倍。此后, 虽然渔业活动仍在增加, 但渔业捕捞总量一直在下降, 说明许多鱼类资源种群被过度利用(陈彬, 2012)。由于长期过度捕捞, 我国近海渔业资源呈现衰退趋势, 渔获物逐渐朝着低龄化、小型化、低值化方向演变; 多数传统优质鱼种资源大幅度下降, 甚至难以形成鱼汛; 低值鱼类数量增加, 渔获个体越来越小, 渔获物质量明显下降, 渔业资源面临衰竭和崩溃的危险(傅秀梅和王长云, 2008; 金显仕和邓景耀, 2000; 卢布等, 2006; 唐启升, 2006; 郑元甲等, 2003)。在渤海, 传统的经济鱼类以小黄鱼、带鱼等为主, 由于过度捕捞, 到20世纪60年代为杂鱼所替代, 70年代大型杂鱼种群资源衰退, 被黄鲫、青鳞鱼等小型鱼类代替。80年代以来, 渔获物质量进一步下降, 近些年来渤海渔业以虾、蟹类和小杂鱼等为主(傅秀梅和王长云, 2008; 相建海, 2002)。目前, 渤海湾近岸海域渔业资源的密度仅为20世纪90年代初的1/10, 沿海传统鱼汛基本消失(傅秀梅和王长云,2008;韩秋影等,2007)。在东海,由于捕捞强度的大量增加,从20世纪70年代中期起底层鱼类资源中的一些传统捕捞对象开始先后衰退,如大黄鱼、曼氏无针乌贼和鲨鳐类至今仍处于衰竭状态,丝毫没有恢复的迹象,鲆鲽类至今仍处于严重衰退之中。70年代初期刚开发的资源量较大的绿鳍马面鲀,经过近20年的超强度利用也于90年代初期急速衰退,目前处于严重衰退之中。小黄鱼和带鱼明显衰退后经长期和有力的保护后,于90年代中期呈现资源数量明显回升的情形,但其渔获物小型化、低龄化和性成熟提早的情况依然十分严重,其资源未得到真正的恢复,仍处于衰退状态。总体上看,渔获物的营养级明显下降,一些生命周期短和一年生物种代替高营养级鱼类成为重要的捕捞对象,幼鱼在渔获物中增多(郑元甲等,2003)。

郑元甲等(2003)根据渔业资源捕捞强度的变化,将东海区渔业捕捞划分为以下4个阶段。第一阶段,中等开发阶段(1950~1958年)。海洋捕捞的主力军是群众的木帆船。海洋捕捞产量从1950年的18.24×10⁴t提高到1957年的82.22×10⁴t,年均捕捞产量仅52.73×10⁴t,捕捞力量和捕捞能力低下,主要作业渔场在沿海一带。第二阶段,充分开发利用阶段(1959~1974年)。本阶段主要作业船只为机动渔船,船只数量和功率分别是上一阶段的34倍和27倍。年捕捞产量1974年上升至142.00×10⁴t,1959~1974年年均98.93×10⁴t,比上一阶段增长了87.62%。作业渔场东海北部已拓展到125°~126°E海区,作业效率和产量迅速提高。第三阶段,过度捕捞使一些传统经济鱼种资源衰退阶段(1975~1983年)。本阶段捕捞力量继续年年上升,船只数量和功率分别是上一阶段的4.08倍和3.50倍,但年捕捞产量平均为142.39×10⁴t,比上阶段仅增长44%,多数年份捕捞产量停留在上阶段末期的水平,其中带鱼、大黄鱼、小黄鱼、鳓和乌贼的捕捞产量全面下降,而且渔获物的小型化逐渐明显。第四阶段,严重过度捕捞,海区资源总体状况趋于衰退阶段(1984~2000年)。本阶段海洋机动渔船数量和功率分别是上一阶段的4.36倍和3.63倍。年捕捞产量平均为354.71×10⁴t,比上一阶段增长了1.49倍。20世纪80年代末期,大黄鱼、小黄鱼和鳓的年捕捞产量均降至历年最低值,乌贼仅比1957年稍高,带鱼的捕捞产量也降到70年代以来的最低值。绿鳍马面鲀的捕捞产量也在90年代初期衰退到几乎无鱼汛,而鲆鲽类和鲨鳐类等典型底层鱼类更是处于接近枯竭的地步(郑元甲等,2003)。

过度捕捞对海洋生物物种多样性和栖息环境的破坏已被广泛认识,但是其对海洋鱼类遗传多样性的破坏在很大程度上被忽略。传统的群体遗传学理论认为,遗传学有效群体数量决定着一个群体的遗传学特征,遗传学有效群体数量受到历史事件、年度捕捞强度、鱼类生殖力和群体结构等因素的综合影响。遗传学有效群体数量比现实调查得到的群体数量小得多,如上百万个体的种群事实上只有几百或几千的遗传学有效群体。假如这种情况也适用于海洋生物种类，那么许多经济海洋鱼类将面临丧失遗传多样性的危险，并将导致群体数量、繁殖能力和适应性等方面的下降(东方科技论坛，2005；傅秀梅和王长云，2008)。我国近海渔业资源种类在数量上的衰退现状，潜伏着遗传多样性丧失的极大风险(傅秀梅和王长云，2008)。

除了传统渔业资源捕捞对象的多样性下降，许多珍稀濒危海洋生物也因遭到过度捕捞而物种数量日趋减少。例如，具有较高药用价值的鲨鱼、日本海马等资源已严重衰退；海龟、中华白海豚等数量骤减，已成为濒危物种；斑海豹、库氏砗磲、宽吻海豚、江豚、黄唇鱼等国家保护动物也遭到人类的过度捕捞(傅秀梅等，2009)。过度捕捞导致整个生态系统食物链改变，脆弱生物濒临绝境，还导致耐污生物及污染生物大量繁殖，从而使一些经济海洋生物病害流行(房艳，2008)。

二、海洋污染

海洋污染是海洋生物多样性面临的最主要威胁之一(陈彬，2012)。1982年《联合国海洋法公约》对海洋污染的定义为："人类直接或间接把物质或能量引入海洋环境，其中包括河口湾，以致造成或可能造成损害生物资源和海洋生物、危害人类健康、妨碍包括捕鱼和海洋的其他正当用途在内的各种海洋活动、损坏海水使用质量和减损环境优美等有害影响。"海洋环境污染的主要污染源有以下几个方面：陆地工业、城市和农业污水；沿海的海水养殖污染；船舶排放的污染物；海洋石油勘探开发的污染；人工倾倒废物污染等。85%以上源于陆源途径，仅有小于20%的污染可能源于海洋运输及海洋石油钻探等非陆源途径(陈彬，2012)。

长期的调查和监测结果表明，我国的海洋环境日趋恶化。随着我国东部工业化和城市化进程的加快，沿海的一些河口、海湾和大中城市毗邻海域接纳了大量的污染物；沿海海水养殖业空前繁盛，养殖区及附近海域的水体也受到严重的污染。从北到南污染特别严重的沿海包括：辽东湾、锦州湾、秦皇岛附近海域、大连湾、渤海湾、莱州湾、胶州湾、连云港附近海域、长江口附近海域、杭州湾、舟山渔场附近海域、东山湾(福建漳州市港湾)附近海域、厦门附近海域、湛江港附近海域、珠江口附近海域、粤西沿海等。这些海域的主要污染物是无机氮和活性磷酸盐。部分海域沉积物还受到滴滴涕、多氯联苯、砷、镉和石油烃类等毒性较大的物质的污染(傅秀梅和王长云，2008)。

海洋水体污染严重影响了邻近养殖区、保护区、滨海风景旅游区等海洋功能区的功能，特别是对海洋生物危害严重，污染物在海洋生物体内残留的水平较高，使鱼质下降，鱼产量骤减；水体富营养化及营养盐失衡导致生物群落结构异常，河口产卵场严重退化，部分产卵场正在逐步消失，生境丧失或改变；大部分海域大型底栖生物分布密度偏低，种类和数量减少，一些耐污性的种类逐渐成为群落的优势种，群落生物多样性降低，甚至出现没有生物的区域(傅秀梅和王长云，2008)。

海域污染导致近海海洋生态灾害的发生。由于海水富营养化程度加重，海水中营养元素氮和磷比例失衡，从而导致近海赤潮频发。我国近岸海域的大部分区域均有赤潮发生的记录，如黄河口、大连湾、胶州湾、长江口附近海域、杭州湾、厦门港附近海域、珠江口附近海域、大亚湾、深圳湾等。除了赤潮，近年来我国近海发生的浒苔暴发、水母暴发等生态灾害也与海洋污染有一定的关系。这些由海水污染引起或促进的生态灾害进一步威胁到近岸海洋生物的多样性。

三、生境破坏

随着涉海经济的快速发展，尤其是海岸带的开发利用活动，对海岸带自然生境造成了严重的不可逆的破坏。例如，我国南北沿海湿地围垦及大规模的围海造地已经导致了大面积的海岸带湿地破碎化和丧失。这些区域的生境被破坏直接导致生物多样性降低，影响很多鱼类的繁育，降低鱼类种群补充，并且扰乱食物链和海洋生态系统结构(陈彬，2012；国家海洋局海洋发展战略研究所课题组，2010)。

傅秀梅(2008)将我国海洋生境破坏归纳为以下5种，并做了详细阐述。

1. 滨海湿地生境锐减

滨海湿地作为一种典型生态系统，被喻为"地球之肾"。滨海湿地对生态环境起着重要的调节作用，包括控制温室效应，作为野生动物栖息地，蓄水调洪，地下水补给和排泄，养分的滞留、去除和转化，净化水质，削减海流，降解沉积物等。近些年来，石油开发和围垦填海等人为活动导致我国滨海湿地丧失严重。至2008年，我国累计丧失滨海湿地面积50%，达$2.2 \times 10^4 km^2$(傅秀梅，2008)。

2. 红树林生境破坏

红树林生态系统是我国南方海岸带生态系统的关键组成部分，具有调节河口生态系统平衡的重要作用。红树林区具有多样且适宜的生境和丰富的食物来源，可为动物提供栖息、摄食和生长的良好场所，也是近海经济鱼、虾、蟹、贝类的主要繁殖地。我国的红树林主要分布在福建、广东、广西和海南沿岸。近些年来，由于围海造地、围垦养虾、工程开发、砍伐薪材和环境污染等不合理利用与破坏，红树林湿地资源量急剧下降，分布面积减少。据统计，全国红树林面积从20世纪50年代约$5.5×10^4hm^2$，锐减至2002年的不足$1.5×10^4hm^2$，减少了73%。直接导致红树林区生态系统的退化、生物多样性降低、生态结构破坏和生态功能下降(傅秀梅，2008)。

3. 珊瑚礁生境丧失

珊瑚礁作为热带海洋特有的高生产力生态系统，为种类众多的鱼类及底栖生物提供了极佳的栖息生境，同时珊瑚礁还具有防潮防浪、固岸护岸、景观旅游等作用。我国珊瑚礁有200多种，主要分布在福建、广东、广西和海南等沿海。近年来，由于气候变化和人类活动的影响，珊瑚礁生态系统也面临严峻的退化问题。环境污染和过度捕捞大大降低了造礁珊瑚的物种多样性，也导致造礁珊瑚伴生物种种群数量急剧减少；海洋旅游及采挖、破坏珊瑚礁活动，严重破坏了近岸海域的珊瑚礁生态系统，导致珊瑚礁分布面积减少80%(傅秀梅，2008)。以海南岛珊瑚礁分布面积为例，20世纪60年代约为$5×10^4hm^2$，岸礁长度约1209.5km，至1998年，这两个数据分别降低至22 217hm^2和717.5km，分别减少了55.57%和40.68%(周祖光，2004；张偲等，2016)。近些年，为了保护珊瑚礁生态系统，我国建立了一些海洋自然保护区，在一定范围内和一定程度上遏制与缓解了珊瑚礁的人为破坏情况，某些区域甚至呈现逐步恢复的趋势，但其他区域珊瑚礁生态系统的状况仍不容乐观。

4. 海草床生境消失

海草床是许多大型海洋生物甚至哺乳动物赖以生存的栖息地，具有稳固近海底质和海岸线的作用，是浅海水域食物网的重要组成部分。我国海草资源分布于南北沿海，共有10属22种(郑凤英等，2013)。目前，受人类活动的影响，尤其是在海草床海域进行的破坏性挖捕和养殖活动，以及围填海活动，急剧降低了海草场面积并已严重威胁到海草物种多样性。因此，为了保护和恢复我国海草资源，启动我国海草床分布的普查行动、加强动态监测、建立海草自然保护区、开展海草床恢复和海草种质资源保护研究是当前的首要工作(郑凤英等，2013)。

5."三场一通道"遭破坏

"三场一通道"(产卵场、索饵场、越冬场及洄游通道)对于我国渔业生物资源的保护和利用具有极其重要的生态作用。我国黄渤海沿岸，尤其在河口区是多种经济鱼虾类的重要栖息地，并形成多个重要的渔场。近些年，受过度捕捞、污水排放、围填海、滩涂养殖等人类活动的影响，"三场一通道"生境也面临严峻生态问题，生境面积减少且生境质量恶化，导致重要经济鱼虾类的资源量急剧下降。

四、外来物种入侵

外来物种入侵是指物种被引入其自然分布区以外，并建立种群，对引入地的生物多样性造成破坏的现象。近岸海水养殖活动引进新物种、船舶压舱水排放等是造成外来物种入侵的主要途径(陈彬，2012)。外来物种能够与当地海洋生物争夺生存空间和食物，通过与亲缘关系近的物种杂交而降低海洋生物的遗传多样性，携带病原生物从而对海洋生态环境造成巨大危害(陈彬，2012；梁玉波和王斌，2001)。例如，沙筛贝入侵厦门近岸海域后，常常附着在网箱、浮球、柱桩、缆绳等一切能附着的表面。由于生活力和繁殖力极强，生长迅速，沙筛贝迅速形成优势种，与其他养殖的贝类争夺附着基、饵料和生活空间，排挤当地原有物种，破坏其群落结构，影响当地海洋生态系统，降低其生物多样性(蔡立哲等，2006)。

第三节　海岸带动物资源保护的意义

海岸带动物资源保护具有重要的意义，具体表现如下。

1)海岸带动物资源是人类重要的食物来源，具有重要的食用价值。许多海岸带动物是人们直接食用的对象，为人类提供了丰富的蛋白质来源，极大地丰富了人类的食谱。在渤海，处于较低营养级、生命周期短的海岸带动物包括毛虾、海蜇、对虾、梭子蟹、褐虾、鹰爪虾等，中上层鱼类包括鲐、蓝点马鲛、鳓、鲳、青鳞鱼、斑鰶、鲅等，底层和近底层鱼类包括梅童鱼、小黄鱼、带鱼、黄姑鱼、叫姑鱼、鳐、鲬、鲽、舌鳎、鲈等，经济贝类包括文蛤、杂色蛤仔、牡蛎、鲍鱼等；在黄海，主要有带鱼、小黄鱼、大黄鱼、鲳、鳓、鳕、高眼鲽、褐牙鲆、鲐、太平洋鲱、蓝点马鲛、对虾、鹰爪虾、乌贼、毛虾、贻贝、巴非蛤、文蛤、西施舌、蛤仔、皱纹盘鲍、脉红螺等；在东海，主要有鲐、大黄鱼、小黄鱼、带鱼、绿鳍马面鲀、贻贝、文蛤、牡蛎、鲍鱼、虾、蟹、头足类等；在南海，鱼类主要有青石斑鱼、赤点石斑鱼、黄鳍鲷、平鲷、黑鲷、鲈等，甲壳动物主要有墨吉对虾、斑节对虾、长毛对虾、近缘新对虾、黄新对虾、龙虾等，贝类主要有近江牡蛎、翡翠贻贝、大珠母贝、文蛤、菲律宾蛤仔、杂色鲍等(傅秀梅，2008)。这些海产物种有的直接经烹调后被端上餐桌，有的经过加工(包括冷冻、冷藏、腌制、烟熏、干制、罐藏)后成为人类的主要食物，如鱼糜制品、鱼粉、鱼油、海洋保健食品、海洋药物、动物钙源、调味休闲食品、新型水产饮料等。

2)海岸带动物资源为人类提供了重要的医药原料，具有重要的药用价值。海岸带动物如玳瑁、海龙、海马、鲍鱼、珠母贝等，很早便是名贵的中药材。人类从海岸带动物中提取蛋白质及氨基酸、维生素、抗生素、麻醉剂、河鲀毒素、鲨鱼软骨素、角鲨烯、刺参黏多糖、海星血浆代用品、人造皮肤、石房蛤毒药、西加毒素、鲎试剂、喹啉酮、活性多糖和多肽类等生物活性成分用于保健及治疗疾病。我国已经有5种海洋药物获国家批准上市，包括藻酸双酯钠、甘糖酯、河鲀毒素、多烯康和烟酸甘露醇。海洋保健品包括角鲨烯、海星血浆代用品、刺参黏多糖等10余种。我国已开发的抗肿瘤海洋药物包括6-硫酸软骨素、海洋宝胶囊、脱溴海兔毒素、海鞘素、扭曲肉芝酯、刺参多糖钾注射液、膜海鞘素等。另外，我国还有多种以海洋多糖为主要成分的国家一类新药进入临床研究(傅秀梅，2008)。

3)海岸带动物资源为人类提供了重要的工业原料，具有重要的经济价值。利用海岸带动物资源可提取重要的工业原料，如鱼皮制革、一些化妆品有效成分等。海洋哺乳动物的油脂富含维生素A、维生素D、维生素K，可用于化妆品工业，也可用于生产漆布、防护层、高精技术产品的润滑剂等；其皮毛可作为工业上皮毛和皮革的原料。

4)海岸带动物有助于维持海岸带生态系统的生态平衡，具有重要的生态价值。海岸带动物是海岸带生态系统中的重要组成部分。海岸带动物之间，海岸带动物与其他物种之间互相依存、互相牵制，通过食物链联系在一起。海岸带动物大部分是底栖动物和游泳动物，它们是海岸带生态系统中重要的消费者和分解者，是维持海岸带生态系统进行正常的能量流动和物质循环的重要环节，食物链的某一环节出现问题，整个生态系统的平衡就会受到严重影响。

5)许多海岸带动物是科学研究的试验材料，具有重要的科研价值。海岸带动物能够保证与其相关的科学研究活动的正常开展。作为重要的科学研究试验材料，海岸带动物资源在动物学、进化学、生态学、遗传学、现代医学、仿生学等领域发挥着重要作用。海岸带动物对于人类认识生命的起源、人类的起源、生物进化、气候变化影响等科学问题都有着重要的作用。

6)许多海岸带动物具有很高的游乐观赏价值。许多海岸带动物外形漂亮，具有很高的观赏价值，如海水观赏鱼类大部分来自海岸带海域。以海岸带贝类贝壳制造的工艺品具有很高的观赏价值，是很受欢迎的艺术品。海岸带动物还是许多海钓爱好者垂钓的目标，海岸带动物资源保护有助于推动海岸带的旅游开发和区域的经济发展。

第四节　海岸带动物资源保护原理与技术

海岸带动物资源保护的目的是保护海岸带海域的动物资源和多样性，遏制海岸带生态环境退化趋势，保护关键海岸带生境资源，减少外来物种入侵的危害，促进海岸带动物资源的可持续利用，形成海岸带海区生态系统的良性循环。根据这一目的，海岸带动物资源的保护应遵循一定的原理，并采用合适的技术手段实现这一目的。

一、海岸带动物资源保护的原理

傅秀梅(2008)将海洋动物资源保护的原理归纳为以下5种：可持续发展理论、系统动力学理论、生态系统理论、生态经济学理论和循环经济理论。其中可持续发展理论和系统动力学理论属于基础理论，对海岸带动物资源的保护具有理论指导作用；生态系统理论、生态经济学理论和循环经济理论属于应用理论，直接应用于保护与管理实践中。

(一)可持续发展理论

可持续发展理论是指既满足当代人的需要，又不对后代人满足其需要的能力构成危害的发展。可持续发展是针对"不可持续性"而提出来的。可持续发展是海洋动物资源保护理论中最有影响和最具代表性的理论。可持续发展理论包括8个基本观念和原则，分别为可持续性原则、公平性原则、共同性原则、需求性原则、和谐性原则、协调性原则、限制性原则和高效性原则。其中前四项原则构成了可持续发展高效性的基础(傅秀梅，2008)。

(二)系统动力学理论

海洋生态系统可视为一个自然完善的开放系统，生物资源作为该系统内的重要组分，在无人类活动的干扰下，动植物的生长、发育、死亡、分解等过程，是系统与周围环境之间正常的物质和能量的交换，维持着动态平衡。而人类对海洋生物资源的开发利用，增加了海洋生物资源的输出量，影响了该自然系统的平衡；同时资源保护与海水养殖则会增加海洋生物资源的输入量。如果输出量和输入量能保持平衡，则对海洋生物资源的影响相对较小。如果开发利用过度，导致输出量大于输入量，会破坏原有的系统平衡，加剧海洋生物资源再生量的减少，造成海洋生物资源减少甚至枯竭(傅秀梅，2008)。

(三) 生态系统理论

生态系统是指在一定时间和空间范围内，生物(一个或多个生物群落)与非生物环境通过能量流动和物质循环所形成的一个相互联系、相互作用并具有自动调节机制的自然整体(沈国英等，2010)。与陆地生态系统相比，海洋生态系统有其特殊性，作为具备自动调节机制的整体，也符合生态系统理论。该自动调节机制的范围和程度与海洋承载力、海洋环境容量及海洋生态阈限等密切相关。海洋生态阈限是指海洋生态系统在自然界和人类活动干扰下，具备自我调节能力并维持相对平衡的临界点或区间。当外界压力超过该阈限时，海洋生态系统的自我调节能力随之降低、失效，生态平衡遭到破坏，生态系统趋向衰退，最后导致整个海洋生态系统崩溃。因此，维护海洋生态系统的健康和发展，需要基于生态系统理论，从整体上进行保护和合理利用(傅秀梅，2008)。

(四) 生态经济学理论

生态经济学的概念是由美国经济学家Kenneth于20世纪60年代提出的。其主体是从经济学角度来研究生态系统、社会系统和经济系统所构成的复合系统——生态经济系统的结构、功能、行为及其运动规律；探讨生态规律与经济规律的相互作用和人类经济活动与环境系统的关系；谋求在生态平衡、经济合理的条件下，生态与经济协调、可持续发展(傅秀梅，2008)。海岸带动物资源的保护也要遵循生态经济学的基本理论，探讨海洋开发利用与海洋资源环境的相互关系，谋求海洋经济系统与海洋生态系统的协调发展。充分认识海洋生态系统组成、结构和功能及其生态相互作用、生态过程和经济价值，合理利用和保护资源，实现可持续发展。

(五) 循环经济理论

循环经济是一种建立在物质不断循环利用基础上的经济发展模式，即资源—产品—再生资源的闭环反馈式循环过程。循环经济遵循减量化(reduce)、再利用(reuse)、再循环(recycle)的"3R"原则。遵循生态学规律，合理利用自然资源和环境容量，在物质不断循环利用的基础上发展经济，使经济系统和谐地纳入自然生态系统的物质循环过程中，实现资源、环境、经济和社会健康长久的发展。

二、海岸带动物资源保护的技术

张偲等(2016)将海洋动物资源保护技术归纳为以下7种：渔业资源增殖放流及其效果评价技术、人工鱼礁与海洋牧场构建技术、海洋动物种质资源保护技术、海洋动物资源管理技术、海洋动物资源生态友好型捕捞技术、海洋保护区技术、海洋动物资源监测与监管技术。海岸带动物资源是我国海洋动物资源的重要组成部分，相对于其他海域，海岸带海域由于靠近陆地、深度较浅，其动物资源的保护措施更易于实施。

(一) 渔业资源增殖放流及其效果评价技术

我国增殖放流开始于20世纪50年代，至2011年，我国近海增殖放流各类种苗150.8亿尾(粒)，增殖种类超过100种。增殖放流对我国海岸带渔业资源的恢复起到了积极的作用(金显仕等，2014；张偲等，2016)。渔业资源增殖放流及其效果评价技术的技术路线包括生态效益评价、经济效益评价和社会效益评价。生态效益评价的目的是明确增殖放流种类对自然资源量的贡献率及评价增殖种类放流的生态风险，包括放流活动对生物群落多样性及群落结构稳定性的影响等。经济效益评价是分析评价增殖放流的经济效益。社会效益评价是分析增殖放流活动带来的社会受益行业、受益群体数量及受益程度等(张偲等，2016)。

(二) 人工鱼礁与海洋牧场构建技术

人工鱼礁与海洋牧场建设是海洋渔业资源养护重要而有效的措施，其目的是提高海域生产力、提升资源密度、资源规模化生产，实现海洋渔业资源的可持续开发与利用。经过多年努力，到2011年年底，我国从北到南形成了50多处以投放人工鱼礁和增殖放流为主的海洋牧场，有效地养护了海岸带渔业资源，主要包括辽西海域海洋牧场、大连獐子岛海洋牧场、秦皇岛海洋牧场、长岛海洋牧场、崆峒岛海洋牧场、海州湾海洋牧场等。随着科技和海洋设备的发展，海洋牧场的建设更加注重生态化的建设理念、信息化的管理系统、标准化的建设技术和模型化的承载力评估(杨红生等，2016)，以及海洋牧场生境营造与栖息地保护技术、海洋牧场现代化管理的控制与监测技术、海洋牧场的碳汇功能和开发碳汇扩增技术(张偲等，2016)。

(三) 海洋动物种质资源保护技术

种质资源又称遗传资源，包括栽培或驯化品种、野生种、近缘野生种等所有可供利用和研究的遗传材料。海洋动物种质资源保护技术主要针对具有极高经济价值和遗传育种价值的水产种质资源及珍稀濒危水生动物。设立水产种质资源保护区，保护水产种质资源及其生存环境，是重要的保护措施之一。我国已先后7个批次建立国家级水产种质资源保护区428处。珍稀濒危动物保护技术主要包括濒危种群建设与繁育技术、珍稀种类的"半自然种群"构建技术、珍稀濒危鱼类栖息地修复和种群重建技术、珍稀濒危鱼类系谱管理技术等(张偲等，2016)。

(四) 海洋动物资源管理技术

海洋动物资源管理主要是对渔业资源的有效管理。渔业资源管理是为维护渔业资源的再生产能力和取得最适持续渔获量而采取的各项措施和方法。目前国内的海洋动物资源管理技术主要包括以下9种：①设立禁渔区和禁渔期。规定禁渔区线、产卵场禁渔期、幼鱼保护区域、开捕期等。②确定可捕标准。保证足够数量的亲体得以正常繁殖，使渔业资源获得应有的补充量。③实施捕捞许可证制度。包括捕捞水域许可、捕捞时间许可、捕捞对象许可、捕捞渔具渔法许可等。④限制网目尺寸。限制和规范渔具的网目大小、选择性及特定海区渔具类型的使用。⑤限制渔获物中幼鱼的比例。⑥实施渔业资源增殖保护费征收制度。把渔业资源增殖保护费的一部分让渔业生产者来承担，使受益者和费用负担相一致。⑦实施海洋捕捞渔业零增长制度。⑧实施限制捕捞制度。包括限定各类渔船的作业时间，以及在统一的时间内进行定期休渔、调整作业结构、适当缩减渔船数量和放大网目尺寸等。⑨渔船报废制度(张偲等，2016)。

(五) 海洋动物资源生态友好型捕捞技术

海洋动物资源生态友好型捕捞技术主要是指负责任捕捞技术。我国的负责任捕捞技术主要围绕网具网目结构、网目尺寸、网具选择性装置等方面展开。当前国际上负责任捕捞技术的发展趋势主要表现在：大力开发并应用负责任捕捞和生态保护技术，最大限度地降低捕捞作业对濒危种类、栖息地生态环境的影响，减少非目标鱼的兼捕；积极开发并应用环境友好、节能型渔获方法；认真履行国际公约，积极开发新渔场，维护国家海洋权益；积极开发高效助渔、探鱼设备，提高捕捞效率和资源利用国际竞争力(张偲等，2016)。

(六)海洋保护区技术

保护区是指"通过法律或其他有效手段,致力于生物多样性、自然资源以及相关文化资源保护的陆地或海洋",这是由国际自然与自然资源保护联盟(现世界自然保护联盟)(International Union for Conservation of Nature,IUCN)于1994年提出的。在此基础上,IUCN将海洋保护区定义为"任何通过法律程序或其他有效方式建立的,对其中部分或全部环境进行封闭保护的潮间带或潮下带陆架区域,包括其上覆水体及相关的动植物群落、历史及文化属性"。海洋保护区的总体目标就是维护海洋生物多样性和生产力(包括生态上的生命支持系统)。我国的海洋保护区分为海洋自然保护区和海洋特别保护区两大类型。海洋自然保护区是以海洋自然环境和资源保护为目的,依法把包括保护对象在内的一定面积的海岸、河口、岛屿、湿地或海域划分出来,进行特殊保护和管理的区域。海洋自然保护区内按照一定条件划分为核心区、缓冲区和实验区,实行分区管理。核心区禁止任何单位和个人进入;缓冲区只准进入从事科学研究观测活动,禁止在缓冲区开展旅游和生产经营活动;实验区可以进入从事科学试验、教学实习、参观考察、旅游、驯化及繁殖珍稀和濒危野生动植物等活动;在自然保护区外围保护地带建设的项目,不能损害自然保护区内的环境质量。海洋特别保护区是指具有特殊地理条件、生态系统、生物与非生物资源及满足海洋资源利用特殊要求,需要采取有效保护措施和科学利用方式予以特殊管理的区域。海洋特别保护区根据其地理区位、资源环境状况、海洋开发利用现状和社会经济发展的需要可划分为海洋特殊地理条件保护区、海洋生态保护区、海洋公园、海洋资源保护区等类型(曾江宁,2013)。

(七)海洋动物资源监测与监管技术

海洋动物资源监测与监管技术主要包括渔业资源监测技术和渔业监管技术。渔业资源监测技术包括专业性科学调查和生产科学观察,实现对资源现状的准确评估及对资源发展趋势的预测。常用调查技术与方法主要包括底拖网调查扫海面-回声积分法,以及鱼卵仔鱼调查-产卵群体估测方法等。渔业监管技术是对渔业实施"监测和控制",包括法律法规、船舶登记、许可捕捞制度、渔捞日志填写与报告、渔获转卸监控、科学观察员的派驻、船位监控及登临检查等(张偲等,2016)。

第五节 实例研究——海洋自然保护区和国家海洋公园

世界自然保护联盟(IUCN)将海洋保护区定义为"任何通过法律程序或其他

有效方式建立的，对其中部分或全部环境进行封闭保护的潮间带或潮下带陆架区域，包括其上覆水体及相关的动植物群落、历史及文化属性"。国家海洋公园是目前国际上海洋保护区设立与发展的主要模式之一，其主旨是保护海洋生态系统与海洋景观，同时兼顾海洋科考、环境教育及休憩娱乐，满足生态环境保护和社会经济发展等目标。自1937年以来，世界发达国家，如美国、澳大利亚、英国、加拿大、新西兰、日本、韩国等国相继建立起国家海洋公园体系，并逐步形成较为完善的法律法规、合理规划及科学经营管理体系（王恒等，2011）。为了切实有效地保护我国海洋生态系统，2011～2014年，国家海洋局相继建立了28处国家级海洋公园。这些国家海洋公园的建立，可充分发挥海洋特别保护区在协调海洋生态保护和资源利用关系中的重要作用，有效地推进我国海洋特别保护区的规范化建设和管理，促进沿海地区社会经济的可持续发展和海洋生态文明建设。

　　海洋自然保护区是以海洋自然环境和资源保护为目的，依法把包括保护对象在内的一定面积的海岸、河口、岛屿、湿地或海域划分出来，进行特殊保护和管理的区域。海洋自然保护区是国家为保护海洋环境和海洋资源而划出界限加以特殊保护的具有代表性的自然地带，是保护海洋生物多样性、防止海洋生态环境恶化的措施之一。20世纪70年代初，美国率先建立国家级海洋自然保护区，并颁布《海洋自然保护区法》，使建立海洋自然保护区的行动法制化；中国自80年代末开始海洋自然保护区的选划，5年之内建立起7个国家级海洋自然保护区。建立海洋自然保护区的意义在于保持原始海洋自然环境，维持海洋生态系统的生产力，保护重要的生态过程和遗传资源。

　　1995年，我国有关部门制定了《海洋自然保护区管理办法》，管理办法规定：海洋自然保护区可根据自然环境、自然资源状况和保护需要划为核心区、缓冲区、实验区。核心区内，除经沿海省、自治区、直辖市海洋管理部门批准进行的调查观测和科学研究活动外，禁止其他一切可能对保护区造成危害或不良影响的活动。缓冲区内，在保护对象不遭人为破坏和污染前提下，经该保护区管理机构批准，可在限定时间和范围内适当进行渔业生产、旅游观光、科学研究、教学实习等活动。实验区内，在该保护区管理机构统一规划和指导下，可有计划地进行适度开发活动。

　　海洋自然保护区可根据不同保护对象规定绝对保护期和相对保护期。绝对保护期即根据保护对象生活习性规定的一定时期，保护区内禁止从事任何损害保护对象的活动；经该保护区管理机构批准，可适当进行科学研究、教学实习活动。相对保护期即绝对保护期以外的时间，保护区内可从事不捕捉、不损害保护对象的其他活动。

　　为保护海洋自然保护区内的生物及其栖息环境，《海洋自然保护区管理办法》规定，在海洋自然保护区内禁止下列活动和行为：①擅自移动、搬迁或破坏界碑、标志物及保护设施；②非法捕捞、采集海洋生物；③非法采石、挖沙、开采矿藏；④其他任何有损保护对象及自然环境和资源的行为。

未经国家海洋行政主管部门或沿海省、自治区、直辖市海洋管理部门批准，任何单位和个人不得在海洋自然保护区内修筑设施。对海洋自然保护区内的违章建筑，国家海洋行政主管部门或沿海省、自治区、直辖市海洋管理部门可责令拆除或恢复原状。

在海洋自然保护区内从事科学研究、教学实习、考察等活动，应事先向该区管理机构提交申请和活动计划，经批准后方可进行。

有条件开展旅游活动的海洋自然保护区，其活动区域和开发规划应经国家海洋行政主管部门或沿海省、自治区、直辖市海洋管理部门批准，旅游业务由海洋自然保护区管理机构统一管理，所得收入用于保护区的建设和保护事业。开展旅游活动必须采取有效措施，防止损害保护对象。

建立海洋自然保护区需要满足一定的条件。《海洋自然保护区管理办法》规定，凡具备下列条件之一的，应当建立海洋自然保护区：①典型海洋生态系统所在区域；②高度丰富的海洋生物多样性区域或珍稀、濒危海洋生物物种集中分布区域；③具有重大科学文化价值的海洋自然遗迹所在区域；④具有特殊保护价值的海域、海岸、岛屿、湿地；⑤其他需要加以保护的区域。

我国的海洋自然保护区分为国家级和地方级。国家级海洋自然保护区是指在国内外有重大影响，具有重大科学研究和保护价值，经国务院批准而建立的海洋自然保护区。地方级海洋自然保护区是指在当地有较大的影响，具有重要科学研究价值和一定的保护价值，经沿海省、自治区、直辖市人民政府批准而建立的海洋自然保护区。

我国第一批国家级海洋自然保护区有5个，即河北昌黎黄金海岸国家级自然保护区，主要保护对象是海滩及近海生态系统；广西山口红树林国家级自然保护区，主要保护对象是红树林生态系统；海南大洲岛海洋生态国家级自然保护区，主要保护对象是金丝燕及生境、海洋生态系统；浙江南麂列岛海洋国家级海岸自然保护区，主要保护对象是贝藻类及其生态环境；海南三亚珊瑚礁国家级自然保护区，主要保护对象是珊瑚礁及其生态系统。

经过40多年的发展，我国自然保护区数量和面积稳步增长，已建立各类保护区221处，其中海洋自然保护区157处，海洋特别保护区64处，总面积330万hm^2（含部分陆域），至2020年，海洋保护区总面积将达到我国海域面积的5%以上，近岸海域海洋保护区面积占到11%以上（《全国海洋功能区域（2011—2020年）》）。

以雷州珍稀海洋生物国家级自然保护区为例。

雷州珍稀海洋生物国家级自然保护区位于广东省雷州市西部海域,雷州半岛西侧,地理坐标为20°32′~20°44′N,109°31′~109°48′E,属热带季风气候,海水终年温暖不冻。年均温在23℃以上,最冷月均温超过15℃,极端最低温一般大于4℃。保护区的最大水深不超过20m,大部分区域位于海岸带水域。

1983年广东省人民政府批准在雷州市北部湾海面设立海洋与渔业类型的自然保护区"雷州白蝶贝省级自然保护区",管辖面积47 333hm²,位于国家一级渔港企水港至省一级渔港乌石港之间。2002年经省政府批准成立雷州白蝶贝省级自然保护区管理处,并配备专职人员,2002年年初完成管理处机构和人员的设置工作,2003年1月11日正式挂牌。2006年设立雷州珍稀水生动物省级自然保护区,并申报国家级保护区。2008年1月经国务院批准建立广东省雷州珍稀海洋生物国家级自然保护区,同年,被正式接纳为中国生物圈保护区网络成员(曾江宁,2013)。

雷州珍稀海洋生物国家级自然保护区是中国大陆沿海保护最完好、生态类型最为丰富的热带典型生态系统之一,是受人类活动影响较少的近岸典型,是中国最为重要的热带近海珍稀水生动物的避难所,其核心区基本处于原始状态。保护区内生物资源丰富,调查记录各种动物共7门18纲57目209科599种,其中脊索动物门5纲25目94科257种,腔肠动物门的石珊瑚目18种(曾江宁,2013)。

保护区的主要保护对象为珍稀海洋生物及其栖息地。受保护的珍稀海洋生物包括国家一级保护动物2种:儒艮和中华白海豚;国家二级保护动物9种:大珠母贝(白蝶贝)、白氏文昌鱼、绿海龟、棱皮龟、玳瑁、江豚、宽吻海豚、热带点斑原海豚、斑海豹;在保护区内有调查记录的物种中,有近40种海洋生物被列入《中国濒危动物红皮书》和《世界自然保护联盟濒危物种红色名录》的极危、濒危、易危物种名录(曾江宁,2013)。受保护的栖息地包括保护区内的珊瑚礁、海藻场与红树林等典型海洋生态系统。保护区内,在以玄武岩为基底的潮下带海区,分布有多种相应的、比较典型的珊瑚礁生态系统、海草床生态系统和白蝶贝生物群落等;在以泥沙为基底的软底质海区,具有长竹蛏生物群落和其他软底质生物群落;在潮间带生态系统中,具有礁石相潮间带生物群落和泥沙相潮间带生物群落等(江海声等,2006)。

根据江海声等(2006)收集的资料和曾江宁(2013)的整理,雷州珍稀海洋生物国家级自然保护区内部分珍稀濒危物种及其保护情况如下。

儒艮(*Dugong dugon*)隶属于脊索动物门哺乳纲海牛目儒艮科儒艮属。在我国主要分布于北部湾的广西沿海,广东和台湾南部沿海及海南岛西部沿海如八所港亦有踪迹。在每年海藻生长盛期,吸引儒艮来到雷州珍稀海洋生物国家级自然保护区内觅食。特别是近年来其分布区环境恶化，海草场减少，区内的海草场成为它们的觅食场所，当地渔民偶然能够发现，但是数量尚不清楚。2005年5月当地渔民曾误捕一头儒艮。

中华白海豚(*Sousa chinensis*)隶属于脊索动物门哺乳纲鲸目海豚科白海豚属。在我国分布比较集中的区域有3个：一个是厦门的九龙江口，一个是广东的珠江口，一个在广东湛江市的雷州湾。雷州珍稀海洋生物国家级自然保护区内及其周边的中华白海豚种群状况尚未进行调查，根据邻近的广西中华白海豚保护区的资料，估计本保护区内的中华白海豚有50～100头。

大珠母贝(*Pinctada maxima*)别名白螺珍珠贝、白碟贝，隶属于软体动物门双壳纲珍珠贝目珍珠贝科珍母贝属。在我国分布于海南省沿海、雷州半岛、西沙群岛沿岸海域。20世纪80年代数量较多，由于雷州珍稀海洋生物国家级自然保护区建立之前的过度捕捞，以及保护区建立之后偷捕现象的存在，再加上其他作业方式的误捕，大珠母贝种群资源受到严重破坏。

白氏文昌鱼(*Branchiostoma belcheri*)隶属于脊索动物门狭心纲双尖文昌鱼目文昌鱼科文昌鱼属。在我国主要分布于福建厦门市刘五店村，山东青岛，河北秦皇岛，广东汕头、阳江、茂名、湛江等地沿海。调查最新发现雷州珍稀海洋生物国家级自然保护区存在该物种，其种群数量尚不明确。在20°38′33″N，109°43′90″E区域采集到一定数量的标本。

绿海龟(*Chelonia mydas*)隶属于脊索动物门爬行纲龟鳖目海龟科海龟属。在我国主要分布于江苏、浙江、福建、台湾、广东等地的沿海地带，尤以南海为多，但产卵场所分布于福建西部和广东东部的沿岸及岛屿。在雷州珍稀海洋生物国家级自然保护区内尚未开展绿海龟的数量调查。根据对绿海龟的卫星跟踪研究，借鉴当地渔民的经验，发现本保护区是绿海龟的活动产卵场地之一。由于生境破坏等，绿海龟的数量急剧减少。现在当地渔民偶尔能发现绿海龟的踪迹，推断其种群中成熟个体的数量少于10只。

玳瑁(*Eretmochelys imbricata*)隶属于脊索动物门爬行纲龟鳖目海龟科玳瑁属。在我国主要分布于山东、江苏、浙江、福建、台湾、广东、广西及海南西沙群岛等地。在雷州珍稀海洋生物国家级自然保护区内数量极少，现在当地渔民少有发现。推断其种群中成熟个体的数量少于10只。

棱皮龟(*Dermochelys coriacea*)又称革龟，隶属于脊索动物门爬行纲龟鳖目棱皮龟科棱皮龟属。在我国分布于广东、福建、浙江、江苏、山东、辽宁、台湾、海南等附近的东海和南海海域，以及上海长江口外海域等地。棱皮龟在雷州珍稀海洋生物国家级自然保护区内数量较少，当地渔民偶然会有发现，多数是比较大的成龟。推断其种群的成熟个体少于10只。

斑海豹(*Phoca largha*)又称大齿斑海豹、大齿海豹，隶属于脊索动物门哺乳纲食肉目海豹科海豹属。斑海豹属温带和寒带物种，主要生活在北冰洋和太平洋北部，每年春、冬季节洄游到我国渤海、黄海一带，很少到属于热带和亚热带的南海活动。但是雷州珍稀海洋生物国家级自然保护区记录到的斑海豹已经不是南海第一次记录该物种。

热带点斑原海豚(*Stenella attenuata*)隶属于脊索动物门哺乳纲鲸目海豚科原海豚属。在我国主要分布于台湾苏澳附近海域。雷州珍稀海洋生物国家级自然保护区内从未开展过热带点斑原海豚的种群数量调查，但根据近年来当地渔船误捕到的数量并比较同期被误捕的江豚数量和保护区内江豚的种群数量，估计本保护区内及其周边的热带点斑原海豚种群数量约30头。由于在每年春夏之交常常被渔船误捕，其种群近年来破坏极其严重，种群资源数量急剧减少。

宽吻海豚(*Tursiops truncatus*)隶属于脊索动物门哺乳纲鲸目海豚科宽吻海豚属。在我国分布于渤海、黄海、东海、南海和台湾海峡等海域。雷州珍稀海洋生物国家级自然保护区内从未开展过宽吻海豚的种群数量调查，但是根据近年来当地渔船误捕到的数量并比较同期被误捕的其他鲸豚类，估计在本保护区及周边的宽吻海豚种群数量约30头。

江豚(*Neophocaena phocaenoides*)隶属于脊索动物门哺乳纲鲸目鼠海豚科江豚属。在我国主要分布于热带和暖温带沿海水域，生活于靠近海岸线的浅水区。根据调查，雷州珍稀海洋生物国家级自然保护区内及其周边水域江豚种群数量为50头左右。由于在每年春夏之交常常被渔船误捕，其种群近年来破坏极其严重，种群资源数量急剧减少。

第五章 海岸带动物资源的开发

第一节 海岸带动物资源开发的历史

海岸带动物资源开发和利用已有悠久的历史，人类对某些经济渔业资源的认识及描述更是开始于古老的年代。占地球总面积70%的海洋中的丰富渔业资源，是人类动物蛋白质的主要来源，其贡献达到世界动物蛋白质总量的11%(邓景耀等，1991)。最新的数据表明，这一比例上升至16%，而在我国，海洋提供的动物蛋白质超过20%(孙松，2013)。随着国家海洋战略的出台和"一带一路"倡议的提出，海岸带开发成为我国由陆地向海洋战略推进的关键节点。此外，动物资源还可作为饲料、工业和医药、工艺品、房屋建筑等的原料，具有再生的特征，其数量与全球气候变化和人类活动的影响，尤其是捕捞强度和污染情况密切相关。在我国，渔业在国民经济中的地位不断提高，尤其是1985年之后，我国确立了以水产养殖为主的渔业经济发展战略，快速促进了养殖渔业的发展，其产量也超过了捕捞渔业，在世界渔业中的地位迅速上升。下面的一组数据可以表明这一期间渔业经济的发展：1978～2003年我国渔业总产值占农业总产值的比例从1.6%上升至11%(农业部，2004)。我国渔业总产量在世界的排名也从1978年的第4位上升至1⁓89年的首位，并一直保持世界首位。2004年渔业产量达4902×10⁴t，其中海水产品产量为2768×10⁴t(农业部渔业局，2005)；渔业总产值达6702亿元；从事渔业劳动人员达1302万人；进出口贸易总额达到102亿美元；人均水产品占有量为38.2kg(农业部渔业局，2005)。2006年我国水产品总量达5250×10⁴t，继续保持世界第一(国家海洋局，2007)。但是，全球气候变化，如水温上升、酸化和低氧区的扩大，加之人类捕捞方式和捕捞强度的变化，导致全球渔业资源明显衰退甚至衰竭。在新的海洋发展战略中，党的十八大明确提出我国要建设海洋强国，其中明确要提高海洋资源开发能力，因此，如何将海洋资源开发利用与海洋生态文明建设协同发展是我们必须面对的问题(孙松，2013)。

海岸带动物资源的开发方式主要有海洋捕捞、海水养殖、水产品加工、海洋药物开发、生态应用等。海洋捕捞渔业是人类海洋开发史上最古老的产业之一，在我国至少有两三千年的发展历史。我国是一个有利于发展渔业的国家，具有发展渔业的自然、社会和经济条件。渔业发展历史悠久。海洋渔业动物不仅能作为食物，而且能满足人们对动物蛋白质的需求，自古就深得沿海地区人们的喜爱。古代航海业还未成熟时，人们无法到达远海进行远洋捕捞，海岸带动物则成为重点捕获对象。

以青岛地区为例，依据史料，早在春秋时代的齐国，就有"齐景公与晏子游于少海"的记载（《韩非子·外储说·左上》），由此可以推知在2500年前的春秋中期，胶州湾就已有港航和渔业生产活动。胶州湾历史上有"幼海""少海""麻湾"之称，这里所说的"少海"即胶州湾。青岛著名的天后宫是明成化三年（1467年）修建的，"天后"的祭祀是沿海渔民捕鱼生涯中，因生命没有保证而用于精神寄托的一种祭祀活动，从具有山东地方色彩的两进院落建筑，正殿、厢房的布局可见，当时的青岛地区已是南北渔民聚集之地，渔业生产呈现繁荣景象（孙荣生，1983）。

以江苏海岸带为例，江苏沿海渔业资源丰富，沿海吕四、海州湾是著名的渔场。沿海广阔的滩涂贝类资源丰富，东台的魁蛤，古名车螯，早在北宋时期即为名贵贡品之一，王安石有诗赞道，"车螯肉甚美，由美得烹燔"。沿海主要海产动物资源有黄鱼、鲈、马鲛、鲳、银鱼、鲚、鲻、带鱼、鳗鱼苗、乌贼、中国明对虾、彤蟹、海蜇、海参、文蛤、竹蛏等。江苏沿海捕鱼历史悠久。《吴地记》记载吴王阖闾在沙洲附近曾捕到大量石首鱼，可见2000多年前，先民已注意开发利用南部海域的石首鱼资源了。《天下郡国利病书》中记述了沿海捕黄鱼的盛况。"每年四月出洋时，各郡渔船大小以万计""今渔船出海，皆在松江崇阙口，孟夏取鱼时，繁盛如巨镇"，可见古代捕黄鱼的盛大规模。《松屋集·网鱼船》则记述了海州湾沿海一带"海鱼嘘浪河鱼肥，盐河鱼多身细嫩，网船拾鱼饱其腹……人鱼相乐月如辉"。说明渔业已经成为此带居民的一种谋生手段。由于古来沿海渔业的发展，形成了不少渔业型小村镇。《阜宁县新志》对沿海捕鱼的船型、方式有详细记载，渔船有3种：黄花船、摇网船、团网船。渔民十分注意抓住捕捞佳期，并根据鱼的习性，掌握鱼类群集地域进行捕捞。渔民在海中捕鱼所用网也分成三类：张网、摇网和响团摇网。渔民捕鱼之后，将鱼用盐腌制，扬帆往各埠出售。到了清代末年民国初期，南通著名实业家张睿在沿海滩涂的开发中十分重视渔业开发。1904年江浙渔业公司成立，改良旧式渔业，发展机轮渔业，为我国海洋渔业近代化树立了里程碑。1930年，单拖渔轮发展至15艘左右，以上海为主要基地。其后，由于日本帝国主义的侵略及连绵不断的战争，机轮渔业发展缓慢。直至中华人民共和国成立后，海洋渔业才得到突飞猛进的发展（凌申，1993）。

再以华南海岸带为例，华南海岸带地理位置优越，自然环境优良，自然资源丰富，天然产品多，初级产品多，具有深度开发的物质基础。早在4000多年前，那里的人们就掌握了木石击鱼和结网捕鱼的手段，在古人类遗址和贝丘上，考古学家发现了牡蛎、文蛤、海蛏、鲍鱼等海岸带动物的残骸。徐闻县东汉墓由开采当地海岸带的珊瑚礁，割制石板，砌成墓室，反映了人们对珊瑚礁的一种开发利用。晋代裴渊的《广州记》中记载"珊瑚洲，在（东莞）县南五百里[①]，昔有人于海中捕鱼，得珊瑚"，证明我国人民早就在南海诸岛从事捕捞活动。到明清时期，钓鱼和光照捕鱼的技术也发展起来了。从20世纪50年代中期起，恢复国民经济后，琼雷地区建立了现代化的捕捞基地，但由于思想未解放，发展步伐缓慢。华南海岸带动物资源开发的起步虽然比中原晚，但后来者居上，华南海岸带的开发是在对外开放的条件下才得以迅速发展起来的。1978年年底实行对外开放政策以后，增强了商品生产意识，解放了生产力，海岸带进入全方位开发阶段，对海洋捕捞等进行新的，高层次的，更深入的，综合性的，更富有经济效益、社会效益和生态环境效益的开发（赵焕庭，1990）。

中华人民共和国成立后，我国海洋渔业发展很快，主要依赖于海洋捕捞。1950年海洋捕捞产量54万t，1957年达到182万t，而且经济鱼虾占的比重较大。但是到了1958年"大跃进"中"高指标"思想的影响，导致过度捕捞，使渔业资源受到破坏，海洋捕捞产量大幅度下降。1961年，海洋捕捞产量只有143万t。从此，海洋渔业生产进入了长时间的徘徊时期。自1979年起，我国海洋捕捞产量逐年上升，从1979年的277.2万t上升到2000年的1477.5万t。这20年来，海洋捕捞产量的上升速度先慢后快，增长率总体上呈现出快速增长的趋势，并于1996年到达增长的顶峰。从1996年起，增长率开始下降，但此时的捕捞量仍在增加。1999年，政府出台了保护渔业资源的捕捞总量控制政策——"零增长"制度，因此，从1999年起，我国的海洋捕捞产量保持在1450万t左右，增长率也在零增长附近波动（李雍容，2009）。

古人在捕获到海岸带动物食用的同时，也渐渐发现这些动物还有很多其他价值。在捕鱼过程中，渔民常捕到小鱼，因不足以食用，便凿池喂养，从而使海岸带海水养殖业逐步发展起来。明代《养鱼经》记载："松之人于潮泥地凿池，仲春潮水中捕盈寸者养之。秋而盈尺。腹背皆腴"。这证明在明代，江苏海岸带地区的人们已经开始利用海岸带滩涂开凿池塘进行海水养殖活动。也有文献记载，明清时期的养蚝业在珠江口和韩江口，阳江、遂溪、海康和钦州沿岸扩大发展（赵焕庭，1990）。

中国的海水养殖业历史悠久，在海水养殖历史上最早被利用的场地就是海岸带的潮间带地区，后来逐渐扩展到水深15m以内的海域，再后来，又慢慢扩展到水深50m以内的海域。主要进行贝类、对虾及海水鱼类的养殖（李勃生等，

[①] 1 里 =500m

2001)。虽然早在古代人们就开始在海岸带地区进行水产养殖活动，但规模化的海水养殖业是在近半个世纪以来从无到有、由简单到复杂、由单一到多样、由短周期到长周期逐步发展起来的。之所以这么晚才形成规模，主要是因为我国过去的经济基础薄弱，养殖技术落后。以鱼类为例，我国鲻科鱼类的养殖距今已有400多年，与此同时还有鲮、青鳞鱼等少数低值鱼类的养殖生产。在相当长时期内，我国的海水鱼类养殖都停留在草食性鱼类的养殖生产上，所以一贯有南鲻北鲮的说法。肉食性鱼类被视为敌害而被拒之门外。20世纪70年代末至80年代初，全国出现了养虾热以后，当时有着优势的"港养"无法经受高效益养虾业的冲击，很快就被取而代之了。

就养殖方式而言，几个世纪以来一直到新中国成立初期，都是照抄淡水池塘养殖方式，更多的是长期实施大面积粗养，也就是所谓的南方的"塘养"、北方的"港养"方式，利用天然港湾围堤筑闸，纳入天然苗种蓄养，不施肥不投饵，靠天粗养。不言而喻，这种方式的产量和效益并不可观。

新中国成立初期，政府开始重视沿海农村经济的发展，投入科技力量，研究提高港养水域生产力的方法。例如，进行鲮的生长、食性、越冬、大面积精养和人工繁殖等试验研究，这对当时的鲮养殖起到了一定的推动作用。但由于鱼价太低，养殖效益很难大幅度提高，故这个时期的养殖生产一直停滞不前。

要改善海鱼养殖局面，必须从养殖品种入手，从养殖方式上进行一个大改革，才能从根本上解决效益低下的问题。20世纪50年代末至70年代，我国连续出现"海鱼孵化热"现象，对沿海的许多经济鱼类进行了一次大规模的育苗尝试，从中筛选出可供养殖且经济效益较高的养殖品种，如真鲷、黑鲷、褐牙鲆等。同时，养殖工作者在网箱养殖、池塘养殖、放流增殖等方面进行了广泛的研究。可以说，这是我国海鱼养殖发展历史上极有价值的一次变革，它对我国筛选养殖品种、积累养殖经验起到了极为重要的作用，从根本上提高了海岸带水产养殖的经济效益。

进入20世纪80年代以来，国内经济的高速增长、国际市场的不断开拓和沿海人民生活水平的大幅度提高，掀起了一股养殖高档海鱼的新潮。养殖品种主要是经济效益高的真鲷、石斑鱼、鲈、黄鳍鲷等。沿海地区出现了养鱼岛、养鱼港，养殖户收入普遍很高，早已过上小康生活。90年代以来，海水养殖业开始走向产业化，全国海岸带城市出现了大大小小的养鱼工厂。同时，工厂化养鱼也促进了工厂化育苗的大发展，各类育苗场也如雨后春笋般纷纷出现。

20世纪80年代至今，我国的海鱼养殖正在由传统渔业向现代渔业过渡，形成了养殖方式由过去的粗放粗养向集约化养殖（南方以网箱为主、北方以工厂化为主)转变，品种上以优质经济鱼类为主体，饵料以加工为主体，养殖工艺以全人工、科学化为主体的新格局。我国的海鱼养殖正在向二高一优(高产、高效、优质)、集约化的方向发展(雷霁霖，1997)。

海洋生态环境十分特殊(高压、高盐、缺氧、避光)，使得海洋生物物种间的生存竞争非常激烈。为了能在复杂多变的环境条件下生存进化，很多海洋生物在生命过程中代谢产生出一些结构特殊、生物活性显著的化学物质，即次生代谢产物。这些化学物质的主要功能有适应环境变化，防范潜在天敌的进攻，避免海洋微生物及浮游杂物的附着，以及物种之间的信息传递等(郭跃伟，2009)。研究发现，由于海洋生物与陆地生物生存环境的不同，海洋生物次生代谢产物与陆地生物相比有着更大的化学多样性。现代药理研究表明，很多海洋次生代谢产物中含有抗肿瘤、抗菌、抗病毒、免疫等多种生物活性物质，对人类多种疾病有着很好的疗效。海岸带地区是陆海交互作用的过渡地带，生态环境十分复杂。因此海岸带动物资源在海洋天然产物和海洋药物开发中有极大价值。

远在古代，人类就已经开始使用海洋药物。古罗马人用鱼的倒刺治疗牙疼；日本人曾将河鲀毒素作为镇痛剂。我国是世界上最早利用海洋生物治疗疾病的国家之一。我国对海洋药物的应用研究悠远绵长。经过数千年的发展，海洋药物已经成为传统中医药的重要组成部分。纵观历代医药典籍，海洋药物从无到有，从少到多，呈现出逐渐丰富、不断发展的态势。

早在3600年前，我国就有将海洋生物用作药物的记载。公元前1600年至公元前约1046年的殷商时期，华夏民族对海洋生物及其药用价值有了发现、认识，并开始运用海洋生物治疗疾病。《山海经》记载了大量殷商时期及此前的海洋学资料，其中记载有治病作用，并能考证出其物种种属的海洋药物有8种，即鲑、虎蛟、文鳐、鮆鱼、人鱼(儒艮)、鱤、飞鱼(燕鳐)、青鱼。海洋药物复方出现在公元前403年至公元前221年的春秋战国时期。从马王堆汉墓出土的著于战国早期的《五十二病方》共收载药物229种，其中有海岸带动物牡蛎，另有未注明是否来自海洋的蟹、鱼两种。与《山海经》记载药物多为单方不同，《五十二病方》多为两种以上药物共同组方治疗疾病，即复方制剂。这是海洋药物应用的一大进步。

著名的医学经典《黄帝内经》中记载用乌贼骨做药丸、饮用鲍鱼汁来治疗血枯，并详细记录了病名、病症、病因、病理、治则、药物配方、制法、服法。这标志着战国时期以后，对海洋药物的使用，与其他本草药物一样，已纳入用中医学理论作为指导思想的科学体系中，这大大提高了海洋药物的临床疗效和应用范围，有了质的飞跃。西汉晚期我国现存最早的药物学专著《神农本草经》收载了海洋动物药物十余种，包括牡蛎、乌贼骨、海蛤、文蛤、青琅(鹿角珊瑚)、龟甲、马刀(蚌)、朴硝、蟹、贝子等。《神农本草经》将海洋药物正式纳入中医本草学体系，为我国海洋药物研究奠定了基础。两晋、南北朝时期的本草著作《名医别录》和《本草经集注》收载海洋药物23种，其中海洋动物药物比《神农本草经》新增了魁蛤、石决明(鲍鱼壳)、秦龟、鳗鲡鱼，并对原载药物增加了新的内容，如药性、功能主治、别名、生长环境、采集时间等。《本草经集注》还增加了药物配伍，对海洋药物的认识又上升了一个层次。

唐代出现官修本草，海洋药物也因此得以兴盛。海洋药物的种数由23种迅速增加至84种。人们对海洋药物药性理论有了进一步的认识。海洋药物在唐代的发展，标志着其进入本草史的第一个兴旺期。唐代著作《新修本草》收载海洋药物29种，比《名医别录》《本草经集注》增收海洋动物药物有石燕、鲛鱼皮、紫贝、甲香、珂。《食疗本草》首次记载海洋生物在食疗中的作用，记载了鳗鲡鱼、乌贼骨、蟹壳3种海洋食疗药物，该书共收载药食两用的物种291种，其中26种来自海洋，比《新修本草》新增了鲨鱼、鲈、蚶、蛏、石首鱼、鲟、鲥、鲽、鲚、鳜鲯、黄鱼、蚌、车螯、海月、虾等海洋动物。

宋代是海洋药物另一个大发展时期，官修本草在历史上以宋代最多。宋代著作《大观经史证类备急本草》记载的海洋药物已达到116种，其中物种药103种，部位药13种。宋代在对海洋药物的研究内容和水平上，如物种来源、药材鉴别、炮制加工、药性理论、功能主治、临床方药应用范围等，均已达到了历史新高度。

在唐宋发展基础上，海洋药物在明清时期有了进一步发展。明代李时珍著作《本草纲目》收载海洋药物151种，包括111种物种药和40种部位药。清代《本草纲目拾遗》共收载海洋药物33种，其中清代新增海洋药物22种(包括新增物种药10种——鹧鸪菜、麒麟菜、红海粉、西楞鱼、带鱼、海龙、海牛、西施舌、对虾、禾虫；新增部位药或加工药12种——海狗油、鲥鱼鳞、河豚目、沙鱼翅、乌鱼蛋、白皮子、蛏壳、蚌泪、干虾、虾米、虾子、虾酱)。如果把这22种海洋药物与明代本草已经收载的185种海洋药物加在一起，则在整个中国封建社会历史阶段，本草收载的海洋药物从《神农本草经》收载的10余种发展到清代的207种(包括不同的物种药和同一物种的不同部位药)。海洋药物作为我国医药宝库的重要组成部分，为人类的健康做出了重要贡献。

现代海洋药物的研究进展可谓突飞猛进。中华人民共和国成立后，海洋药物获得了空前的发展，尤其是现代科学技术的进步，大大推动了海洋药物的开发利用，海洋药物发展实现了质的飞跃。拥有几千年历史的我国特有的传统海洋本草与国际上最先进的科学技术紧密结合，使得海洋药物在多学科综合研究领域取得突破性进展，形成了独具特色的现代海洋本草与中药学科学体系。政府先后组织科研、教学、生产、管理等相关单位的专业人员，对包括海洋药物资源在内的中草药资源进行了4次大规模的综合调查。1985年，我国药物工作者成功研制并上市第一个海洋药物——藻酸双酯钠，以此为基础，陆续上市了烟酸甘露醇、海力特、岩藻糖硫酸酯、甘糖酯等海洋药物（高建明，2015）。我国于1996年启动了863计划海洋技术领域，重点研究海洋药物及海洋生物技术（石秋艳和宁凌，2014）。科技部于1999年开始全面收集和筛选海洋药源生物，按国际标准鉴定和分类，建立种质资源库和标本库。同时对一些濒危的、难以采集和活体保存的、具有重要应用价值的海洋药源生物资源，以基因文库的形式加以分类保存，并对中国海洋药源生物种类、数量、分布情况进行了统计（李静兰等，2014）。鉴于海洋药物的应用前景广阔，我国医药科研人员正致力于研究针对心脑血管病、肿瘤、细菌性疾病、病毒性疾病、代谢性疾病等的海洋药物，为人类疾病提供新的治疗药物。

海岸带动物资源还可应用于海岸带生态环境的生物监测，即利用海岸带动物中的环境指示生物体内污染物含量的变化及种群、群落或生态系统结构的变化来监测环境污染物变化的规律，用简单的数字表达污染的程度或生态质量状况，方法简便、快捷，是一种相对较新的监测手段。

早在1908年，人们就开始利用指示生物进行不同水质有机污染的研究（Casazza et al.，2002）。1916年，德国学者Wilhelmi首先提出了用小头虫属（*Capitella*）指示海洋污染，开辟了利用生物评估海洋污染的研究领域（李永祺，1991）。20世纪60年代末期，北欧和美国最先开展利用海洋生物监测海洋污染的规模性研究。而后越来越多的国家和地区开始开展这类研究工作，其适用性得到了国际上的普遍承认。但在应用海洋生物监测海洋污染的初期，其发展十分缓慢。其主要原因是监测所用的生物材料差异太大，至今尚未找到国际上普遍接受的指示生物种类，监测和分析方法费时费力，很难标准化和自动化，系统误差较高，另外，不同国家、不同地区、不同研究者的监测分析结果难以比较（阎铁和吕海晶，1987）。

在利用指示生物进行海洋污染监测中，以贻贝和牡蛎监测研究和应用最多。贻贝监测计划主要是利用双壳类体内的污染物含量，监测海洋污染状况，所采用的指示生物主要是贻贝和牡蛎（Nakhlé et al.，2006；阎启仑和马德毅，1996；杨小玲等，2006）。贻贝和牡蛎对金属元素具有很高的蓄积能力，可通过测定其体内污染物的含量、种类和机体的生理生化反应，来评价水体的污染状况。

20世纪70年代以来，美国、英国、法国、西班牙、澳大利亚和日本等国都相继利用贻贝或牡蛎进行了不同规模的生物监测。其中尤以美国"1976～1978

年贻贝监测规划"最有成效(Goldberg et al.，1983)。这项贻贝监测规划利用贻贝对污染物的敏感性来监测海洋的污染状况，是由国际科学理事会(International Council for Science，ICSU)和国际环境问题科学委员会(Scientific Committee on Problems of the Environment，SCOPE)联合发起，由美国国家环境保护局(U.S. Environmental Protection Agency，EPA)全权负责实施的，投资160万美元，为期3年(1976～1978年)。这项规划是实验性的，所用的分析方法都处在研究阶段，仅有少数实验室具备使用这些方法的能力，且监测结果的解释需要与实验室过去和正在进行的工作进行比较才能得出。此次规划利用的指示生物有3种：紫贻贝(*Mytilus galloprovincialis*)、加州贻贝(*M. californianus*)、美洲牡蛎(*Crassostrea virginica*)。采样站位主要设置在河口、港口、人口集中的都市沿海、一些核电厂附近的沿海地区，另外还考虑了这3种指示生物的分布情况。设计监测精度达到了10^{-9}～10^{-6}，此浓度已经远远低于了美国食品药品监督管理局规定的食品卫生标准(Farrington，1983)。

1978年，美国国家科学研究委员会在西班牙的巴塞罗那举办了一次"国际贻贝监测研讨会"。会议讨论了利用贻贝监测沿海环境污染的可行性，对以往所获得的数据和所用的分析方法进行了评价，还讨论了如何发展美国贻贝监测工作和开展全球贻贝监测工作。这次会议之后，贻贝监测有了较快的发展。为了开展全球沿海的贻贝监测，政府间海洋学委员会已举办了两次痕量金属监测结果的互校、一次有机氯代烃互校、一次石油烃互校，以及痕量金属与有机氯代烃研讨会各一次。

1982年，国际海洋污染科学专家小组(Group of Experts on the Scientific Aspects of Marine Pollution，GESAMP)将海洋污染的生物监测分为3个阶段：鉴定阶段(检测污染物在生物体中的含量随时间或空间的变化情况)、定量阶段(确定上述变化的程度和范围)、解释阶段(分析上述变化的原因)。由于上述3个阶段的工作只能提供污染物变化的相对情况，而环境管理人员很难理解，1985年海洋污染咨询委员会(Advisory Committee on Marine Pollution，ACMP)在上述3个阶段的基础上补充了评价阶段(对污染后果进行评价)，使得分析结果对环境管理人员更为直观，便于其制定相应的政策法规(IMIS，1992)。1988年，政府间海洋学委员会举行全球性有机氯代烃的贻贝监测研究，拟在全世界100多个国家设立500～1000个站位。为了提高数据的可比性，全部样品将集中在斐济和摩纳哥等5个国家的实验室进行分析，其他国家可派专家参加分析和资料解释(许昆灿，1987)。这次研究同时也为其他污染物的生物监测提供了宝贵经验。

近几十年，人们也开始用大型底栖动物群落的变动来监测海岸带环境变化，因为大型底栖动物具有丰富的物种多样性，并且易于采集和鉴定，本身生活史比较长，活动能力差，能够持续反映一段时间内外界胁迫因子对水环境的影响情况，进而反映污染情况(冷龙龙，2016)。在欧盟和美国的推动下，世界上还产生了一系列用于评价底栖生态环境的生物指数，底栖生物指数建立在生物指标之上，将生态系统中的各种元素提炼成单一的数值，并整合相关的生态信息全面地展示生物完整性状况，描述综合压力对环境的影响，评价生态环境质量现状。世界上常用的生物指数主要有AZTI海洋生物指数(AZTI's marine biotic index，AMBI)、多元AZTI海洋生物指数(multivariate-AZTI's marine biotic index，M-AMBI)、底栖生物完整性指数(benthic index of biotic integrity，B-IBI)、大型底栖动物污染指数(macrobenthos pollution index，MPI)等(蔡文倩等，2012，2015)。相比于国外，我国在新指数的发展和应用研究方面，因起步较晚、资料短缺等诸多因素的制约，落后于欧美国家。我国于20世纪80年代引入生物多样性指数来评估淡水藻类对白洋淀水域污染的评价状况(孙彦华和陈青山，1982)。1992年，我国引入ABC曲线用于厦门湾底栖生物群落受扰动状况评价(李荣冠和江锦祥，1992)；后续又相继引入B-IBI、AMBI等底栖生物指数(蔡立哲，2003a；蔡立哲等，2011；周晓蔚等，2009)。

另外，在海岸带动物资源开发利用上值得一提的是，海岸带动物中贝类的壳在我国货币发展史上充满了传奇色彩。海生贝壳被称为"中国钱币的先驱"，也有人说"贝币是世界上最古老的货币"。在殷商近600年间，人们从数十种交换物中，选中了一种美丽的海生贝壳来充当一般等价物——货币。史书记载"夏始知贝为货币。贝为水虫，古人取其甲以为货，如今之用钱币"。汉代《盐铁论·错币篇》中有"夏后以玄贝"。商代盘庚把海贝称为"货宝"。据考证，夏代人喜欢用黑色的海贝，而商代人则喜欢用白色的海贝。在河南省偃师市的二里头、郑州市的二里岗、安阳市的大司空村、山东省青州市的苏埠屯等地的夏商遗址中，都有大量的海贝出土。而这些地方都不临海，这些海贝自然都是由于商品交换的扩展，以货币的形式通过水陆交通带进内地的。海贝被人们选作货币，主要有5个原因：第一，小巧玲珑，有色彩斑斓的光泽，具有作为吉祥物、装饰品、礼品的使用价值，人们乐于授受；第二，大小适中，以"个"为单位，便于计数作价；第三，坚固耐用，不容易腐烂变质，便于人们保管、收藏；第四，有天然的齿槽缝隙，易于穿线成串；第五，生于东南暖海之中，为数稀少，不入海寻索只能"望洋兴叹"，不付出一定的劳动代价难以多得(查竹生，1989)。

由上可见，我国开发利用海岸带动物资源历史悠久，且这些动物资源应用广泛。

第二节　海岸带动物资源开发利用的研究

中国大陆约有1.8万km的海岸线，拥有面积大于500m²的海岛7300多个，岛屿岸线长达14 000多千米。全国海岸带面积约35万km²。海岸带类型丰富，有基岩海岸、沙砾质海岸、淤泥质海岸、红树林海岸和珊瑚礁等多种类型(姜海平，1990；严恺和梁其荀，1990)。由于海岸带地区的特殊性及资源丰富性，我国十分重视对海岸带动物资源开发利用的研究。开发利用海岸带资源是发展我国海洋事业的重要组成部分。

为了全面开发利用我国海岸带资源，1960～1966年，国家就有计划地组织过全国海岸带的调查和研究。1980～1986年，我国组织开展了全国海岸带和海涂资源综合调查，调查范围广泛：北起鸭绿江口，南至北仑河口，包括辽宁、河北、天津、山东、江苏、上海、浙江、福建、广东和广西10个沿海省、自治区、直辖市的海岸带。调查区以海岸线为准，一般向内陆延伸10km，向海延伸至10～15m的等深线(姜海平，1990)。我国对海岸带动物资源开发利用最早的要数水产资源。入海江河携带的泥沙和营养盐既为滩涂提供了广阔的土地资源，又为沿海水产生物资源创造了多种繁殖和生长的环境，使我国海岸带浅海滩涂地带蕴含丰富的鱼、虾、贝类资源。

目前已经确定有经济价值的海岸带水产动物主要有以下物种。

腔肠动物门：海蜇、黄海葵、星虫状海葵。

环节动物门：日本刺沙蚕、澳洲鳞沙蚕、软背鳞虫、短毛海鳞虫、巴西沙蠋、红色叶蜇虫、尾刺沙蚕、腺带刺沙蚕、全刺沙蚕、异须沙蚕、多齿沙蚕、双齿围沙蚕、弯齿围沙蚕、独齿围沙蚕、多齿围沙蚕、双管阔沙蚕、溪沙蚕、软疣沙蚕、疣吻沙蚕、额刺裂虫、叉毛裂虫、巧言虫、中华内卷齿蚕、囊叶齿吻沙蚕、加州齿吻沙蚕、多鳃齿吻沙蚕、头吻沙蚕、长吻沙蚕、中锐吻沙蚕、锥唇吻沙蚕、寡节甘吻沙蚕、日本角吻沙蚕、渤海格鳞虫、覆瓦哈鳞虫、异足索沙蚕、长叶索沙蚕、四索沙蚕、短叶索沙蚕、岩虫、双叶巢沙蚕、长锥虫、矛毛虫、磷虫、丝异须虫、持真节虫、单环刺螠。

软体动物门：皱纹盘鲍、杂色鲍、耳鲍、羊鲍、大马蹄螺、马蹄螺、锈凹螺、短滨螺、珠带拟蟹守螺、古氏滩栖螺、疣滩栖螺、微黄镰玉螺、扁玉螺、斑玉螺、脉红螺、疣荔枝螺、香螺、皮氏蛾螺、地纹芋螺、泥螺、豆形胡桃蛤、橄榄胡桃蛤、毛蚶、青蚶、魁蚶、泥蚶、厚壳贻贝、翡翠贻贝、紫贻贝、偏顶蛤、长偏顶蛤、菲律宾偏顶蛤、凸壳肌蛤、日本肌蛤、栉江珧、二色裂江珧、马氏珠母贝、大珠母贝、栉孔扇贝、海湾扇贝、虾夷扇贝、嵌条扇贝、长肋日月贝、平濑掌扇贝、堂皇海菊蛤、须毛海菊蛤、中国不等蛤、海月、长牡蛎、近江牡蛎、香港巨牡蛎、密鳞牡蛎、薄壳索足蛤、无齿蛤、满月无齿蛤、长格厚大蛤、滑顶薄壳鸟蛤、中华鸟蛤、加州扁鸟蛤、砗石豪、鳞砗磲、长砗磲、秀丽波纹蛤、中国蛤蜊、四角蛤蜊、平蛤蜊、西施舌、大獭蛤、菲律宾獭蛤、中日立蛤、环肋弧樱蛤、粗纹樱蛤、透明樱蛤、帝汶樱蛤、异白樱蛤、彩虹明樱蛤、江户明樱蛤、理蛤、内肋蛤、紫彩血蛤、紫血蛤、绿血蛤、对生蒴蛤、中国血蛤、双线紫蛤、缢蛏、总角截蛏、大竹蛏、长竹蛏、细长竹蛏、短竹蛏、弯竹蛏、小刀蛏、花刀蛏、薄荚蛏、斑纹棱蛤、菲律宾蛤仔、杂色蛤仔、文蛤、丽文蛤、青蛤、紫石房蛤、等边浅蛤、中国仙女蛤、棕带仙女蛤、皱纹蛤、鳞杓拿蛤、江户布目蛤、美女蛤、歧脊加夫蛤、日本镜蛤、薄片镜蛤、缀锦蛤、波纹巴非蛤、锯齿巴非蛤、绿螂、薄壳绿螂、砂海螂、光滑河篮蛤、红肉河篮蛤、雅异篮蛤、黑龙江篮蛤、宽壳全海笋、大沽全海笋、脆壳全海笋、渤海鸭嘴蛤、鸭嘴蛤、金星蝶铰蛤、太平洋褶柔鱼、中国枪乌贼、剑尖枪乌贼、日本枪乌贼、火枪乌贼、金乌贼、虎斑乌贼、白斑乌贼、曼氏无针乌贼、双喙耳乌贼、四盘耳乌贼、短蛸、卵蛸、长蛸、真蛸。

节肢动物门：东方小藤壶、白脊藤壶、海蟑螂、中国明对虾、周氏新对虾、凡纳滨对虾、鹰爪虾、细巧仿对虾、中国毛虾、细螯虾、鲜明鼓虾、日本鼓虾、葛氏长臂虾、锯齿长臂虾、脊尾白虾、安氏白虾、秀丽白虾、日本沼虾、日本褐虾、圆腹褐虾、脊腹褐虾、大螻蛄虾、三疣梭子蟹、日本蟳、变态蟳、双斑蟳、宽身大眼蟹、日本大眼蟹、中华绒螯蟹、沈氏厚蟹、伍氏厚蟹、口虾蛄、阚氏口虾蛄。

棘皮动物门：刺参、多棘海盘车、哈氏刻肋海胆、马粪海胆。

鱼类：许氏犁头鳐、中国团扇鳐、史氏鲟、海鳗、鳓、鳀、斑鰶、青鳞小沙丁、鲥、安氏新银鱼、中国大银鱼、长蛇鲻、太平洋鳕、黄鮟鱇、鲅、鲻、日本海马、尖海龙、许氏平鲉、鲬、大泷六线鱼、花鲈、斜带石斑鱼、短尾大眼鲷、真鲷、黑棘鲷、大黄鱼、小黄鱼、黄姑鱼、绵鳚、日本带鱼、鲐、蓝点马鲛、镰鲳、褐牙鲆、角木叶鲽、条斑星鲽、半滑舌鳎、焦氏舌鳎、红鳍东方鲀。

研究发现，海洋生物营养价值要高于陆地生物。举一个简单的例子，猪蹄富含胶原蛋白，每摄入100g蛋白质，需要吃半斤①猪蹄，但是如果换成吃海参，只需要二两②，就完全可以补充同样的营养，同时减少对应的脂肪和胆固醇的摄入(缪雨溪，2016)。过去，人类的食物主要来源于陆地。随着地球上人口数量的不断增长，食物结构的变化，人类对蛋白质的需求日益增长，海洋引起世界各国

---

① 1 斤 =500g

② 1 两 =50g

的普遍关注。曾经有科学家预言，海洋能帮助我们解决最困难的食物问题。海洋是生物资源的宝库，海洋动物资源是人类重要的蛋白质来源。目前，全世界每年生产的8000万～9000万t的鱼类和贝类，为人类提供了22%的动物蛋白质，其中有95%来自占海洋总面积7.5%的大陆架浅海水域(李崇德，1998)，也就是主要来源于海岸带地区。

海岸带动物资源很多可以直接食用，营养价值很高，并且容易被人体消化吸收。曾经有营养学家做过计算，1000万t鱼的食用价值相当于1亿多头猪，或5亿多只羊。鱼类和畜类相比，在一般成分上两者没有很大的差别，但在营养价值上，却存在着显著差异，如蛋白质的质量、类脂的质量、氨基酸的组成、维生素含量等。鱼体的成分每一部分都不相同，大致上可分为可食用部分和不可食用部分。可食用部分蛋白质丰富，鲜鱼肉蛋白质含量一般为13%～25%。鱼肉蛋白质是含有丰富的必需氨基酸的优良蛋白质，因此鱼类被认为是高级动物性蛋白质的补充原料。

在鱼类可食用部分营养元素中，仅次于蛋白质的重要成分为类脂。鱼肉中含有的类脂物和陆地上动植物的类脂物不同，不同点在于鱼肉中含有很多的不饱和脂肪酸。近年来的研究发现，鱼油中胆固醇含量极低，这与畜产品恰好相反。畜产品为高熔点的油脂，且含有胆固醇，如果常吃这些食品，则容易引起胆固醇的沉积，进而引发胆固醇沉着症。而进一步研究表明，鱼油所含的不饱和脂肪酸，特别是花生四烯酸，对治疗胆固醇沉着症非常有效。因此经常食用鱼肉，不但有营养，还可以达到降低胆固醇的效果。

鱼类可食用部分的维生素含量也要高于畜类，任何鱼类的可食用部分都含有维生素A、维生素D、维生素B_1、维生素B_2、维生素B_6、叶酸等维生素类，各种维生素的含量又因鱼的种类、年龄、渔期有很大的差别。以维生素D为例，鱼类或其加工品是补充人体维生素D最为有效的食品。因为每人每天维生素D的需要量为400个国际单位，所以每100g中能含有数百个单位就可以认为是非常有效的维生素D补充食品了，鲣、鲐、秋刀鱼、沙丁鱼等鱼类含有丰富的维生素D，经常食用可有效避免佝偻病的发生。另外，鱼皮中含有丰富的维生素B_2，特别是体色呈黑色的鱼皮，如鲽的黑皮，人们每天只需食用20g，即可满足对维生素B_2的需求。

鱼类的不可食用部分也含有丰富的蛋白质和维生素。鱼类的不可食用部分可利用酶制成"液化蛋白"加以利用，也可以用作家禽、家畜或水产养殖的优良饲料。至于贝类，贝类肌肉里的营养价值基本上与鱼肉的营养价值大同小异，所不同的只是可溶性维生素的含量。其内脏也含有很丰富的维生素，因此，一般认为贝类是营养非常优良的食品。贝类、虾、章鱼等组织中维生素D原异常丰富。

贝类尤其是扇贝中，维生素D原的含量可算是首屈一指。水产动物的维生素D原是7-去氢胆固醇，经紫外线照射后就转变为维生素D_3，它对人类佝偻病有显著功效（东秀雄等，1964）。

研究表明，海岸带动物资源中不乏具有药用价值的动物。黄海葵可入药，主治痔疮、脱肛、带下、中气下陷、蛲虫病。白脊藤壶肉和壳可入药，治酸止痛、解毒疗疮。海蟑螂全体可入药，活血解毒、消积。口虾蛄能治小儿尿疾，被称为"濑尿虾"。日本刺沙蚕有较高的药用食疗价值，具有舒筋活血、温健脾胃等功效。皱纹盘鲍的贝壳是有名的中药石决明。锈凹螺的壳可入药，有平肝潜阳的功效。地纹芋螺分泌的贝类毒素具有开发海洋药物的潜力。毛蚶和泥蚶的贝壳及肉均可入药，有补血、温中、健胃的功效。马氏珠母贝所产珍珠为著名的南珠，具有清凉解毒等作用，其珍珠层制出的珍珠层粉，也有较好的药用疗效。海月的肉和贝壳也可入药，壳有解毒、消积的作用，肉有消食、利肠及消痰等作用。鳞砗磲、长砗磲的贝壳有凉血、降血压、安神定惊等药用价值。双线紫蛤可入药，有滋阴养液、清热凉肝等功效。缢蛏的肉和壳均可入药，肉用于产后虚寒、烦热痢疾，壳可用于医治胃病、咽喉肿痛。文蛤的肉有清热利湿、化痰、散结的功效。薄片镜蛤具有滋阴润燥、利尿消肿、软坚散结等药用价值。短蛸、卵蛸具有补气养血、收敛生肌的作用。日本海马为珍贵中药材，具有镇静安神、散结消肿和补肾壮阳的功效。尖海龙为重要中药用鱼，有较高经济价值，具散结消肿、治疗跌打损伤、止血和催产等功效。角木叶鲽具有壮阳补气的功效。四角蛤蜊的肉和壳均可入药，肉有滋阴、利水、化痰的功效，壳有清热、利湿、化痰、软坚的作用。异白樱蛤的壳和肉均可入药，壳有清热、利湿、化痰软坚，肉有润五脏、止烦渴、开脾胃、软坚散肿等功效。大沽全海笋的软体及水管富含蛋白质、氨基酸、糖类、维生素和微量元素，有滋阴补血、利水消肿之功效。哈氏刻肋海胆、马粪海胆的生殖腺可食用，有强精、壮阳、益心、强骨的功效。

早在1996年，我国政府就正式启动了国家海洋863计划，将海洋生物技术和海洋药物的研究与开发列为重点课题。1996年我国制定了《"九五"和2010年全国科技兴海实施纲要》，科技兴海工作将重点围绕海洋生物资源深加工及海洋药物等领域，开展新产品开发、适用技术推广、重点技术开发和示范区建设。2003年，国家发展和改革委员会、国土资源部、国家海洋局组织制订了《全国海洋经济发展规划纲要》，着重指出，积极开发农用海洋生物制品、工业海洋生物制品和海洋保健品（陈月等，2007）。

有些海岸带贝类由于具有漂亮的贝壳或者可产珍珠，可做成工艺品或首饰，不具观赏性的贝壳可烧制石灰用于建筑用途等，如古氏滩栖螺、大马蹄螺、马蹄螺、偏顶蛤、长肋日月贝、堂皇海菊蛤、须毛海菊蛤、砗石豪、鳞砗磲、长砗磲、大珠母贝、马氏珠母贝、皱纹盘鲍、栉江珧、青蚶、厚壳贻贝、粗纹樱蛤等。例如，海月的贝壳透明、平整、具光泽，可用作灯饰、盘具，古人常将它嵌于屋顶和门窗上，辅助透光，故有"明瓦"和"窗贝"之称。大马蹄螺的贝壳珍珠层厚，是制纽扣和螺钿的良好原料，壳粉极光滑，可作油漆的调和物。

生态学家还发现了很多具有生态意义的海岸带动物，如宽身大眼蟹、日本大眼蟹、沈氏厚蟹、多棘海盘车、日本倍棘蛇尾、东方小藤壶、白脊藤壶、华美盘管虫、内刺盘管虫、龙介虫、小头虫、日本刺沙蚕、斑玉螺、脉红螺、疣荔枝螺、船蛆、生姜皮海绵、寄居蟹皮海绵、面包软海绵、霞水母、腺带刺沙蚕、疣吻沙蚕等。这些动物有的可作为环境指示种，用于海岸带生态环境的监测；有些是重要的污损生物，是防污损的重要研究对象；有些是生态灾害种，对水产养殖造成不良影响；有些是海岸带食物链中的关键物种或具有较大的资源量，在海岸带生态系统中担任重要角色。

目前海岸带环境的生物监测可分为两大类：一类是个体生物学的方法，即利用指示生物体中污染物含量的变化来表示监测环境中污染物含量的变化；另一类是群体生物学的方法，即利用种群、群落或者生态系统各层次的结构变化来表示监测环境中污染物的变化。利用生物监测海岸带污染有两个明显的优点：一是生物体中的污染物含量是生物在某一段时间内对环境中污染物的累积量，因此它可以反映环境污染物在一段时间里的变化；二是生物体中污染物含量是环境与生物体生理活动综合作用的结果，因此它可以反映污染物的生物学效应、生物利用率及对海产生物食品卫生的影响。

但是，与化学监测及其他监测方法相比，生物监测方法也有一些不足。例如，所用指示生物的个体差异大，影响因素多（如生理条件、个体大小、性别、年龄及生殖状态等），使得分析很难标准化和自动化；系统误差和随机误差均较高，分析结果相互之间的可比性差（阎铁和吕海晶，1988）。为此，专家们正在进行更进一步的研究工作。

例如，底栖有孔虫与其生长环境有直接关系、对环境变化具有很强的敏感性，尤其是在海岸带可作为环境变化的生物指标，是一种重要的环境生物指标（Frontalini et al.，2009；Martin，2000；Polovodova and Schonfeld，2008）。近些年，我国对底栖有孔虫的环境指示作用的应用逐渐多起来。朱晓东（1994）在连云港港区就底栖有孔虫对环境污染的响应进行了深入研究。林景星等（2001）和杜晓蕾（2011）也分别对大连湾和辽东湾葫芦岛与营口开展了此类研究。但是，与国外相比，我国开展底栖有孔虫对环境污染的监测研究相对较少，这方面的工作有待加强。

大型底栖动物同样可以很好地用于海岸带环境监测。大型底栖动物是海岸带生态系统中的重要生物类群，具有移动性差、生活周期长的特点，对环境变化表现得最为直接和准确。其中有些种类，如小头虫、柱头虫和沙蚕等，是海洋污染的指示生物(沈国英等，2010)。

另外，大型底栖动物群落的群落结构和多样性特征能够指示海域环境现状与变化，在海洋环境质量评价领域具有重要意义。研究者目前已经开发出了三大类利用大型底栖动物评价海域环境质量的方法(赵永强，2014)：①基于物种数目的评价方法，如α生物多样性指数法，是目前环评工作中采用较多的一种方法，此外，还有丰度生物量比较法、大型底栖动物污染指数法(MPI)；②基于物种特性的评价方法，如生物系数法(biotic coefficient，BC)、生物指数法(biotic index，BI)(Borja et al.，2000)、分类多样性指数法(taxonomic diversity index，Δ)、分类差异指数法(taxonomic distinctness ，Δ^*)等(Clarke and Warwick，2001)，根据大型底栖动物敏感性及对污染的反应，建立不同类型环境污染区的底栖动物数据库，通过调查污染区域底栖动物的种类、密度，进行数据库比对分析，实现海域环境质量评价；③"多秩"的评价方法，如底栖生物完整性指数(benthic index of biotic integrity，B-IBI)法(蔡立哲等，2002)。

当前，大型底栖动物群落在我国海岸带底栖环境评价中的应用也十分广泛。2013年，王全超等通过研究大型底栖动物群落结构特征对烟台近海的底栖环境质量做出了评价。2015年，朱延忠等采用香农-维纳(Shannon-Wiener)生物多样性指数、Margalef丰富度指数及多元AZTI海洋生物指数(multivariate-AZTI's marine biotic index，M-AMBI)作为构建大型底栖动物群落指数(macrozoobenthos community index，MCI)的指标，在等权重加和的基础上获得MCI值，对厦门湾的底栖动物群落健康状况进行调查分析，判断厦门湾的底栖生态质量状况(朱延忠等，2015)。2016年，蔡文倩等获取了大型底栖动物数据和环境数据，采用建立在功能摄食群上的摄食均匀度指数(feeding evenness index，j_{FD})，并辅以建立在群落结构指标上的多元AZTI海洋生物指数评价了渤海湾生态质量状况。

对海岸带大型底栖动物生态学的研究不仅能为评估海岸带生态系统健康状况提供理论依据，还能为科学管理和合理利用海岸带大型底栖动物资源奠定基础，对于了解底栖动物群落的动态变化、监测海岸带的环境变迁，以及探索海岸带动物资源的可持续利用都具有重要意义(田胜艳等，2009)。目前中国管辖海域已记录的中国海洋生物物种绝大多数尚未被人类开发利用(林炜和陈洪强，2002)。可见，我们对海岸带动物资源开发利用的研究还有很多工作要做。

第三节　海岸带动物资源的产业化开发现状

海岸带地区拥有丰富的动物资源，随着改革开放的深入和经济发展，沿海地区已经成为生产力发达地区，沿海地区人民利用海岸带动物资源形成了多种产业，创造了十分可观的经济效益。目前海岸带动物资源开发利用已经形成的产业有海洋捕捞业、海水养殖业、水产品加工业、海洋制药业、休闲渔业等。

一、海洋捕捞业

海洋捕捞业是指利用各种渔具（如网具、钓具、标枪等）在海洋中从事具有经济价值的水生动植物捕捞活动，是海洋水产业的重要组成部分。按捕捞海域距陆地远近，分为沿岸、近海、外海和远洋等捕捞业，在海岸带进行的海洋捕捞活动主要是沿岸捕捞和近海捕捞。捕捞渔具主要有拖网、围网、流刺网、定置网、张网、延绳钓、标枪等，其中以拖网、围网为主。海洋捕捞水平的高低，既与海洋经济生物资源的蕴藏量、可捕量有关，也与一个国家或地区渔船、网具、仪器等生产能力和海洋渔业科研水平高低关系很大。海岸带海洋捕捞业一般具有季节性、鱼汛集中、水产品易腐烂变质和不易保鲜等特点，故需要作业船、冷藏保鲜加工船、加油船、运输船等相互配合，形成捕捞、加工、生产及生活供应、运输综合配套的海上生产体系。

海洋捕捞业是我国在海岸带动物资源开发利用过程中最早形成的产业之一。从20世纪50年代初开始，我国海洋捕捞产量基本上都保持着强劲的增长趋势（慕永通，2005）。特别是自改革开放以来，在20世纪90年代初我国海洋捕捞业经历了迅猛发展时期。21世纪初，我国海洋捕捞渔船已达28万多艘，排水量共$597.2×10^4$Gt，总功率达$1297.7×10^4$kW，2001年海洋捕捞产量达1440.6万t，接近我国四海区估计可捕量的2倍（刘劲科和卢伙胜，2005）。自1990年起，我国鱼类产品出口量就位居世界第一位。2004年，海产品出口总额达到40.5亿美元，2005年，这个数值增至43.5亿美元。其中，海洋捕捞业是海产品的主要来源，在2004年和2005年分别占我国渔业总产出的42%和48.7%，占海洋渔业总产出的71.3%和79.8%，是我国海岸带地区渔业的重要组成部分，是我国国民经济的重要组成部分。

在投入的捕捞努力量方面，改革开放之后，我国海洋捕捞业机动渔船数量快速增加。1978年末，我国机动渔船拥有量（海洋渔业）还不到4万艘，总功率仅为200万kW。到了1998年，机动渔船总数达283 218艘，总功率达

11 801 492kW。1999年，我国机动渔船数量出现下降，在此之后，机动渔船数量趋于平稳，不再出现大幅度地增加。但是，渔船总功率仍保持着增长的趋势，2006年，总功率超过了1400万kW（李雍容，2009）。

按照我国渔业管理区划，我国海洋水域被分为黄渤海渔业区、东海渔业区和南海渔业区。海区当局的管辖范围分别包括不同省、自治区、直辖市，黄渤海渔业行政管理区包括辽宁、河北、天津和山东；东海渔业行政管理区包括江苏、上海、浙江和福建；南海渔业行政管理区包括广东、广西和海南。1999年全国海洋捕捞总产量达到最高（1497.6×10⁴t），此后开始下降，渔业资源出现了明显的衰退趋势（表5-1）。

表 5-1　历年全国海洋水产品产量　（单位：$\times 10^4$t）

年份	海洋捕捞产量（含远洋渔业产量）	海水养殖产量	海水产品总量
1952	106.01	—	106.01
1954	130.54	8.78	139.32
1957	181.48	12.21	193.69
1962	141.00	88.25	149.82
1965	190.98	10.43	201.41
1970	209.71	18.36	228.07
1975	306.80	27.87	334.67
1978	314.52	44.95	359.47
1980	281.27	44.43	325.70
1985	348.52	71.23	419.75
1990	550.88	162.41	713.29
1995	1026.84	412.30	1439.14
2000	1477.45	1061.29	2538.74
2001	1440.61	1131.53	2572.14
2002	1433.49	1212.84	2646.33
2003	1432.31	1253.31	2685.62
2004	1451.09	1316.71	2767.80
2005	1453.30	1384.78	2838.08
2006	1442.04	1445.64	2887.68
2007	1243.55	1307.34	2550.89
2008	1257.95	1340.32	2598.27
2009	1276.33	1405.22	2681.55
2010	1315.23	1482.30	2797.53
2011	1356.72	1551.33	2908.05
2012	1389.53	1643.81	3033.34
2013	1399.59	1739.25	3138.84
2014	1483.57	1812.65	3296.22

资料来源：《中国渔业统计年鉴》1952～2015年资料

(一) 黄渤海渔业资源利用状况

黄渤海是我国海洋渔业开发最早的重要渔区，2005年的捕捞产量约为443.97×10⁴t(表5-2)，占我国海洋捕捞总产量的30.5%。

表 5-2　中国各海区历年海洋捕捞产量　　　　　　　　(单位：t)

年份	渤海	黄海	黄渤海捕捞总产量	东海	南海	其他海域捕捞	全国海洋捕捞总产量
1980	294 314	515 069	809 383	1 415 260	552 174	35 872	2 812 689
1985	375 313	619 040	994 353	1 689 799	776 995	24 019	3 485 166
1990	515 725	10 085 841	1 601 566	2 072 847	1 614 666	219 783	5 508 862
1995	954 020	1 706 250	2 660 270	4 378 364	2 377 367	852 372	10 268 373
1998	1 618 361	3 425 452	5 043 813	5 538 147	3 437 447	947 358	14 966 765
1999	1 624 517	3 477 667	5 102 184	5 455 929	3 459 653	958 457	14 976 223
2000	1 462 776	3 453 202	4 915 978	5 505 651	3 512 801	843 504	14 774 524
2001	1 374 114	3 215 401	4 589 515	5 397 899	3 580 176	838 554	14 406 144
2002	1 329 807	3 154 883	4 484 690	5 144 434	3 587 517	1 118 293	14 334 934
2003	1 314 064	3 000 281	4 314 345	4 980 583	3 703 562	1 324 631	14 323 121
2004	1 251 716	3 171 236	4 422 952	4 967 374	3 604 032	1 516 500	14 510 858
2005	1 233 328	3 204 389	4 437 717	4 870 790	3 767 253	1 457 224	14 532 984
2006	1 228 573	3 153 419	4 381 992	5 023 728	3 828 353	1 186 286	14 420 359
2007	994 587	2 887 797	3 882 384	4 183 807	3 210 594	83 544	11 360 329
2008	1 022 043	2 914 073	3 936 116	4 309 490	3 250 664	—	11 496 270
2009	1 059 564	3 036 648	4 096 212	4 427 579	3 262 318	—	11 786 109
2010	1 068 698	3 048 386	4 117 084	4 618 934	3 299 928	—	12 035 946
2011	1 058 812	3 046 544	4 105 356	4 921 439	3 392 591	—	12 419 386
2012	1 043 391	2 927 666	3 971 057	5 178 074	3 522 760	—	12 671 891
2013	975 257	3 185 005	4 160 262	5 022 719	3 460 841	—	12 643 822
2014	1 023 741	3 315 958	4 339 699	4 898 709	3 569 963	—	12 808 371

注：因统计方法变化，2008年之后的材料海洋捕捞总量未包含其他海域产量
资料来源：《中国渔业统计年鉴》1980～2015年数据资料

渤海有辽河、海河、滦河、黄河等十多条河流径流入海，在河口附近形成广袤的浅滩，构成了渔业资源生物种产卵和育肥场所的自然条件，也形成了多处生境条件良好的"三场"(产卵场、索饵场和越冬场)，以及洄游性经济鱼虾类的洄游通道。浅滩及其邻近水域的资源种类丰富，包括鲅、中国明对虾、文蛤、菲律宾蛤仔、大连湾牡蛎等，分别为沿海各区的广布种。湾内底质多为泥沙，鱼虾幼苗丰富，适宜海参、鲍鱼、对虾、贝类、鲅等的增养殖。饵料生物中的卤虫、糠虾、毛虾等群体较大，生物量高(中国自然资源丛书编辑委员会，1995)。

渤海主要经济渔业资源生物种类以暖温性为主，占总渔获量的70%以上；冷暖性种类的数量波动较大，通常占7%～8%，较多时占25%。渔业资源中营养级低、生命周期短的毛虾、海蜇、对虾、梭子蟹、褐虾、鹰爪虾等占渤海区渔获量的72%～75%；中上层鱼类鲐、蓝点马鲛、鳓、鲳、青鳞鱼、斑鰶、鲅等和底层、近底层的梅童鱼、小黄鱼、带鱼、黄姑鱼、叫姑鱼、鳐、鲆、舌鳎、鲽、鲈等，占15%～20%；另外还有少量的头足类(中国自然资源丛书编辑委员会，1995)。

黄海为半封闭性海，沿岸海域盐度低，多种鱼虾在此产卵。黄海水文条件复杂，北部有黄海冷水团，南部有黄海暖流沿黄海槽北上流入，两者在此过程中交融混合，成为多种鱼虾类的越冬场所。黄海近海区域多产带鱼、小黄鱼、大黄鱼、鲳、鳓、鳕、高眼鲽、褐牙鲆、鲐、太平洋鲱、鲅、对虾、鹰爪虾、乌贼、毛虾等。黄海北部岸线曲折，岛屿众多，资源种类组成主要有鲅、中国明对虾、日本对虾、翡翠贻贝、紫贻贝、文蛤、西施舌、蛤仔、皱纹盘鲍、脉红螺等(中国自然资源丛书编辑委员会，1995)。

(二) 东海渔业资源利用状况

东海是我国渔业资源生产力最高的海域，2014年我国大陆地区在东海的捕捞产量达$489.87×10^4t$，占我国海洋捕捞总产量的38.25%。渔业种类主要是暖温性和暖水性鱼类，其中暖温性种占总渔获量的65%左右。东海外海受黑潮暖流影响较大，生物种群与外界的沟通也较黄渤海密切，暖水性种占主导地位，如绿鳍马面鲀、短尾大眼鲷、黄鲷、竹荚鱼、水珍鱼等。东海海区单鱼种年产量在$10×10^4t$以上的种类有鲐、大黄鱼、小黄鱼、带鱼、绿鳍马面鲀等5种。渔业产量中底层和近底层暖温性鱼类占主要地位，占渔获量的30%左右；其次是中上层鱼类，占20%左右，再次是虾、蟹、头足类(中国自然资源丛书编辑委员会，1995)。东海沿岸浅海滩涂面积辽阔，沿岸底质多岩礁砂砾，易于贻贝、鲍鱼的附着生长。由于长江等众多河流汇入，河口附近形成许多滩涂，滩涂底质多泥沙或软泥，文蛤、牡蛎等贝类资源比较丰富。种类构成除与黄海区共有代表种外，还有与南海共有的鲷类、石斑鱼类等，是牡蛎、紫菜的主产区(中国自然资源丛书编辑委员会，1995)。

(三) 南海渔业资源利用状况

2014年我国大陆地区在南海的捕捞产量达到$360.00×10^4t$，占我国海洋捕捞总产量的27.87%。与渤黄海、东海不同，南海区的渔业资源具有热带暖水性海洋生物特点，资源种类繁多，每一种类的群体数量较少，主要渔业资源由地方性种群组成，无明显洄游路线。南海区的渔业资源组成以底层鱼类为主，占渔获量的50%，大部分单一鱼种的数量不足渔获量的1%，其中较多的有狗母鱼、长尾大眼鲷、银方头鱼、鲱鲤等；其次为中上层鱼类，占渔获量的30%左右，占有较大比重的有小公鱼、金色小沙丁鱼等；虾蟹类和头足类所占比例较小，分别占渔获量的5.5%和2%左右，虾类主要有长毛对虾、日本对虾、短沟对虾、龙虾等(中国自然资源丛书编辑委员会，1995)。南海海区海岸线长，岛屿、海湾众多，浅海滩涂增养殖生物种类数量多于其他各海区。种类组成的多样性程度高，多数种类的分布广，自然群体的生物量略低。鱼类主要有青石斑鱼、赤点石斑鱼、黄鳍鲷、平鲷、黑鲷、鲈等；甲壳类有墨吉对虾、斑节对虾、长毛对虾、近缘新对虾、黄新对虾、龙虾等；贝类主要有近江牡蛎、翡翠贻贝、大珠母贝、文蛤、菲律宾蛤仔、杂色鲍等(中国自然资源丛书编辑委员会，1995)。

2000年后，由于气候变化和人类活动的综合影响，近海渔业资源严重衰竭。到2006年，我国在海洋渔业资源专项调查和信息系统集成方面的一批研究成果，为渔业生产和管理提供了科学依据；远洋渔业资源的开发，使鱿鱼、竹荚鱼、金枪鱼类成为我国远洋渔业的主要捕捞对象，取得了良好的经济和社会效益；中国明对虾、大黄鱼、鲷科鱼类、贝类及海珍品等经济种类的大规模增殖放流和底播增殖取得了明显效果，中华鲟等珍稀濒危水生野生动物保护取得了明显进展，对养护渔业资源、保护水域生态、拯救濒危物种发挥了积极作用。

二、海水养殖业

随着人口的迅速增长，人们对海产品的需求日益增加，单纯靠海洋捕捞已经满足不了人们的需求，因此利用海岸带沿海滩涂开展的海水养殖业如火如荼地发展起来，并逐渐成为渔业发展的重心。海水养殖是利用浅海、滩涂、港湾、围塘等海域进行饲养和繁殖海产经济动植物的生产方式，是人类定向利用海洋生物资源、发展海洋水产业的重要途径之一。

海岸带用来发展海水养殖业的地带一般是沿海滩涂，从广义开发利用角度来看，沿海滩涂一般是指拥有全部潮间带，还包括潮上带和潮下带可供开发利用的部分。沿海滩涂作为海岸带的重要组成部分，是地处海陆交接带(咸淡水相互交汇、交替的区域范围内)并不断演变的生态系统，是我国重要的后备土地资源。全国海岸带和海涂资源综合调查资料显示，我国沿海滩涂分布十分广泛，北起辽宁鸭绿江口，南至广西北仑河口，涵盖四大海域和沿海11个省、自治区、直辖市(不包括台湾省)，共计3.8万km^2。另外，据有关学者估算，我国沿海滩涂每年淤涨面积大约300km^2。由此可见，我国沿海滩涂总量十分丰富，是发展海水养殖业极佳的区域。

20多年来，我国海水养殖业获得了飞速发展，形成了一条有中国特色的"以养为主"的渔业发展道路，不仅改变了我国渔业的面貌，还影响了世界渔业的发展格局。我国海水养殖产量持续增加，到2005年达1384.78万t（表5-1），与海洋捕捞产量接近，占海洋水产品总量的48.8%。2008年，我国海水产品总产量为2598.27万t，其中，海水养殖产量就达到了1340.32万t，占水产品总产量的51.58%，海水养殖业在中国水产业中占据重要地位。近年来，我国水产品总产量一直占世界水产品总产量的30%以上，水产养殖总产量占世界水产养殖总产量的70%左右。2012年，海水养殖总产量达到1643.81万t，稳居世界首位。我国已经成为世界上最大的水产品生产国和出口国（陈雨生等，2012）。

在政策鼓励和科技创新的带动下，我国海水养殖业的发展一共经历了4次浪潮。第一次浪潮：20世纪50年代，我国的海水全人工养殖起步，促使海带养殖进入了全人工养殖的新阶段，大幅度提高了产量；继紫菜工厂化育苗成功后，滩涂贝类（牡蛎、蛏、蚶、蛤）的养殖也开始发展。第二次浪潮：80年代中期，海水养殖业以对虾养殖为龙头，带动贻贝等贝类养殖、饲料加工、冷藏、运输等行业的全面发展；继之，工厂化育苗成功。第三次浪潮：进入90年代，出现了开发浅海滩涂、内地荒滩、荒水进行水产养殖的热潮；沿海内湾大力发展传统网箱养鱼；养殖品种结构大调整，重点发展深受国内外市场欢迎的鱼、虾、蟹、扇贝、牡蛎、海参等名贵品种的养殖。第四次浪潮：进入21世纪以来，我国的海水鱼类的工厂化育苗和全人工养殖已向多品种方向发展；海水养殖名特优品种不断增加，海参、海胆、鲍鱼、海蜇等海珍品的养殖也蓬勃发展起来。

21世纪海水养殖技术的进步及养殖业高报酬推动了我国海水养殖业进入鱼、虾、蟹、贝、藻全面调整发展期。据不完全统计，2005年我国海水鱼类养殖品种已达到80余种，传统的网箱养殖在近海已达70.42万台（养殖网箱面积1767.86万m²），海水鱼类养殖产量达到79.68万t。2007年，我国海水养殖面积达到1997.25万亩①，产量达到1307.34万t，占海水产品的比重为51.25%。养殖产量与海水捕捞产量之比为1∶0.95，出现了我国海水养殖产量超过捕捞产量的历史性大突破。2008～2012年，我国海水养殖产量从1340.32万t上升到1643.81万t，增产303.49万t，平均每年增加75.87万t，平均每年增速5.24%；海水养殖面积从1 578 909hm²扩展到2 180 927hm²，增加了602 018hm²，平均每年递增8.41%。鱼、虾、蟹、贝、藻、海珍品全面发展形成了合理的格局，基本适应市场需求。至2012年，鱼类产量达1 028 399t，主要品种鲈、鲆年产量均超过10万t，大

---

① 1 亩≈666.67m²

黄鱼产量9.5万t；虾蟹类产量124万t，主要品种凡纳滨对虾产量76万t；贝类产量1208万t，其中牡蛎、扇贝、蛤年产量均超过百万吨；海参产量17万多吨。海水养殖业发展方式也趋于多样化，有池塘、普通网箱、深水网箱、筏式、吊笼、底播、工厂化养殖等（王东石和高锦宇，2015）。迄今为止，海水养殖业已成为我国水产业的龙头产业。

随着养殖业的快速发展，渔业结构有了重大改变，养殖产量已占渔业总产量的一半以上。从1988年起，我国水产养殖（含淡水养殖）产量首次超过捕捞产量，达到904×10^{4}t，成为世界上唯一一个养殖产量超过捕捞产量的国家，并持续至今，为世界渔业发展做出了巨大贡献。2004年，全国海淡水养殖总产量3209万t，占世界水产养殖产量的70%以上，占我国水产品总产量的65%，其中，海水养殖产量为1317万t，占海产品总量的47.6%，占海淡水养殖总产量的41%，占水产品总产量的26.9%。海水养殖鱼类58万t，占海水养殖总产量的4.4%；甲壳类72万t，占海水养殖总产量的5.5%；贝类1025万t，占海水养殖总产量77.8%；藻类147万t，占海水养殖总产量的11.2%；海参、海胆、海水珍珠和海蜇等其他类15万t，占海水养殖总产量的1.1%（农业部渔业局，2005）。渔业生产力的解放和快速发展，特别是通过大力发展海淡水养殖业，使我国水产品供给能力迅速提高。我国水产品人均占有量从1995年起超过了世界平均水平，2004年达到38.69kg，比世界平均水平高10kg以上。

近20多年来，水产养殖一直是我国农业和渔业经济中发展最快的产业之一，创造了大量就业和增收机会，对推动我国农业和渔业产业结构调整和农村、渔村经济全面发展发挥了重要的作用。全国渔业总产值占大农业的份额从1985年的3.5%提高到2004年的10%。20年间，渔业共吸纳了近1000万人就业，其中约70%从事水产养殖。水产养殖业的发展还带动了加工、储运、销售和水产苗种繁育、渔用饲料、渔药等相关行业的发展。20多年来，我国水产品对外贸易取得了长足发展，水产品贸易量年均增幅达20%左右，出口额由1980年的3.6亿美元增长至2004年的69.7亿美元。养殖产品占出口产品的比重越来越大，仅对虾、鳗鱼、大黄鱼、贝类等大宗品种就占一般贸易出口的60%左右。目前，我国水产养殖产品贸易出口总量及出口额均已位居世界前列。过去20多年，我国海水养殖发展迅速，但也存在一些突出问题。环境退化、病害出现、技术辐射范围局限、苗种供应和遗传保护缺乏等是我国海水养殖业未来发展的主要限制因素。

三、水产品加工业

水产捕捞和养殖业一般被称为"产前渔业"，水产品加工及其综合利用被称为"产后渔业"。水产品加工业与海洋捕捞业、海水养殖业并称为我国水产业的三大支柱产业，它是海洋捕捞业和海水养殖业的延续，也是提高捕捞效益的重要手段。随着人们生活水平的不断提高，消费层次也在不断增多，对水产品的质量有着越来越高的要求，因此水产品加工业出现并逐渐发展起来。

　　我国水产品加工有着悠久的历史，可追溯到秦汉以前。然而，水产品加工业直到中华人民共和国成立之前，仍然设备简陋，技术落后，多数为手工作坊操作。现代化的水产品保鲜加工厂极少，1919年在河北省昌黎县集股创办的新中罐头食品股份有限公司，堪称中国现代化民族水产品加工业的先驱者(胡笑波和骆乐，2001)。从20世纪50～60年代起，随着冷冻技术和冷库建设的发展，已开始进行冷冻保藏，同时水产品罐头制品、鱼糜制品、烤鳗制品也开始大规模发展。以1984年引进鱼糜加工设备和烤鳗生产线为标志，我国开始了现代水产品加工业，改革开放政策为我国水产品加工业引进国外先进技术和设备创造了条件。随着我国经济的高速发展和科学技术的不断进步及一些先进设备的引入，加工的方法和手段有了根本性的改变，产品的技术含量和附加值有了很大的提高，水产品加工品种不断增多。到2006年，我国水产品加工业取得了较大发展。例如，水产品冷藏链保鲜技术快速发展，贝类、虾蟹类保鲜加工技术有所突破；水产品加工呈现出综合性、高值化、多品种的态势，形成了以小包装、便利化、冷冻冷藏为主，调味休闲食品、鱼糜制品、生物材料、功能保健食品、海洋药物等十多个种类为辅的水产品加工生产体系；随着生物化学和酶化学及应用技术的发展，低值水产品和加工废弃物利用水平进一步提高，生产出了海洋酶、壳聚糖、海藻化工制品等系列产品。我国水产品加工业已发展成涵盖水产制冷、干制、腌制、熏制、罐制、鱼糜制品、水产药品与保健品、调味品、海藻食品、鱼粉与饲料、鱼皮制革、水产工艺品等10多个专业门类的产业部门，形成了较为完善的水产品加工体系，其发展模式由外延扩张型向内涵增进型转变，这种转变是我国水产品加工业发展史上的里程碑，对整个水产业的发展起到了重要作用。

四、海洋制药业

　　相对于海洋水产业的三大支柱产业而言，我国的海洋制药业是比较新的一类产业。我国海洋药物和保健品产业最早起源于20世纪50年代，首先开发的是鱼肝油。20世纪70年代开始兴起现代海洋生物制药的研究与开发，资料显示，我国科研人员从海洋生物中发现了许多对人类相关重大疾病具有明显疗效的活性物质，并具有较大的开发利用价值。目前海洋药物的研究主要涉及海洋抗心血管疾病活性化合物、海洋生物来源的功能活性物质、海洋抗病毒活性物质、海洋生物基因药物、海洋抗肿瘤活性物质、海洋生物抗菌消炎抗病毒活性化合物、海洋生物毒素、海洋生物大分子药学用途、海洋极端生物开发、海洋中药现代化等十大领域。由于起步较晚，我国直到2010年才形成初具规模的海洋医药与生化制品业。我国海洋生物制药企业多集中在沿海一些发达城市，如青岛、大连、威海、广州等，制药企业的队伍在总量上不断壮大，并且逐渐趋于专业化和独立化。

目前，我国已有5种海洋药物获国家批准上市：藻酸双酯钠、甘糖酯、河鲀毒素、多烯康、烟酸甘露醇；另有角鲨烯、海星血浆代用品、刺参黏多糖等10余种海洋保健品。在抗肿瘤海洋药物方面，我国已开发出6-硫酸软骨素、海洋宝胶囊、脱溴海兔毒素、海鞘素A、海鞘素B、海鞘素C、扭曲肉芝酯、刺参多糖钾注射液和膜海鞘素等药物，但其长期疗效还有待于进一步观察评价。目前，我国尚有多个国家一类新药进入临床研究，但多为海洋多糖类药物。近几年来，我国沿海许多省份纷纷出台促进本地区海洋药物和保健品工业发展的政策，使新产品不断涌现。随着有关加工技术的突破，一批海洋药物与保健品加工企业迅速发展起来，如河鲀毒素、二十二碳六烯酸(docosahexoenoic acid，DHA)、二十碳五烯酸(eicosapentaenoic acid，EPA)、2,6-吡啶二羧酸(dipicolinic acid，DPA)、鲨鱼软骨素、活性多糖和多肽类等生物活性成分用于保健和治疗疾病，目前都已工业化生产。近年来，海洋药物和保健品产业化发展速度较快。2002年同比增长27.2%。调查显示，海洋药物企业平均每人年创利润2.5万～3.0万元，是水产加工企业的4～5倍。目前，我国海洋药物产业基本集中在山东、海南和浙江等沿海水产品加工业发达的地区(占70%)。

五、休闲渔业

随着社会经济的增长和人们物质生活水平的提高，人们开始追求和丰富自己的精神文化生活，休闲渔业便成为人们休闲和娱乐活动的一种重要形式，休闲产业悄然兴起，成为区别于"食用与加工渔业"的特种渔业，是现代渔业的重要组成部分。休闲渔业集渔业、科学普及、旅游观光、健身娱乐休闲为一体，是一种通过对渔业资源、环境资源和人力资源的优化配置和合理利用，把现代渔业和休闲、旅游、观光及海洋与渔业知识文化的传授有机结合起来的产业，可实现第一、第二、第三产业的相互结合和转移，从而创造出更大的经济效益和社会效益，并丰富人们的精神生活(蔡学廉，2005)。

海岸带地区以其得天独厚的天然优势，成为我国开展休闲渔业的主要场地。可充分利用现有水产养殖场、渔港、渔船和渔业设施，充分发挥渔民的专业技能。有利于促进渔区对外开放，促进城乡交流、沿海与内陆交流，繁荣渔区经济，提高渔业和渔区的知名度；有利于促进渔区渔村环境整治，美化家园，加速渔业现代化和渔区两个文明建设，从而建设现代渔区。

我国海岸带休闲渔业主要分布在经济比较发达的沿海地区，浙江、广东、福建等地休闲渔业的发展较快。这些地区休闲渔业主要有以下两类：一是发展海洋休闲、观光渔业，以海洋风光和海洋渔业为基础内容，结合其他旅游娱乐项目和内容而展开的休闲活动，包括海洋游钓、渔船观光、游船观光、海鲜品尝、渔区文化与渔民风俗展示等具体活动；二是兴建专业休闲渔场，这些渔场都具有相当规模，集垂钓、旅游、观赏、餐饮和度假为一体。据不完全统计，这3个省第二类渔场达200多家，收入相当可观，既减轻了对近海资源的压力，又解决了渔民转产转业的出路问题，为渔民增收开辟了新途径，也为休闲旅游人群开辟了新项目（刘雅丹，2006）。据统计，目前全国有钓鱼爱好者数千万人，游钓、餐饮和旅游业的结合，将为我国渔业和渔区经济发展带来新的生机和活力，发展潜力巨大。

第四节　海岸带动物资源开发利用中存在的问题与发展趋势

随着我国对海岸带动物资源的开发利用日趋深入和多样化，也随之暴露出越来越严重的问题和危机，海岸带正在逐渐退化已经成为不争的事实。

一、海岸带动物资源开发利用中存在的问题

随着我国沿海工业的发展，人口增加，海洋开发活动加快，我国海洋动物资源和环境面临着许多突出的问题，包括生态失衡、资源破坏、生物多样性下降、环境恶化等。海洋污染已经超出临界值，造成环境严重退化、赤潮等灾害频发。每年通过"三废"（废气、废水、固体废弃物）排放、海岸工程建设、海上船舶、石油勘探开发、海洋倾废等各种途径进入近海海域的各类污染物质达1500万t（王芳，2003；鹿守本，2003）。

由于对物种的资源补充和变动规律缺乏深入的研究，对其宏观调控缺乏科学指导，过度捕捞和滥用致使近海生态系统的基础生产力下降，种群补充和资源再生遭到破坏，并在系统中产生连锁反应，因此生物资源质量严重下降。当前，除南海外，我国各海区渔业捕获量都已远远超过估算的最大持续渔获量。捕捞产品中短食物链、低营养级的上层鱼类等产量虽有一定幅度增长，但底层鱼类产量却大幅下降（刘瑞玉，2004）。

环境污染和过度捕捞导致了生物资源的衰退和崩溃，许多种类已濒临灭绝。此外，由于近海富营养化程度加剧，养殖海区水质恶化，养殖病害问题日趋严重；不合理的围海、砍伐、挖礁、挖砂，致使一些独特的海洋生态系统，如珊瑚礁、红树林等海洋典型生态系统遭受严重破坏(林炜和陈洪强，2002；王芳，2003)。这些状况已造成海洋生物多样性降低，生物群落结构发生改变，生态平衡失调，严重影响了我国海洋生物资源的开发和利用。如何保护海洋生物资源和环境，科学、合理、持续地开发利用海洋生物资源，是关系到我国社会、经济长远发展的重要战略问题。

(一) 生物多样性降低和海洋生态系统破坏

海洋生物资源不合理的开发利用，使海洋生态系统良性循环遭到破坏，"生态异化"问题突出。不合理的开发利用造成了海洋中目标种类的生物量急剧减少，破坏了海洋生态系统平衡，导致群体遗传多样性降低，威胁到物种的生产能力和对环境的适应能力(赵淑江等，2005)。由于海洋捕捞业在长期发展过程中受资源变动无常、注重短期效益、甚至"竭泽而渔"观念的困扰，资源利用长期建立在过度开发利用和粗放经营基础之上，不注重合理开发和可持续开发，在很大程度上已对资源尤其是近海渔业生物资源造成破坏。

此外，我国珍稀濒危海洋生物物种正在日趋减少，每年有大量的东方鲎和海龟遭到捕杀；中华白海豚近年来数量骤减，已成为濒危物种；斑海豹、库氏砗磲、宽吻海豚、江豚、克氏海马、黄唇鱼等国家保护动物也遭到人类过度捕捞。

(二) 海洋生物生境破坏

对海洋生物资源及其环境不适当的开发，严重破坏了海洋生物赖以生存的环境，破坏了海洋生态系统的良性循环。特别是一些违背海洋生态规律的工程，如人工填海造地、筑坝等海岸工程对海洋生态系统的物质能量循环产生了巨大的影响，尤其是使鱼、虾、贝类失去了繁殖的良好环境，造成了严重损失，在很大程度上降低了海岸工程的投资效益(史同广，1995)。

海洋污染是目前极为普遍的问题，河口、港湾及沿岸浅海海区，是大多数鱼类和其他水产动物繁育场所，这些海区受到污染，使鱼卵的孵化和幼鱼的生长受到严重影响，造成鱼类生长发育不良、断代或灭种，从而使海洋渔业资源的补充量减少，直接使捕捞产量和效益下降。沿岸水域污染还使浮游动物、浮游植物、游泳动物和底栖生物量减少，这些生物都是各种鱼类和大型海洋动物食物链中不可缺少的饵料，饵料的减少，也间接影响了渔业资源的补充。

我国滨海湿地、红树林、珊瑚礁与上升流并称最富生物多样性的四大海洋生态系统。国家海洋局在2002年组织开展了全国典型海洋生态系统调查，结果显示，随着沿海地区海岸带、浅海和海岛资源的盲目开发利用，我国海洋环境面临的压力日益增加，生境恶化，产卵区、育幼区、养殖区、旅游区、纳污区、海岸防护区、湿地等破坏严重；许多优良的"三场一通道"，即产卵场、索饵场、越冬场和洄游通道的渔业功能丧失，渔业资源的增殖与恢复能力下降；海洋生态系统结构失衡，典型生态系统遭到严重破坏，生物栖息地严重丧失，主要传统经济鱼类资源衰退，海水养殖品种种质严重退化。

红树林生境破坏：红树林是海洋高生产力生态系统和优美的自然地理生态景观，是护岸、护堤、防冲刷、防风暴潮的天然屏障。红树林生态系统已成为我国东南沿海生命维持系统的关键组成部分。红树林区生境多样，为2000多种无脊椎动物和鱼类提供了适宜的索饵、产卵和栖息场所，也是近海经济鱼、虾、蟹、贝类的主要繁殖地。红树林碎屑是河口和浅海渔业高产的重要原因。我国的红树林主要分布在广西、海南、广东和福建沿岸。近代我国红树林生态区由于围海造地、围垦养虾、工程开发、砍伐薪材和环境污染等不合理利用和破坏，红树林湿地资源和分布面积急剧减少。

珊瑚礁生境丧失：珊瑚礁也是海洋高生产力生态系统。珊瑚礁为丰富的鱼类及底栖生物提供了最佳的生境。珊瑚礁还具有良好的防潮防浪、固岸护岸作用。我国珊瑚礁有200多种，主要分布在海南、广西、广东和福建等沿海。近年来，环境污染使局部地区的造礁珊瑚物种多样性指数大大降低，部分种群消亡；过度捕捞使造礁珊瑚伴生物种遭受严重破坏，种群数量急剧减少；海洋旅游开发伴随的大量开采珊瑚礁活动，使近岸海域珊瑚礁生态系统受到严重破坏。

(三) 养殖业面临的困境

海水养殖布局严重失衡，主要集中在0～10m浅海的海湾、滩涂和近岸水域，利用率达90%以上，开发已严重过度，而10～20m等深线以内养殖利用率不足10%；港湾面积仅占海水养殖面积的30%，但产量却占海水养殖产量的60%以上。由于片面追求经济效益，忽视了长远效益和环境效益，鱼虾养殖密度和布局十分不合理，致使我国局部海域开发过度，严重超出了容纳量，给环境造成了负面影响，海域富营养化是养殖环境最突出的问题。

我国海水养殖大部分都是未经选育的野生种，经过累代养殖，出现了遗传力减弱、抗逆性差、性状退化等问题。例如，大黄鱼、凡纳滨对虾、海湾扇贝等性状退化，病害不断发展，经济损失重大，严重制约了规模化、集约化养殖的发展。由于缺少良种，对虾、扇贝、鲍鱼、牡蛎、褐牙鲆等的病害也日益严重。优良种质和种苗缺少，已成为当前制约我国海水养殖业稳定发展的主要因素。

我国沿海经济快速发展，对海岸带的开发利用强度越来越大，海域滩涂被占用和征用的速度不断加快，浅海和滩涂面积越来越少，渔业生产空间被压缩，加之水域污染日益加重，水域生态环境遭受破坏，渔业资源衰退加剧，对沿海渔民和渔业造成了深远影响(王东石和高锦宇，2015)。

(四) 捕捞业面临无鱼可捕的窘境

我国近海由于长期过度捕捞，重要渔区的渔获物种类日趋减少，渔获物逐渐朝着低龄化、小型化、低质化方向演变；多数传统优质鱼种资源大幅度下降，甚至难以形成鱼汛，而低值鱼类数量增加，渔获个体也越来越小，资源质量明显下降，渔业资源面临衰竭和崩溃的危险。我国渤海传统的经济鱼类以小黄鱼、带鱼等为主，但由于捕捞过度，到20世纪60年代则为杂鱼所替代，70年代大型杂鱼进一步没落，被黄鲫、青鳞鱼等小型鱼类代替。80年代以来，渔获量再度趋劣，目前渤海渔业以虾蟹类和小杂鱼等为主(相建海，2002)。

以天津为例。天津近海曾是渤海湾多种经济洄游鱼、虾类的产卵场，潮下带是渤海三大毛蚶场之一，潮间带更是蕴藏着丰富的贝类生物资源。过度捕捞导致渤海主要经济渔业品种资源严重衰退，近海经济鱼类基本绝迹，洄游性鱼类早已不成鱼汛，地方性资源急剧衰退。进入20世纪90年代，曾被称作"海底长城"的毛蚶资源已被破坏，几乎无生产规模和价值。经济贝类品种如缢蛏、青蛤等已基本绝迹。珍稀濒危物种数量增加，濒危程度加剧(时建伟，2007)。

二、海岸带动物资源开发利用研究与发展趋势

海岸带动物资源的开发利用是把双刃剑，在获取巨大经济利益的同时，对环境也产生了重要的影响，环境的恶化又加剧了资源的衰退进程，形成恶性循环。因此，海岸带动物资源的保护和开发之间如何保持动态平衡，达到可持续利用的模式，需要政府职能部门和科学家共同努力。当前近海很多区域海洋环境和海洋生态系统呈现诸多问题，如环境恶化、海洋灾害频发、海洋资源衰退。因

此，研发海岸带动物资源利用新技术，解决开发利用过程中的环境保护问题，并建立基于生态系统原理的海岸带动物资源开发模式，是目前迫在眉睫的课题和任务 (孙松，2013)。

(一) 增养殖技术

为了在一定程度上恢复我国近海渔业资源衰退和衰竭的现状，我国自2006年以来水产养殖技术有了新的发展。养殖种类优良品种的选育和培育技术有了显著提高。例如，培育了'浦江1号'团头鲂、'黄海1号'中国明对虾及'新吉富'罗非鱼、'蓬莱红'扇贝等一批优良品种，对发展优质高效渔业起到了重要的促进作用；传统经济种类育苗技术也有了明显发展，如大黄鱼、大菱鲆、凡纳滨对虾、褐牙鲆、海参等一批水产名优种类的育苗和养殖技术相继取得成功。养殖现代化水平不断提高，工厂化养殖和抗风浪网箱等装备技术快速发展，拓展了海水养殖业的发展空间。以健康、生态为主要目标的标准化养殖技术得到发展，初步建立了疫病监测和防控技术体系，推广了多种健康养殖模式，环保型、功能性饲料得到应用，无公害、绿色产品逐渐增多。

近海资源的增殖试验和大规模人工繁育苗种的放流及海珍品的底播增殖始于20世纪80年代初期，并获得了较好的经济效益。目前，增殖放流区域已覆盖我国沿海所有区域，放流品种包括鱼、虾、贝、藻等多个种类。同时，增殖放流与追踪技术也得到了稳步发展，包括标志放流技术、放流海区的选择、苗种质量提高、放流水体水温等环境控制、放流跟踪调查技术和放流效果评估。同时也注重开展放流前海域的环境容纳量评估，食物可获得性、被捕食压力及经济效益分析等前期工作。分子遗传标记也逐步应用到标志放流和放流后的追踪调查中，获得了较快发展 (金显仕等，2014)。

(二) 海洋牧场

海洋牧场是基于海洋生态学原理和现代海洋工程技术，充分利用海域的自然生产力，在特定海域科学养护和管理渔业资源而形成的人工渔场 (杨红生，2017)。其特征包括以增加渔业资源量为目的、具有明确的边界和权属、苗种主要来源于人工育苗或驯化、通过放流或移植进入自然海域、主要以天然饵料为食和对资源实施科学管理等 (杨红生，2016)。目前，面对我国海洋生物资源衰竭的困局，因地制宜地合理发展海洋牧场模式，进行产业升级，是解决我国经济社会健康发展和维护海洋生态环境的重要途径之一。海洋牧场的建设是一项复杂的生态工程，需要标准化的建设技术、模型化的承载力评估、生态化的建设理念及信息化的管理系统等，唯有如此，海洋牧场才能实现既能养护渔业资源，又能修复生态环境的双效功能(杨红生等，2016)。

(三) 远洋渔业

在近海渔业资源枯竭的现状下，发展远洋渔业，在国际海域开发海洋生物资源，发掘新的渔场和生物资源，可在一定程度上缓解当前渔业资源短缺和人们日益增长的需求这一矛盾。但是，由于全球85%的渔业资源处于"完全开发或过度开发"的状态[联合国粮食及农业组织(Food and Agriculture Organization of the United Nations，FAO)报告]，全球海洋中90%的大型鱼类已经消失，加之海洋国际纠纷和政治因素等风险，导致远洋渔业成本不断增加，效益不断降低。因此，远洋渔业只能缓解而不能从根本上解决这一矛盾。远洋渔业的利用和发展，需要在现有基础上研发新设备和技术，包括远洋渔场探测、捕捞技术和加工技术等(孙松，2013)。

(四) 海洋渔业 3.0

"海洋渔业 3.0"计划的核心是"立足中国近海，以恢复近海渔业资源为标志，将整个中国近海陆架区作为超级海洋牧场进行综合管理，将现代海洋科技、海洋观测技术、信息科学和新能源等与海洋渔业发展、生态文明建设相结合，海洋渔业发展与海洋综合管理有机结合，建立基于海洋生态系统的渔业资源评估体系和管理体系、基于渔业资源可持续发展的海洋综合管理体系"(孙松，2016)。

虽然海岸带动物资源十分丰富，但也并非取之不尽、用之不竭，如果不合理地开发利用，终有一天会枯竭。因此我们不能竭泽而渔，要采取可持续发展的开发利用方式。可持续发展是一种全新的发展模式，实现海岸带经济的可持续发展，当务之急是提高全社会对海洋可持续发展战略的认识，加强宣传教育，增强可持续发展观念，提高全民的海岸带可持续发展意识。加强海洋法制建设，推进依法治海。加速海岸带动物资源开发与管理的立法，建立我国海岸带可持续发展法律体系。加强海洋执法队伍建设，渔政、渔港、海监、港监及公安、边防、海关、海军等要协作配合，逐步由部门分散执法过渡到全国统一的海上执法。强化海岸带综合管理，促进海岸带动物资源的合理利用。海岸带各类产业都是相互关联的，牵一发而动全身，因此要注意各产业协同发展，综合管理(胡德生和陈勇，2010)。合理利用海岸带动物资源，科学规划海岸带功能区，编制海岸带保护与利用规划。处理好海岸带动物资源开发与保护的关系，在发展中保护，在保护中发展，而不能先发展后保护。要处理好港口航运与捕捞、养殖区的关系，合理保护渔民利益。要处理好产业发展和海岸带保护的关系，注意保护海岸带自然生态的平衡。海岸带产业总体上讲属于高新技术产业，要依靠科技进步，提高开发水平，提高资源利用率。加强海岸带生态环境的整治与保护，预防和减轻海洋灾害，为海岸带产业的发展提供基础保障(王豪巍等，2012)。

第六章 大型底栖动物研究的发展趋势

目前全球海岸带生态系统正承载着人类活动与气候变化的双重压力，主要表现在海洋生态灾害发生频率增加和近海生态系统的结构与功能正在发生变化。引起我国海岸带生态系统恶化的因素非常复杂，在近海区域人类活动对海洋的影响所占比例可能较大，但全球气候变化亦起到很大作用。其中以"全球变暖"为突出标志的全球环境变化及其可能对生态系统产生的严重影响，已经引起了科学家和各国政府的极大关注。作为海洋生态系统中的重要动物类群，大型底栖动物也受到了广泛的冲击和影响，包括地理分布格局变化、物种多样性降低、资源量锐减等。

一、大型底栖动物群落的长周期演替特征、驱动机制和生物多样性变化的研究

气候变化和人类活动引起的海洋生态系统的演变与退化在全球已成为非常普遍的现象，尤其是在人类活动剧烈的河口和海岸带区域，如海洋酸化和低氧导致的海洋"荒漠化"、污染排放引起的富营养化、围填海和溢油等对生境的改变、过度捕捞导致的生物资源衰竭等。这些变化都剧烈或缓慢地改变着底栖生物群落，导致长周期内底栖生物群落的不稳定状态并呈现不同规律的演替，如物种组成和优势种的变更、生物量和丰度的波动、多样性指数的变化等。大型底栖动物是海洋生态系统能量和物质流动的重要组成部分，其群落结构的长周期演变能够客观地反映海洋环境的变化情况，是定量研究环境条件长期变化引起的生物响应的较好方法。作为生态系统健康的重要指示生物，其群落结构特征也常被用于监测人类活动或自然因素引起的长周期海洋生态系统变化（Wildsmith et al.，2011；Thompson and Lowe，2004；Li et al.，2013a，2013b；Leonard et al.，2006）。为了解群落演替特征并借此反映环境变化的规律，世界不同国家已在不同海域对底栖动物群落结构进行了长周期变化和趋势的研究，并取得了较好的成果（Dauer and Alden，1995；Dolbeth et al.，2011；Gremare et al.，1998；Labrune et al.，2007；Service and Feller，1992；Varfolomeeva and Naumov，2013；陈琳琳等，2016）。

研究表明，过去60年来，我国渤海南部海域大型底栖动物群落在物种数、

生物量、丰度及群落结构组成等方面都发生了较大的变动，具体表现为寿命长、体积大、具有高竞争力的K对策种的优势地位正逐渐丧失，被寿命短、适应能力宽、具有高繁殖能力的R对策种取代，这是种群繁殖策略上的一种改变，以适应该海域越来越不稳定的自然环境(陈琳琳等，2016)。我国长江口区域大型底栖动物群落也发生了相似的演替过程(刘录三等，2012)。因此，从多个角度探讨、全方位阐述海洋大型底栖动物群落结构、演替规律、原因和机制，对我国海域海洋生物资源的开发和生物多样性保护、海洋环境变化的监测等均具有重要的现实意义(李新正，2011)。

　　然而，由于大型底栖动物群落结构的长周期监测需要长期和大量的数据积累及大量的人力和财力投入，也限制了其在各类海域的普遍展开(陈琳琳等，2016)。由于对该项研究的关注不够，常常缺乏针对某一海区采用相同站点及相同取样方法的长期连续调查数据，进行长周期分析时，这些历史资料在调查方法(如采泥器种类和筛网孔径)(李新正等，2005)、选取的调查站位及调查范围、调查时间(季节)方面不同，这些都会对分析结果产生极大的影响。在进行历史数据的选择和分析时，需尽量选择相同的调查方法及调查季节，最大限度地降低该影响，获取更准确的结果。

　　海洋生态调查作为一种描述性科学研究，由于海洋生态环境的复杂性和多变性，影响底栖动物的环境因素众多且影响程度各异，许多研究工作表明，底栖动物群落直接受到各种理化环境因素的影响，包括温度、盐度、水动力状况、沉积物类型和粒径及营养含量与比例等(Currie and Small，2005)。对于大型底栖动物而言，水层环境和沉积环境条件的变化都可能直接或潜在地影响到生物群落结构的空间和时间分布格局。除以上理化环境因子外，浮游生物、小型底栖动物及物种间的摄食和生态位竞争等生物因素也会对大型底栖动物造成影响。因此，引起底栖动物群落演替机制的研究很难用一种或几种环境和生物因素的变化来解释。许多环境因子的变化常常是全球变化和人类活动综合作用的结果，如海洋酸化和低氧现象。同时，环境及生物因子和底栖动物群落自身在海洋生态系统这个大环境里也会相互作用和影响。底栖动物尤其是群落关键种在适应这种变化，即遵循自然选择法则。同时，也通过生物响应改变周围的生境，如生物扰动。因此，辨析驱动机制中的气候变化和人类活动所占比重就变得极其困难，需要引入"生物-环境"模型，如物种分布模型等方法，对特定海区开展长周期调查，预测环境改变和人类活动对大型底栖动物的物种分布、群落演替的影响有望得到更准确的答案。

　　开展长周期群落演替机制的分析研究，发现导致群落演替发生的关键时间和关键因素，可为海洋生物多样性保护和生物资源的可持续利用提供重要指导和支持，同时也为政府相关管理部门、渔业捕捞和生产单位及研究人员提供重要的理论依据和数据积累。

二、深海深渊和极地底栖动物多样性的研究

近年来，随着海洋调查船只、深潜装备及采样技术的发展，世界各国对海洋的研究已逐步由近海向深海深渊大洋和极地拓展。对深海展开系统研究，也符合我国国防安全、国家权益、资源开发和防灾减灾战略性的需求。由于深海特殊的环境，高压、低温、无光，在这种极端生境下，深海底栖生物的分布格局和多样性演替也成为各国科学家研究和关注的焦点。对深海和深渊海洋生物多样性的研究也进入了快速发展的阶段。深海海山、冷泉和热液区是底栖生物多样性最高的3个区域，底栖生物在这3个区域的时空分布、生物连通性特征及深海能流和物流的传递与利用成为目前研究的热点。

美国伍兹霍尔海洋研究所的科学家用深海潜水器"阿尔文"号潜入加利福尼亚岸外卡塔利娜海盆，对底栖动物边界层进行了多学科研究，首次确立在矿化作用很活跃的开阔大洋生态系有关群落的碳、氧及能量收支平衡。与美国、日本等发达国家相比，我国之前对深海底栖动物的研究还比较贫乏，尤其对生物多样性和生产力极高的热泉及冷泉周围区域的底栖生物研究还较少。2012年6月27日，我国深海载人潜水器"蛟龙号"海试成功，最大下潜深度7062m，自此我国科学家开始有能力进行深海的系列研究。随着我国国力的提升，深海生物采集设备的进步，今后在深海领域的研究将取得快速发展。

南极是地球上至今受人类活动影响最小的大陆，一直保持着相对完好与独特的自然生态环境。但随着人类在南极大陆上的活动日益频繁，所产生的垃圾、污水、噪声、废气、油污等有害物质，对两极生态环境的污染及其所造成的影响已日益严重，这在一定程度上造成了两极原本脆弱的生态系统与结构的扰动和破坏，导致环境质量衰退。因此对南极这块"圣地"的保护受到了各国政府和科学家的格外关注。1991年《南极条约》体系签署了《关于环境保护的南极条约议定书》；1991年国家南极局局长理事会(the Council of Managers of National Antarctic Program，COMNAP)组织编辑了《南极环境评价指南》；1992年南极研究科学委员会(The Scientific Committee on Antarctic Research，SCAR)和COMNAP共同起草了《南极洲的环境监测》。《南极条约》协商国在南极地区专门设立了南极特别科学兴趣区，对南极的特有生物资源和生态环境进行保护。我国于2005年11月至2006年3月对南极进行的第22航次考察中，首次在南极圈内对该海域的大型底栖动物进行了生态调查，获得了大量珍贵的标本。2008年我国对北极进行的第

3次科学考察也首次把大型底栖动物列入考察计划，迄今已开展了多次底栖动物资源调查，获取了大量珍贵样品和数据。

三、大型底栖动物在底栖食物网、水层 - 底栖耦合过程和生物地化循环中的作用

大型底栖动物在海洋食物网中占据不同的营养级，并通过摄食不同来源食物影响各类群的生物群落，这些食物主要包括微型生物(细菌、微藻、原生动物和真菌)、小型生物及无生命的有机质。大型底栖动物摄取、暂时贮存、转移和埋藏从水层沉降而来的物质，特别在沿岸海域，这些物质是生态系统的活跃组分。以悬浮食性者为例，如滤食性贝类，它们除被动接受水层中沉降下来的食物颗粒外，还能通过自己身体的滤食器官主动利用水层的食物颗粒，使海底边界系统变得相当活跃(Margalef，1975)。底栖食物网以此与微食物网、浮游食物网联系起来，共同构成复杂的海洋食物网。大型底栖动物关键种在食物网中所起的作用，以及对其他生态系统的影响需要进一步深入研究。

海洋生态系统通过能流和物流的传递，将水层系统与底栖系统融为一体的过程，称作水层-底栖耦合(张志南，2000)。沉积物-水界面耦合过程是构成河口、近岸和浅海水域的关键生态过程。生物扰动是该过程的重要环节和枢纽(Lohrer et al.，2004)。在水层-底栖耦合的过程中，一方面水层的生产量能通过沉降作用到达底栖区而被底栖生物所利用，另一方面大型底栖动物的浮游幼虫和某些大型底栖动物可直接被水层捕食者所利用。大型底栖动物中的滤食性动物主动将水体中的悬浮颗粒吞食掉的过程称为生物沉降(biodeposition)；底栖动物，特别是大型底栖动物由于摄食、建管和筑穴等生物活动，对沉积物初级结构的改变称为生物扰动(bioturbation)(张志南，2000)。生物扰动能增加底部沉积物和溶解氧的接触面积，促进底泥中硫化物、氮元素、磷元素的分解与释放，以及有机物的矿化分解，改善底栖生态系统(Lohrer et al.，2004，2005)。生物扰动还能影响沉积物的颗粒组分，改变沉积层的侵蚀阈值和侵蚀速率，降低沉积物的稳定性，造成沉积物侵蚀(Paterson，1989；Willows et al.，1998；Monsterrat et al.，2008)。生物扰动自20世纪50~60年代以来，日益得到重视，研究方法由定性研究过渡到定量研究，由室内生态模拟发展到现场测试和构建模型相结合。在海流的作用下，生物扰动能直接或间接影响沉积颗粒的再悬浮和输移，进而影响沉积物的稳定性和侵蚀率，以及水体-沉积物界面的生源要素生物地球化学循环过程。

大型底栖动物通过生物沉降和生物扰动对水层-底栖耦合及生物地球化学循

环过程的贡献十分显著。大型底栖动物的摄食、建管和筑穴等生物扰动能够使沉积物颗粒发生改变和混合，它们也通过产生黏液和其他一些活动从微尺度上改变地形，从而增加或降低沉积物的粗糙程度，破坏沉积物的原始结构，强烈地改变物理因素所产生的通量，进而影响到动物的营养环境等(张志南等，1990b；于子山和王诗红，1999)。另外，较大的掘穴生物还可能为上覆水没有直接接触氧气的动物(如腹足纲*Hyala*物种)供给氧气。某些食沉积物者，特别一些头部(或口部)朝下的种类，如棘皮动物凹裂星海胆(*Schizaster lacunosus*)、棘刺锚参(*Protankyra bidentata*)、细五瓜参(*Leptopentata imbricata*)和海地瓜(*Acaudina molpadioides*)，它们都是非选择性的食底泥者，主要取食微型和小型生物及沉积物中的有机碎屑，它们能搬运大量的沉积物。其中，大个体的海地瓜和凹裂星海胆以具有极强的生物扰动和对沉积物的改造能力而著名。

四、海洋生物适应进化的分子机制及主要驱动力的环境因素分析

大型底栖动物多数种类由于活动范围有限甚至营固着生活，生活方式与游泳动物和浮游生物显著不同，对逆境的逃避相对迟缓，受环境影响更为深刻。生长在特殊的生态环境中，经过长期的演化，它们无论是在形态结构和生理生化等方面，还是在遗传学方面都形成了独有的适应性特征。

采用分子生物学方法，以不同生境极端异形的海洋生物种类为切入点，研究适应候选基因的结构变化，揭示特定海洋生物适应进化的分子机制；或从种群遗传学角度，选取异质化程度明显且栖息于不同生境中的海洋生物种群为对象，分析各物种亚种群在相应微生境中生态因子与其遗传变异的关系，揭示生物种群遗传分化机制及其相关的环境因子，进而掌握生物适应环境的新特性和性状，明晰不同海洋生物对环境的适应能力和过程，分析引起生物适应进化的主要环境因素。

五、生态系统健康评价和生物监测研究

随着生态环境受到人类资源开发和环境污染的胁迫日益严重，生态系统健康研究得到越来越多学者的关注。目前，用于生态系统健康评价的方法主要有实地分析法、指示物种法和指标体系法，其中以指示物种法与指标体系法应用较多。由于海洋具有流动性、便捷和尺度的难确定性等特殊物理性质，与其他生态系统相比，海洋生态系统的研究相对困难较大。海洋生态系统尽管在不同时间和空间尺度上具有各具特色的生物群落结构和生态功能特征，但健康的海洋生态系

统总体应表现为：生物群落结构复杂、功能健全，能长期在外界干扰中维持平衡和自我存在。海洋生态系统健康评价应是对特定时间尺度和特定空间尺度上的某一生态系统的结构和功能进行评价。

为了保护水环境健康，为人类提供一个安全、清洁和健康及富有生产力的海洋水环境，世界各国均制定和实施了具体的海洋监测、评价和管理法律法规，如美国的《国家环境政策法》和《海岸带管理法》、欧盟海洋战略框架指令(Borja and Muxika，2005；Borja et al.，2008，2009b，2011)、澳大利亚的《澳大利亚海洋安全指南》和加拿大的《加拿大海洋法》、南非的《国家水法案》(Borja et al.，2012)，以及中国的环境影响评价和海洋保护区(Cao and Wong，2007)。欧洲水资源框架指令的目的在于在2015年前使所有水体达到一个"好的环境状态"，海洋战略框架指令则是期望在2020年前使欧洲近岸及远海水体达到"好的环境状态"(Borja et al.，2009a)。为了达到这一目的，需要采用一种综合的方法对环境状态做出合理评价，即对几种生物参数(浮游植物、浮游动物、底栖动物、海藻和鱼类)，结合物理、化学因素(包括污染)进行评价(Borja et al.，2004，2011；Tueros et al.，2008；Bald et al.，2005)。

上述提到的生物参数中，目前应用最为广泛的是大型底栖动物(Borja and Tunberg，2011)。根据生态系统多稳态理论，如果受到非生物环境变化和人类活动的干扰，大型底栖动物群落并不可能全部崩溃，但会引起群落中物种组成的变化(Pearson and Rosenberg，1978；Dauer，1993)。同时，由于大型底栖动物能提供从其他生物无法获取的重要信息，在海洋环境监测中对底栖动物的分析是关键，这也使大型底栖动物经常作为生态系统健康状况的长周期生物指示类群(蔡立哲，2003b；Washburn and Sanger，2010；Borja et al.，2010b；Li et al.，2013b)。

大型底栖动物具有以下特点：能够相对较迅速地反映人类活动和自然压力的影响，不易移动或移动范围有限，不能离开质量下降的水体和沉积物环境，可以反映其生境的大部分条件；许多种类有较长的生命周期，能够指示水体和沉积物环境随时间的变化特征，同时占据了几乎所有的消费者营养级水平，能完成一个完整的生物积累过程；群落中包括对污染具有不同耐受力的物种(这是AMBI指数运用的基础)。这些特点使得大型底栖动物成为生态系统健康评价中最佳的生物参数，并已经成功地应用到水环境评价研究中(戴纪翠和倪晋仁，2008)。例如，美国国家环境保护局在2000年制定的5个水质生物快速评价条例中，前3个均与大型底栖动物有关。此外，由于大型底栖动物受污染影响较大，通常具有富集污染物的能力，一些经济底栖物种被食用后，会对人类健康造成极大的危害。因此，利用大型底栖动物进行水质监测，不但能较好地反映一段时间内水质的变化情况，还能反映出各种污染物的综合毒性，可对区域生态系统的健康进行合理评价，并为防治污染与生物多样性保护等提供有价值的参考依据（蔡立哲，2003b；孟伟等，2004；王备新等，2005；周晓蔚等，2009；Yokoyama et al.，2007）。

基于大型底栖动物的生态健康评价主要基于各种生物指数，如传统的物种丰度、多样性指数、优势度、ABC曲线等，还有一些最新发展起来的指数，如生物指数（biotic index，BI）、AZTI海洋生物指数（AZTI's marine biotic index，AMBI）、多元AZTI海洋生物指数（m-AMBI）、BENTIX指数等。在使用生物指数进行海洋生态系统健康评价和生态环境质量评估时，必须对可供选择的指数的适用性进行评估，主要包括指数内涵、度量标准、准确度/精确度、代表性、历史数据的有效性、专一性、设置参考点的能力、灵敏度、响应性、合法需求、理论基础等，同时对各种指数的敏感性和稳定性进行系统地验证，以实现对特定区域评价时选择最优指数（罗先香和杨建强，2009）。目前基于大型底栖动物群落结构特征而构建的AMBI、M-AMBI和生物完整性指数（IBI）是目前应用最广泛的水生生态系统健康评价指标之一，主要是用多个生物参数综合反映水体的生物学状况，从而评价流域内生态系统的健康（Silveira et al.，2005；Borja et al.，2011）。AMBI、M-AMBI和IBI目前已被广泛应用于水生生态科学研究、资源管理、环境工程评价及政策和法律的制定，并被许多环保志愿者采用（戴纪翠和倪晋仁，2008；Borja et al.，2010）。例如，美国国家环境保护局已将水质生物评价的重点转向水生生态系统健康评价，其核心即IBI（Barbour et al.，1999）。

AMBI由Borja等（2000）提出，用于评价欧洲沿岸水体的质量状况，尤其是受人类活动影响较大的区域。AMBI基于底栖动物中不同物种对环境压力的耐受力不同，根据对环境压力等级的不同敏感程度，底栖动物群落被划分为5组不同的生态组（ecological group，EG）。计算不同生态组中种群丰度在底栖动物群落中占的比例，得到一持续的AMBI值（Borja et al.，2000）。作为欧洲水框架指令中目前应用最广泛的生物指数，AMBI已成功用于评价世界范围内多处因不同人类活动导致的水体质量下降状况，包括大西洋、波罗的海、地中海、北海和挪威海域、乌拉圭和巴西（Muxika et al.，2005；Li et al.，2013b）。由于底栖动物群落的复杂性和底栖生境的多样性，在所有生态系统中仅利用一种指数评价生态健康状况是不可能的。在许多情况下，AMBI的评价结果与涉及污染的环境因素不能保持很大程度上的一致（Muxika et al.，2005）。因此Muxika等于2007年提出M-AMBI指数，该指数整合了物种多样性的香农-维纳多样性指数和丰富度指数，有效降低了这一潜在的误差。

生物监测是近几十年来发展起来的应用于环境监测领域的一门新兴技术，

是指利用生物个体、种群或群落对环境污染或变化所产生的反应，从生物学角度对环境污染状况进行监测和评价。作为环境监测的重要组成部分，生物监测具有敏感性、长期性、连续性、经济性、非破坏性和综合性等优势，有望在生态系统环境监测、总量控制、环境风险评价、环境污染早期预警、突发事件监测和环境标准制定等领域取得突破。以毒性测试为主的生物监测，其目的是对进入环境的外源化合物的毒性状况做出评价，需要采用经过反复验证的实验生物，按照一定的操作要求和程序进行实验，根据实验生物的效应指标，如半致死浓度等，对污染物状况做出评价。其过程中会有很多因素影响生物对毒性反应的灵敏度。所以，需要在整个监测与实验过程中做到标准化与规范化，使结果具有较高的可比性。在以生物群落指标为主的水质生物监测中，要尽可能做到采样流程、采样方法一致化，样品鉴定水平统一化，以及数据处理手段、评价标准的一致化。

大型底栖动物的生存状态与其周围的环境条件息息相关，要加强对水域水质、底质等环境因子的监测分析，研究环境因子对大型底栖动物的制约作用。尝试开展大型底栖动物中典型物种的生态毒理学研究，以阐明特定污染物对大型底栖动物的影响机制。

六、地球系统演变过程中的地质历史信息和生命演化的研究

海洋在调节全球气候变化、维持生态平衡中起着十分重要的作用。海洋沉积层中保存着地球系统演变过程中的地质历史信息和生命演化信息，是研究过去全球变化和生命起源的主要依据。底栖动物由于生活环境的特殊性，有些种类对环境的变化反应极其敏锐，环境因子发生变化时，它们往往濒于灭绝或向适于生存的区域迁移，生物对环境的依赖关系已广泛地应用于地质资料的分析上。郑铁民和徐凤山（1882）通过对晚更新世底栖贝类资料的分析，探索了东海大陆架古环境的演化，包括海平面和古岸线的变化。

现在，对海洋大型底栖动物现状进行单纯描述性的调查研究已经无法满足国家海洋经济发展和海洋科学研究的需要，必须通过长期的观测和数据分析，从机理上充分了解大型底栖生物群落的变化规律和与全球变化、环境因子的相互响应机制，由生态描述转向生态系统功能和维持机理研究。这样才能从根本上阐明大型底栖动物在海洋生态系统中的地位和作用，从而充分开发、合理利用、有效保护海洋生物资源和海洋生物多样性，使其为人类长久永续利用。

此外，大型底栖生物的生态学和群落多样性研究还应该开展自然生态学和实验生态学结合的研究，开展个体生态学、种群生态学、群落生态学的研究，对于优势种、药用种和经济种，更应加强野外调查和实验研究（李新正，2011）。

第三篇

中国海岸带常见大型底栖动物图谱

本篇重点描述了我国海岸带区域各种具有经济或生态价值的动物，包括环节动物、软体动物、节肢动物、棘皮动物、鱼类和其他门类。其中在鱼类部分，多数鱼类属底栖或底层鱼类，少数常见的中上层鱼类在繁殖期存在短期的生殖洄游至海岸带河口等浅水区的行为。为了完善我国海岸带常见大型底栖动物资源，也对这部分鱼类进行了物种描述。

第七章 环节动物

日本刺沙蚕 *Hediste japonica* (Izuka，1908)

物种别名：海蚕、海虫、凤肠、龙肠、海蚯蚓、海蜈蚣、海蚰蜒、水百脚。

分类地位：多毛纲Polychaeta叶须虫目Phyllodocida沙蚕科Nereididae。

形态特征：个体大型，体长一般100～190mm，宽5～10mm，具80～100个刚节。体扁平。头部明显，口前叶有2条短触手、2条短粗的触角。眼2对，位于口前叶背面两侧，前对眼间隔宽。围口节有4对触须。吻部分为8个区，具圆锥状齿，其中第Ⅴ区无齿。大颚深褐色，具5～6个侧齿。刚节两侧凸出形成发达疣足，其上有许多刚毛，体前部和体中部疣足具3个背舌叶（包括背前刚叶）和1个腹舌叶。体背面淡红色或深绿色、黄绿色，腹面黄绿色或粉白色。口前叶及体前部背面常有褐色斑。生活个体前端常具褐色斑，体背面淡红色或黄绿色，腹面多粉白色。

分布与习性：为日本和我国特有种，我国沿海均有分布。广盐性，常栖息于河口潮间带和潮下带浅水区的泥沙和软泥底质海底，多钻入泥沙中穴居生活，或栖息于岩礁缝隙、砾石和贝壳夹缝内及植物丛生的底部。随涨落潮运动，白天多潜伏，夜间觅食。生殖季节或觅食时，可游泳，有群浮和婚舞的生殖习性。

资源价值：本种个体较大，在黄渤海和东海有较大的资源量，在黄河口附近海域因沙蚕资源量丰富，建立了山东东营广饶沙蚕类生态国家级海洋特别保护区。可作为鱼、虾、蟹类等养殖的饵料。也可供食用，其药用食疗价值较高，具有舒筋活血、温脾健胃等功效。已开展虾池养殖。

溪沙蚕 *Namalycastis abiuma* (Grube，1872)

物种别名：海蚕、海虫、海蚯蚓、海蜈蚣。

分类地位：多毛纲Polychaeta叶须虫目Phyllodocida沙蚕科Nereididae。

形态特征：个体大型，体长可达110mm，体宽5mm，约具195个刚节。口前叶近梯形，前缘中部有纵沟。触手短，触角大，基节近球形。眼2对，前对稍大，位于口前叶后半部。围口节触须4对，最长者后伸可达第3刚节。吻前端具2个大颚，其上具5～6个侧齿。吻光滑，无颚齿和乳突。疣足为亚双叶型，背刚叶退化，具

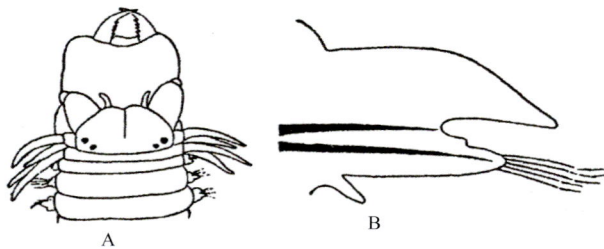

孙瑞平和杨德渐，2004
A. 体前端背面观；B. 体后部疣足前面观

1根黑色足刺，第1对疣足背须小，腹刚叶钝圆，其大部分在疣足内，仅端片在外。第2对之后的疣足，背须逐步增大为叶片状或长指状。体中后部疣足为叶片状至长指状，具钝的前腹刚叶和分为2叶的后腹刚叶。腹刚毛为复型异齿刺状和复型异齿镰刀状。乙醇固定标本，体色呈红褐色，触手和触角基本无色。

分布与习性： 为亚热带和热带广布种，我国见于东海和南海。栖息于河口附近的淡水和咸淡水的褐色淤泥中。

资源价值： 本种在我国南方河口区常见。具有人工养殖的潜力。

尾刺沙蚕 *Neanthes acuminata* (Ehlers，1868)

物种别名： 海蚕、海虫、凤肠、龙肠、海蚯蚓、海蜈蚣。

分类地位： 多毛纲Polychaeta 叶须虫目Phyllodocida沙蚕科Nereididae。

形态特征： 个体较小，体长31mm，体宽3mm，具66个刚节。口前叶近梨形，触手末端尖细。眼2对，呈倒梯形于口前叶中后部。触须4对，最长者后伸达第5～6刚节。吻各区均具颚齿，其数目和排列方式在各区不同：Ⅰ区15～25个，5纵排；Ⅱ区30～40个，4～5弯纵排；Ⅲ区24～32个，4横排；Ⅳ区30～50个，3～5弯曲排；Ⅴ、Ⅵ区4～5排呈一横带，Ⅶ、Ⅷ区5～8排呈一横带。前2对疣足单叶型，其余为双叶型。体前部双叶型疣足，具3个三角形的背舌叶，上下背舌叶为背刚叶

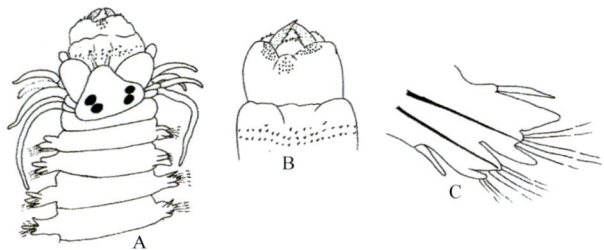

孙瑞平和杨德渐，2004
A. 体前部背面部（吻翻出）；B. 吻背面观；C. 体中部疣足后面观

的2倍，背须稍短于上背舌叶，前后腹刚叶末端近钝圆，须状腹须短于腹舌叶。体中部疣足形状近似体前部者，但各叶稍大且具有色斑，腹须末端尖。背刚毛均为复型等齿刺状，腹刚毛为复型等齿、异齿刺状和镰刀状。

分布与习性：为热带和亚热带种，分布于我国东海和南海；日本、墨西哥、菲律宾群岛、澳大利亚、地中海、南加利福尼亚等海域也有分布。多栖息于潮间带泥沙质中，与菲律宾蛤仔同栖。

资源价值：本种分布广，可作钓饵。已开展虾池养殖。

腺带刺沙蚕 *Neanthes glandicincta* (Southern，1921)

物种别名：海蚕、海虫、凤肠、龙肠、海蚯蚓、海蜈蚣。

分类地位：多毛纲Polychaeta叶须虫目Phyllodocida沙蚕科Nereididae。

形态特征：个体大型，体长可达70mm，具100多个刚节。口前叶近圆球形，触手小于触角。眼2对，前对呈豆瓣形，后对呈半圆形，呈倒梯形位于口前叶口部。触

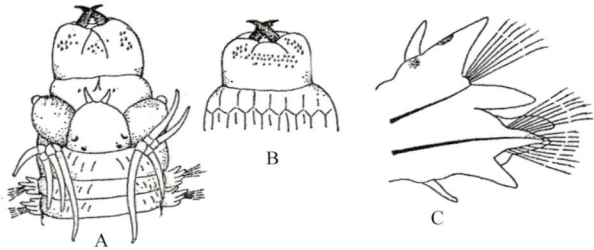

孙瑞平和杨德渐，2004
A. 体前端背面观（吻翻出）；B. 吻腹面观；C. 第10对疣足后面观

须4对，最长者后伸可达第3~4刚节。吻各区多具颚齿，口环仅Ⅵ区具颚齿。颚齿数目和排列方式在各区不同，其中Ⅴ、Ⅶ和Ⅷ区无颚齿。大颚透明，金黄色，具5~6个侧齿。前2对疣足单叶型，其余为双叶型。体前部疣足上背舌叶呈三角形，下背舌叶尖锥形，背刚叶为一小突起，2个前腹刚叶和1个后腹刚叶为尖锥形，腹舌叶三角形。体中部疣足，背腹须、背腹舌叶均变小，无背刚叶，腹刚叶小。体后部疣足变小，腹刚叶为前后2片。背刚毛均为复型等齿刺状，腹刚毛为复型等齿、异齿刺状和镰刀状。

分布与习性：为印度—太平洋热带种。分布于我国东海和南海沿海；越南、泰国湾、印度、澳大利亚、新西兰等海域也有分布。多栖息在河口区的盐田岸边，营穴居。

资源价值：本种钻穴习性，可造成盐池渗透危害制盐业，当地民众多采用喷洒农药进行毒杀。可作钓饵。已开展虾池养殖。

全刺沙蚕 *Nectoneanthes oxypoda* (Marenzeller，1879)

物种别名：海蚕、海虫、海蚯蚓、海蜈蚣。

分类地位：多毛纲Polychaeta叶须虫目Phyllodocida沙蚕科Nereididae。

形态特征：个体大型，体长可达260mm，宽10mm，具180余个刚节。体扁平。口前叶近三角形，触手、触角各2个。触须4对，最长触须后伸达第4～5刚节。吻各区均具圆锥状齿：Ⅰ区1～5个，Ⅱ区26～34个，呈3～4斜排，Ⅲ区10～20个，呈三角堆，Ⅴ区1～2个，Ⅵ区11～16个，为椭圆形堆，Ⅶ、Ⅷ区由数排小齿不规则地排成很宽的横带，且小齿向背面的Ⅵ区扩散。体前部典型疣足具3个大的背舌叶。约从第14刚节起，上背舌叶向两侧扩展，中部凹陷，背须位于其中。之后体中部的上背舌叶继续变宽大，体后部则变为长方形，背须由深凹陷中移至顶部。仅具复型等齿刺状刚毛。生活个体呈鲜红色，具虹彩。乙醇标本淡黄褐色，上背舌叶白色。

分布与习性：分布于我国黄海和渤海；也见于日本。常栖息在沿岸潮间带泥质滩涂上。

资源价值：本种个体肥大且具鲜红色彩，为我国沿岸潮间带泥滩的优势种，资源量较大。是优良的钓饵，目前供出口作钓饵，商品名为黄金沙蚕，适于开发养殖。

异须沙蚕 *Nereis heterocirrata* (Treadwell，1931)

物种别名：海蚕、海虫、海蚯蚓、海蜈蚣。

分类地位：多毛纲Polychaeta叶须虫目Phyllodocida沙蚕科Nereididae。

形态特征：个体较大，体长可达100mm，宽8mm，约88个刚节。口前叶梨形，触手、触角各2个；眼2对，位于口前叶中部。围口节触须4对，仅第1对腹触须粗短，为指状，其余为须状，最

长者后伸可达第3～4刚节。吻具圆锥形齿：Ⅰ区2～3个纵列，Ⅱ区26～29个，呈新月形，Ⅲ区约40个聚成4～5个不正规的横排，Ⅳ区40个，呈4个斜排，Ⅴ区无齿，Ⅵ区3～4个大锥形齿，Ⅶ、Ⅷ区具数排大小齿相混合的不规则横排。前2对疣足单叶型，其余为双叶型。体前部疣足背舌叶、腹舌叶为圆锥状；体中部疣足上背舌叶变尖细；体后部疣足上背舌叶增长为矩形，背须位于其顶端，背须基部附近具1突起。体前部仅具复型等齿刺状背刚毛，体中后部为2～4个复型等齿镰刀状刚毛所替代；腹刚毛为复型等齿、异齿刺状和异齿镰刀状。乙醇浸泡标本呈黄褐色。口前叶、触角和体前部背面多具浅咖啡色斑。

分布与习性：分布于我国黄海、东海；日本沿岸也有分布。栖息于潮间带中下区，为潮间带岩岸中下区牡蛎带处的优势种。

资源价值：本种个体肥大，在黄海和东海具有一定的资源量。可作为鱼、虾、蟹类等养殖的饵料和钓饵。

多齿沙蚕 *Nereis multignatha* Imajima & Hartman，1964

物种别名：海蚕、海虫、海蚯蚓、海蜈蚣。

分类地位：多毛纲Polychaeta叶须虫目Phyllodocida沙蚕科Nereididae。

形态特征：个体较大，体长可达120mm，体宽(含疣足)10mm，具101个刚节。口前叶宽扁，触手指状，短于口前叶。眼2对，呈矩形排列。围口节触须4对，最长触须后伸可达第2～3刚节。吻表面除Ⅴ区外皆具圆锥形颚齿，其数目和排列方式如下：Ⅰ区1～3个纵列；Ⅱ区20～25个，呈2～3斜排；Ⅲ区20～24个大小不等的颚齿排成1横带；Ⅳ区25～28个，呈三角形堆；Ⅵ区一般7～10个或多达19个成1堆；Ⅶ、Ⅷ区颚齿密集成横带。吻端大颚具侧齿。前2对疣足单叶型，其余为双叶型。单叶型疣足，背腹须指状，背腹舌叶近等呈钝圆锥形。双叶型疣足(第15对)背腹须变长，背腹舌叶末端钝圆。体中后部疣足背腹舌叶为指状突起，腹刚叶圆锥形，腹须短。前部疣足背刚毛为复型等齿刺状，体中后部为复型等齿镰刀状；腹刚毛在腹足刺上方为复型等齿刺状和异齿镰刀状，下方者为复型异齿刺状和异齿镰刀状。生活个体呈绿褐色或褐色，乙醇标本颜

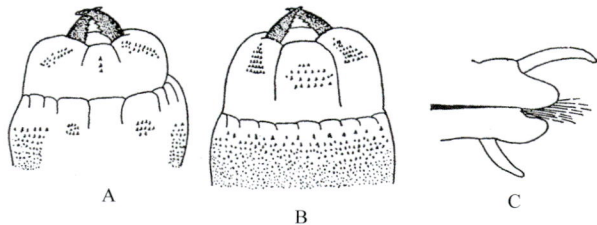

孙瑞平和杨德渐，2004

A.吻背面观；B.吻腹面观；C.第1对疣足前面观

色浅。有异沙蚕体。

分布与习性：分布于我国黄渤海至南海；韩国、日本也有分布。栖息于潮间带中下区牡蛎及石莼海藻丛中。

资源价值：本种个体肥大，具有一定的资源量。可作为饵料和钓饵，具有养殖开发的潜力。

双齿围沙蚕 *Perinereis aibuhitensis* (Grube，1878)

物种别名：海蚕、海虫、海蚯蚓、海蜈蚣。

分类地位：多毛纲Polychaeta叶须虫目Phyllodocida沙蚕科Nereididae。

形态特征：个体大型，体长超过300mm，宽10mm，具230余个刚节。口前叶前窄后宽，似梨形。触手稍短于触角。2对眼呈倒梯形排列于口前叶中后部，前对眼稍大。触须4对，最长者后伸可达第6~8刚节。吻各区具不同数目的颚齿，因个体差异和产地不同，吻Ⅰ、Ⅴ和Ⅵ区颚齿数目和排列方式常有变化。前2对疣足单叶型，其余为双叶型。体前部双叶型疣足，上背舌叶近三角形，背腹须须状；体中部疣足上、下背舌叶变尖细，稍长于背须；体后部疣足明显变小，上、下背舌叶和腹舌叶变小呈指状。所有背刚毛均为复型等齿刺状，腹刚毛为复型等齿、异齿刺状和镰刀状。生活个体呈肉红色或蓝绿色并具闪光。乙醇标本呈黄褐色、黄白色、紫褐色或肉红色，多数标本上背舌叶具咖啡色斑。

分布与习性：为热带、亚热带广布种，分布于我国南北沿海；韩国、泰国、菲律宾、印度、印度尼西亚都有分布。栖息于潮间带泥沙滩中，是高、中潮带习见的优势种。

资源价值：本种体大且肥，是我国潮间带河口泥沙滩上区的优势种，具有较大的资源量，可作钓饵。目前已开展人工滩涂养殖，是我国出口的沙蚕之一。

弯齿围沙蚕 *Perinereis camiguinoides* (Augener，1922)

物种别名：海蚕、海虫、海蚯蚓、海蜈蚣。

分类地位：多毛纲Polychaeta叶须虫目Phyllodocida沙蚕科Nereididae。

形态特征：个体中等大小，体长约45mm，宽3mm，具94余个刚节。口前叶长与宽近等，眼2对，呈矩形排列于口前叶后半部。触手短，触角大而长。触须4对，最长者后伸可达第3～4刚节。吻各区具深褐色颚齿，其数目、形态和排列方式在各区不同。前2对疣足单叶型，其余为双叶型。体前部疣足背须指状，末端渐细，背腹舌叶均呈圆锥形；体中部疣足(约第30对)背须粗短且超过上背舌叶，上、下背舌叶均为末端渐细的锥形，上背舌叶基部膨大，具色斑，下腹舌叶小指状，腹须短。体后部疣足上背舌叶膨大为叶片状，其上具1色斑，下背舌叶小。疣足背刚毛为复型等齿刺状。腹刚毛有变化，为复型等齿刺状、异齿镰刀形和复型异齿刺状。生活个体每个体节背面具1条色斑，体后部色斑减淡。体中部疣足上背舌叶具咖啡色斑点，至后部色斑集中成大块色斑，且色泽加深。

分布与习性：广布种，分布于我国黄海、东海和南海；新西兰和智利也有分布。栖息于潮间带岩岸中区，小型海藻和褶牡蛎壳下。

资源价值：本种体肥大，可作钓饵。已在滩涂上开展围滩养殖。

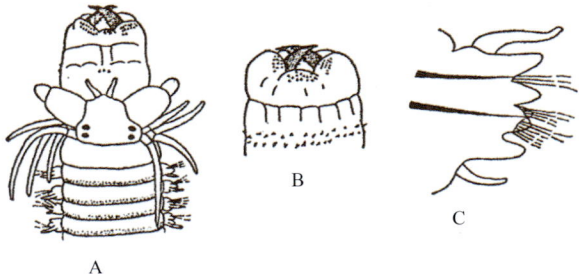

孙瑞平和杨德渐，2004

A. 体前端背面观（吻翻出）；B.吻腹面观；C. 第5对疣足后面观

独齿围沙蚕 *Perinereis cultrifera* (Grube，1840)

物种别名：海蚕、海虫、海蚯蚓、海蜈蚣。

分类地位：多毛纲Polychaeta叶须虫目Phyllodocida沙蚕科Nereididae。

形态特征：个体较大，体长可达90mm，体宽5mm，具96个刚节。口前叶近梨形；眼2对，黑色，倒梯形排列于口前叶中后部。触手短指状，触角粗大、端节乳头状。围口节具4对触须，最长触须后伸可达第5～6刚节。吻各区均具颚齿，颚齿在各区的数目和排列均不相同，除Ⅵ区具一个扁三角形齿外，皆具圆锥齿：Ⅰ区1～2个，Ⅱ区10～26个呈2～3斜排，Ⅲ区10～15个呈3～4横排，Ⅳ区20～30个呈2～4斜排，Ⅴ区3个，Ⅶ、Ⅷ区为2排齿，常延伸至Ⅵ区。前2

对疣足单叶型，其余为双叶型。体前部双叶型疣足上背舌叶最宽大，末端稍圆钝，下背舌叶小；腹舌叶与下背舌叶几乎等大，腹须短，末端尖。体后部疣足变小，上背舌叶变长，末端钝锥状，背须位于其上方。体后部疣足变小，背须似一小旗竖立于大而长、末端尖细的上背舌叶上。背刚毛为复型等齿刺状，腹刚毛复型等齿、异齿刺状和异齿镰刀状。乙醇标本背面具3条褐色斑带，中间1条较宽大。

分布与习性：为热带、亚热带种。分布于我国渤海、黄海、东海和南海；韩国、日本，以及太平洋、印度洋、大西洋等海域也有分布。辽宁、山东、福建、广东潮间带岩岸均有分布的广布种。

资源价值：本种在各海区均有一定的资源量，是岩岸潮间带中区褶牡蛎带的优势种。可作钓饵。具有养殖开发的潜力。

多齿围沙蚕 *Perinereis nuntia* (Lamarck，1818)

物种别名：海蚕、海虫、海蚯蚓、海蜈蚣。

分类地位：多毛纲Polychaeta叶须虫目Phyllodocida沙蚕科Nereididae。

形态特征：个体大型，体长可达100mm，宽6mm，具120余个刚节。口前叶近五边形，2对眼呈倒梯形位于口前叶后部。触手短指状，触角基节膨大成长圆柱状。围口节触须4对，最长触须后伸达第6～7刚节。吻各区均具颚齿，颚齿在各区的数目和排列均不相同：除Ⅵ区具4～8个短棒状或夹有锥状颚齿外，其余皆为圆锥形齿：Ⅰ区2个，Ⅱ区4～6个

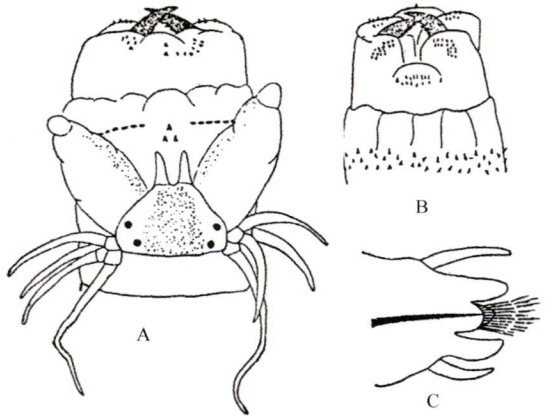

孙瑞平和杨德渐，2004
A. 体前端背面观（吻翻出）；B. 另一个体吻腹面观；
C. 第1对疣足前面观

呈2～3斜排，Ⅲ区8～14个呈2排，Ⅳ区12～18个呈2～3弯曲排，Ⅴ区1～3个，Ⅶ、Ⅷ区为不规则的2～3排。大颚呈琥珀色，具5～7个侧齿。前2对疣足单叶型，其余为双叶型。体前部双叶型疣足，背腹须等长为指状，背腹舌叶约等长，末端钝圆。体中部疣足背舌叶末端变细似锥状，腹刚叶加大增宽呈三角形，腹舌叶小，末端钝圆，背须小，短指状。体后部疣足与中部近似，仅背须比背舌叶长，上背舌叶末端渐细为三角形。背刚毛为复型等齿刺状，腹刚毛为复型等齿刺状、异齿刺状和异齿镰刀状。生活个体体色常随环境变化，口前叶和触角具浅咖啡色色斑，体中部之后的疣足上背舌叶具咖啡色色斑，有的个体呈红色。乙醇标本黄褐色，无色斑。存在异沙蚕体。

分布与习性：为印度太平洋热带、亚热带种。分布于我国黄海、渤海、东海和南海；韩国、日本、菲律宾、印度尼西亚、澳大利亚、斐济和红海等区域也有分布。多栖息于岩岸潮间带上区和中区的小藤壶、滨螺带石块下的泥沙中。

资源价值：本种分布范围广，在各海区均有一定的资源量。可作钓饵。已开展工厂化人工养殖。

双管阔沙蚕 *Platynereis bicanaliculata* (Baird，1863)

物种别名：海蚕、海虫、海蚯蚓、海蜈蚣。

分类地位：多毛纲Polychaeta叶须虫目Phyllodocida沙蚕科Nereididae。

形态特征：个体较大，体长可达100mm，体宽9mm，约具130个刚节。口前叶近六边形，后缘中央稍内凹，触手大于触角。眼2对，圆形，前对眼大于后对，呈矩形排列于口前叶中后部。触须4对，最长者后伸达第11～16刚节。吻各区除Ⅰ、Ⅱ、Ⅴ区无颚齿外，其余皆具梳状小齿：Ⅲ区为3～6堆小齿排成一横排，Ⅵ区4～5排密集呈新月形，Ⅵ区2～3堆呈长方形，Ⅶ、Ⅷ区具4～5堆排成一直线。大颚琥珀色，具8～9个侧齿。疣足前2对单叶型，体前部双叶型疣足背腹须细长，背腹舌叶圆锥状，末端钝圆。体中部疣足上背舌叶加长。体后部疣足指状，末端稍细

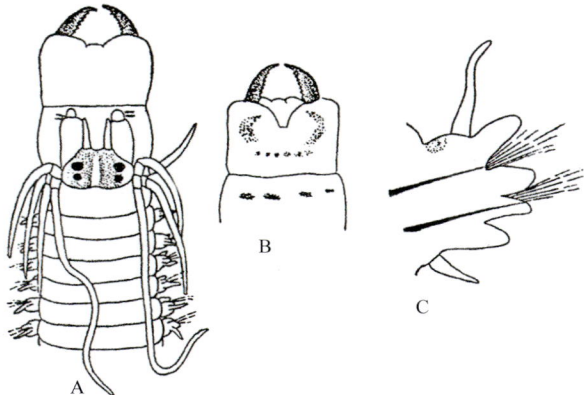

孙瑞平和杨德渐，2004

A．体前部背面观（吻翻出）；B.吻腹面观；C.第4对疣足前面观

的上背舌叶更长。前部疣足具复型等齿刺状背刚毛，第10～15刚节后具1～3根琥珀色鸟嘴状简单型刚毛。腹刚毛为复型等齿刺状、异齿刺状和镰刀状。生活个体口前叶具浅咖啡色色斑，体背面两侧和疣足的背舌叶具绿色色斑。乙醇标本肉色，色斑浅，多数标本上背舌叶具咖啡色色斑。有异沙蚕体。

分布与习性：为暖温带、亚热带种，分布于我国南北沿海；韩国、日本、澳大利亚、新西兰、夏威夷群岛，以及加利福尼亚和墨西哥湾等海域也有分布。多栖息于岩岸潮间带中区，体外具粘有砂砾的薄层栖管。

资源价值：本种在我国北方是沿岸潮间带中区的优势种，具有一定的资源量。具有人工养殖的潜力。

软疣沙蚕 *Tylonereis bogoyawlenskyi* Fauvel，1911

物种别名：海蚕、海虫、海蚯蚓、海蜈蚣。

分类地位：多毛纲Polychaeta叶须虫目Phyllodocida沙蚕科Nereididae。

形态特征：个体大型，体长110mm，体宽（含疣足）5mm，具160个刚节。口前叶稍宽，前端具一浅的纵裂。眼2对，圆形。口前叶具触手和触角各1对。围口节触须4对，最长触须后伸可达第3～4刚节。吻表面无颚齿，具软乳突：Ⅰ区1～3个锥形或半圆形乳突；Ⅱ、Ⅳ区4～8个细长的乳突密集成束；Ⅴ区无；Ⅵ区1个细长乳突，基部具乳突垫；Ⅶ、Ⅷ区9～12个细长乳突。吻端大颚侧齿不明显。前2对疣足单叶型，背腹须细指状，稍长于疣足叶。双叶型疣足，从第7～8刚节始膨大呈叶片状，下背舌叶、腹足刺叶和下腹舌叶皆短小。背须很小，位于背舌叶基部。仅具复型等齿刺状刚毛。生活个体浅红色，疣足上背舌叶具深铁褐色色斑，体背部具同颜色的横带。

分布与习性：为热带和亚热带种，我国福建、广东和广西均有分布。密集栖息于河口区。

资源价值：本种在我国南方河口区常见。具有人工养殖的潜力。

疣吻沙蚕 *Tylorrhynchus heterochaetus* (Quatrefages，1866)

物种别名：禾虫。

分类地位： 多毛纲Polychaeta叶须虫目Phyllodocida沙蚕科Nereididae。

形态特征： 个体大型，体长100mm，体宽（含疣足）4mm，具140个刚节。口前叶前缘具纵裂缝，2对圆形眼呈倒梯形位于口前叶中后部。围口节触须4对，最长触须后伸达第2刚节（吻外翻时可达第4～5刚节）。吻表面仅具软乳突：Ⅰ区1个圆乳状乳突；Ⅱ区不明显；Ⅲ～Ⅳ区16～20个乳头状乳突呈不规则排列；Ⅴ区2个大圆形乳突纵列；Ⅵ区1个大圆乳突；Ⅶ～Ⅷ区10～12个大小不等的圆乳状乳突排成2横排。大颚具侧齿7～9个。前2对疣足单叶型，背腹须和上背舌叶均为指状，且前者长于后者。体前部双叶型疣足，背须细短、基部无膨大部分，下背舌叶末端尖细。体后部疣足同体中部，疣足皆无腹舌叶。背刚毛为复型等齿、异齿刺状。生活个体浅黄色，大颚棕色、半透明。有异沙蚕体。

分布与习性： 属广布的暖温带和亚热带种，见于我国东海和南海；印度尼西亚、越南、日本和俄罗斯等海域也有分布。密集栖息于河口区。

资源价值： 本种在我国南方河口区常见，个体较大，群浮时数量较多，当地渔民常大量捕捞并出售性成熟的异沙蚕体，可供食用或作钓饵。具有人工养殖的潜力。但本种栖息于稻田时，啮食稻根危害稻田，为农业害虫。

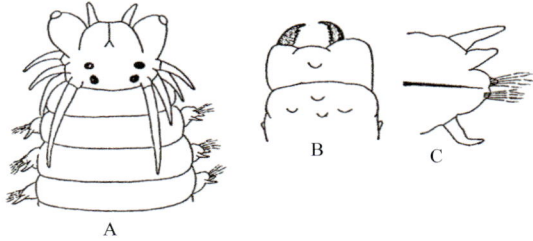

孙瑞平和杨德渐，2004

A.体前端背面观；B.吻背面观；C.第1对疣足前面观

额刺裂虫 *Syllis cornuta* Rathke，1843

物种别名： 海蚕、海虫、海蚯蚓、海蜈蚣。

分类地位： 多毛纲Polychaeta叶须虫目Phyllodocida裂虫科Syllidae。

形态特征： 个体中等大小，体长10～35mm，宽0.6～1.5mm，有80～100个刚节。口前叶宽大于长，呈椭圆形，前缘圆。2对圆形红色眼呈倒梯形排列，前对大于后对，以及1对附加小眼位于侧触手基部。中央触手约为口前叶长的4倍，有

18～22环轮；侧触手位于口前叶前缘，短于中央触手，有13～15环轮。2个触角约为口前叶长的1.5倍，近基部处愈合。2对围口节触须，背对具20～23环轮，腹对具14～18环轮。中背齿位于第1刚节，咽位于第2～9刚节，前胃位于第7～13刚节（或第9～15刚节）。疣足单叶型，第1对背须有18～22环轮，第2对背须有18～20环轮；腹须细指状，刚叶钝圆锥状。疣足有复型镰刀状双齿刚毛、复型刺状刚毛和体后部出现1或2根简单刚毛。足刺1或2根，末端尖细。乙醇标本黄白色。

分布与习性：世界广布种，分布于我国黄海、东海和南海；日本、越南、所罗门群岛、澳大利亚、夏威夷、大西洋、印度洋和红海等海域都有分布。栖息于潮间带和潮下带泥沙或软泥中。

资源价值：本种分布范围广，可作钓饵。

巧言虫 *Eulalia viridis* (Linnaeus，1767)

物种别名：海蚕、海虫、海蚯蚓、海蜈蚣。

分类地位：多毛纲Polychaeta叶须虫目Phyllodocida叶须虫科Phyllodocidae。

形态特征：个体大型，体长约为150mm，宽2～3mm，具150～200个体节。口前叶近圆形，前稍窄。具5个头触手，后头触手稍长。眼2个。吻长筒状，其上分散着颗粒状的小乳突，吻前缘具14～17个大乳突。触须4对，指状具尖端，以第2体节的腹触须最短且稍扁。第2、3体节的背须后伸可达第10～12刚节。疣足背须长叶片状，具尖端；腹须小，卵圆形紧靠刚叶，其长不超过刚叶。刚叶具大的上、下唇。刚毛柄部具粗刺，端片具细齿缘。肛须长，端尖，长为宽的4倍。生活个体雌性草绿色，雄性淡黄色。乙醇标本淡绿色或深褐色，有时体背侧后缘具小的深色斑点和横带。

分布与习性：广布种，多见于北方亚热带水域。我国分布于黄海、东海、南海。栖息于潮间带岩岸基底。

资源价值：本种个体较大，分布范围广，可作钓饵。

拟特须虫 *Paralacydonia paradoxa* Fauvel，1913

物种别名：海蚕、海虫、海蚯蚓、海蜈蚣。

分类地位：多毛纲Polychaeta叶须虫目Phyllodocida特须虫科Lacydoniidae。

形态特征：个体小型，体长约15mm，宽1.5mm，约60个体节。体细长，口前叶椭圆形，长为宽的2倍。头触手2节，位于口前叶前缘，口前叶背侧具2条纵沟，无眼。口前叶后缘具1小圆形盾片状物，且延伸至第3体节。吻短，平滑，无乳突。第1体节无疣足，第2体节疣足不发达，仅具1束刚毛，其余疣足为双叶型，具相距很宽的背、腹刚叶。背、腹前刚叶椭圆形，具缺刻，内具足刺；背、腹后刚叶圆形，背刚叶稍短于腹刚叶。背、腹须指状，背刚叶具简单毛状刚毛，腹刚叶具复型刺状刚毛，其刚毛束下方具1~2根简单刚毛（易脱落）。肛部桶状，具2根长肛须。生活个体浅黄色，有些个体刚叶上具小的黑色斑。乙醇标本呈浅褐色。

分布与习性：广布种，我国分布于渤海和黄海；也见于地中海、摩洛哥、南非、北美大西洋、太平洋沿岸、印度尼西亚和新西兰。栖息于潮间带至潮下带泥沙质底质中。

资源价值：本种个体虽小，但在底栖动物采样调查中经常出现，且具有较大的数量。

中华内卷齿蚕 *Aglaophamus sinensis* (Fauvel，1932)

物种别名：海蚕、海虫、海蚯蚓、海蜈蚣。

分类地位：多毛纲Polychaeta叶须虫目Phyllodocida齿吻沙蚕科Nephtyidae。

形态特征：个体大型，体长130mm，宽11mm。口前叶近卵圆形，背面具人字形色斑，前对触手细短，后对触手稍粗长。无眼。吻筒状，前端缘具22个端乳突（背、腹各10个，分叉，背中线2个较小，不分叉），吻表面近前端处平滑，其后具14纵排，每纵排20~30个乳突（吻前部乳突大，后变小且每纵排变为3~4行密集小乳突）。第1刚节疣足前伸，无背须，具发达的纤细腹须。间须始于第2刚节，较长且内卷。体中

部疣足，背须长叶状，间须位于其基部内卷，背足刺叶圆三角形，具一大的指状突起，背前后刚叶小均为两圆叶；腹足前叶小，为两圆叶，腹足刺后叶很长，为足刺叶的2倍，舌叶状向外直伸。腹须与背须近同形但稍长。前刚毛比后刚毛短，为梯形刚毛，后刚毛细长而平滑，无叉状刚毛。生活个体呈黄沙色，具珠光。

分布与习性：广布种，分布于我国黄海、东海和南海；也见于越南。栖息于潮间带泥沙质基底。

资源价值：本种个体较大，底栖动物采样调查中常有出现，可作钓饵。

多鳃齿吻沙蚕 Nephtys *polybranchia* Southern，1921

物种别名：海蚕、海虫、海蚯蚓、海蜈蚣。

分类地位：多毛纲Polychaeta叶须虫目Phyllodocida齿吻沙蚕科Nephtyidae。

形态特征：个体小型，大标本体长14～20mm，宽1～2mm，50～90个刚节。口前叶呈长方形，前缘平直，后端具凹且缩入第3刚节。眼1对，位于口前叶背后缘。具2对小触手，前对位于口前叶前缘，后对位于口前叶腹面前两侧。口前叶后部两侧，各具1个乳突状的项器。翻吻呈圆柱形，前缘具端乳突，吻表面近前端具22纵行，每行6～7个乳突，吻基部平滑。疣足双叶型，间须叶状稍外弯，基部无明显膨大和附属须，始于第5刚节止于体后前20刚节。体中部疣足背足刺叶钝圆锥形；腹足刺叶圆锥形，前、后腹刚叶皆圆且小于腹足刺叶。腹须位于腹足基部，细指状。体前部前足刺叶具梯形毛状刚毛，背腹后足刺叶具小刺毛状刚毛。

分布与习性：广布种，见于我国渤海、黄海、东海、南海；日本、越南、泰国和印度也有分布。栖息于河口和潮间带下区泥沙底。

资源价值：本种在底栖动物采样调查中常有出现，可作钓饵。

长吻沙蚕 Glycera *chirori* Izuka，1912

物种别名：海蚕、海虫、海蚯蚓、海蜈蚣。

分类地位：多毛纲Polychaeta叶须虫目Phyllodocida吻沙蚕科Glyceridae。

形态特征：个体大型，体长350mm，宽5～9mm，近200个刚节。口前叶短，呈圆锥形，具10个环轮。吻器分散，呈圆锥形或球形。副颚仅具1长而粗的翅。疣足具2个前刚叶和2个后刚叶；2个前刚叶近等长，基部宽圆，前端突然收缩；背后刚叶与前刚叶相似但稍短，而腹后刚叶短而圆。背须瘤状，位于疣足上方。鳃1根，指状，简单可伸缩，位于疣足前方。

分布与习性：广布种，见于我国黄海、东海和南海；日本也有分布。多栖息于潮间带和潮下带（17～53m）软泥底。

资源价值：本种有群集习性，数量相当大，具有较大的资源量。例如，每年4月山东即墨区、海阳市等地沿海的挂子网中一天可捕获近万斤。

锥唇吻沙蚕 *Glycera onomichiensis* Izuka，1912

物种别名：海蚕、海虫、海蚯蚓、海蜈蚣。

分类地位：多毛纲Polychaeta叶须虫目Phyllodocida吻沙蚕科Glyceridae。

形态特征：个大型，体长可达80mm，宽8mm，具100～140个刚节。口前叶呈尖圆锥形，约具10个环轮。吻器有2种形态，一种呈长圆锥形，具圆端，另一种细小，尖端具斜截形的板。副颚具2个不等长的翅，其中长翅长度为短翅的2倍。体节具双环轮。典型疣足长大于高，具2个前刚叶和2个稍短的后刚叶，均呈圆锥形。背须圆锥状，位于疣足基部上方，腹须极发达，与疣足叶等大。无鳃。

分布与习性：广布种，见于我国南北沿海；也分布于鄂霍次克海、南千岛群岛、越南等海域。多栖息于具贝壳的软泥底。

资源价值：本种在底栖动物采样调查中常有出现，可作钓饵。

日本角吻沙蚕 *Goniada japonica* Izuka，1912

物种别名：海蚕、海虫、海蚯蚓、海蜈蚣。

分类地位：多毛纲Polychaeta叶须虫目Phyllodocida角吻沙蚕科Goniadidae。

形态特征：个体大型，体长可达178mm，宽3mm，体节200余个。口前叶呈圆锥形，具9个环轮和4个小触手。翻吻基部具13～22个"V"形齿片，吻前端具16～18个软乳突、2个大颚、16个背小颚和11个腹小颚。吻器呈心形。体前部76～80个刚节具单叶型疣足；体后部疣足双叶型：下背舌叶三角形，长为腹叶的一半，腹叶具2个前刚叶和1个后刚叶。背须三角形，腹须均为指状。具2～3根刺状简单刚毛和1束复刺状腹刚毛。体黄褐色或深棕色，具珠光。

分布与习性：分布于我国渤海、黄海和东海；日本也有分布。栖息于潮间带和潮下带泥沙质和软泥碎壳底中。

资源价值：本种在底栖动物采样调查中常有出现，可作钓饵。

澳洲鳞沙蚕 *Aphrodita australis* Baird，1865

物种别名：海蚕、海虫、海蚯蚓、海蜈蚣。

分类地位：多毛纲Polychaeta叶须虫目Phyllodocida鳞沙蚕科Aphroditidae。

形态特征：个体巨型，体长3.8～7.5cm、宽2～4cm，具35～40个体节。口前叶圆，具1根细短的中触手。触角2根，长约为口前叶的7倍，其上具小乳突。背鳞15对，平滑，覆盖有毡

毛。背足刺状，刚毛呈古铜色，具金属光泽，长且明显弯曲，数量多，形成致密的束状，几乎完全盖于体背面，似草屋顶；体后部相对的刚毛束彼此交织。腹刚毛可分为3层，上层2～3根，粗而末端钝，中层3～4根和下层约7根皆具尖端。大个体腹刚毛平滑；小个体腹刚毛的末端常有少量细毛。

分布与习性：广布种，分布于印度洋、太平洋东北部，我国见于渤海、黄海、东海和台湾海峡；日本也有分布。栖息于潮间带至水深约100m的泥沙底质。

资源价值：本种是多毛类中个体极大的物种，目前价值不详。

渤海格鳞虫 *Gattyana pohaiensis* Uschakov & Wu，1959

物种别名：海蚕、海虫、海蚯蚓、海蜈蚣。

分类地位：多毛纲Polychaeta叶须虫目Phyllodocida多鳞虫科Polynoidae。

形态特征：个体小型，体长达15mm，宽5mm，具36个体节。口前叶前侧缘平整，额角不明显。头瓣呈不太显著的黄褐色，其上具许多小颗粒。翻吻具9对端乳突。触手3个，以中触手最长。触手、触角、触须和背须均无乳突。触须基部无刚毛。背鳞15对，上缘具小的缘穗，把体背面全部盖住，表面密生乳突状小结节，刺大小不同，顶端钝或尖锐。背鳞薄，易脱落。疣足双叶型，背须细长。刚毛密集成束。背腹刚毛均具尖细末端。体背面可见灰色的横条纹。

分布与习性：分布于我国黄海潮间带和潮下带泥沙滩。

资源价值：本种在潮间带岩石岸易于采集，可作钓饵。

软背鳞虫 *Lepidonotus helotypus* (Grube，1877)

物种别名：海蚕、海虫、海蚯蚓、海蜈蚣。

分类地位：多毛纲Polychaeta叶须虫目Phyllodocida多鳞虫科Polynoidae。

形态特征：个体大型，体长约50mm，宽20mm，具26个体节。口前叶长和宽近等，背鳞虫型。鳞片12对，软而肥厚，呈黑色或浅褐色，与疣足附着处具1个圆形白色环，表面具小的乳突，无硬结节和缘穗，具明显的脉纹。外翻吻具13～15对端乳突。触手、触须和疣足背须近末端具明显的膨大部，触手和触须呈暗灰

色，背须膨大部稍往里处具1
条暗灰色横带。疣足双叶型，
背刚毛毛状，具锯齿；腹刚毛
粗，具侧锯齿，末端单齿。

分布与习性：我国分布于渤
海、黄海和东海；也分布于白
令海、鄂霍次克海，日本海。栖息于潮间带岩岸或砾石岸。

资源价值：本种在潮间带岩石岸易于采集，可作钓饵。

异足索沙蚕 *Kuwaita heteropoda* (Marenzeller，1879)

物种别名：海蚕、海虫、海蚯蚓、海蜈蚣。

分类地位：多毛纲Polychaeta矶沙蚕目Eunicida索沙蚕科Lumbrineridae。

形态特征：个体大型，体长295mm，体宽7mm，刚节约330节。口前叶呈圆锥形，长大于宽。前围口节稍长于后围口节。下颚黑褐色，前端宽直，后端细长，上颚基长直且宽，基部稍尖具侧缺刻。体前几节疣足小，具圆斜截形的前叶和稍大的圆锥形后叶；体中部疣足前后叶皆发达，前叶稍大于后叶；体后部疣足后叶变长为叶状向上斜伸。体中后部疣足背部近体壁处具乳状突起。体前35刚节仅具翅毛状刚毛，第36刚节始具简单多齿巾钩刚毛。足刺淡黄色。体后端30余刚节密集变小，肛节具4根肛须。体黄褐色。

分布与习性：广布种，见于我国
渤海、黄海、东海和南海；印
度、越南、日本等海域也有分
布。栖息于潮间带和潮下带。

资源价值：本种个体大，可作
钓饵，也用于鱼虾饲料。

长叶索沙蚕 *Lumbrineris longifolia* Imajima & Higuchi，1975

物种别名：海蚕、海虫、海蚯蚓、海蜈蚣。

分类地位：多毛纲Polychaeta矶沙蚕目Eunicida索沙蚕科Lumbrineridae。

形态特征：个体中等大小，不完整标本体长23mm，宽1mm，刚节200余个。口前叶扁、圆锥形，长与宽近等，前端稍突起。前后两围口节近等长。下颚薄，半透明状，前端具明显的半圆形黑色环，后部分叉。体前部第10刚节疣足具短的斜截形前叶和叶状后叶，第21刚节至体中部前后叶圆锥形近等长，体后部疣足后叶变长为细指状且向上伸。前20余刚节具翅毛状刚毛和简单型巾钩刚毛，其后巾钩刚毛巾部变宽短，除具8个小齿外还具明显的主齿。足刺黄褐色。

分布与习性：分布于我国黄海；日本海也有分布。栖息于潮下带泥沙底。

资源价值：本种在底栖动物采集中经常采集到，可作钓饵。

短叶索沙蚕 *Lumbrineris latreilli* Audouin & Milne Edwards，1834

物种别名：海蚕、海虫、海蚯蚓、海蜈蚣。

分类地位：多毛纲Polychaeta矶沙蚕目Eunicida索沙蚕科Lumbrineridae。

形态特征：个体大型，体长约77mm，宽3mm，刚节约200个。口前叶呈圆锥形，长大于宽。前围口节长于后围口节。上颚基稍长具缺刻，下颚前端宽扁和后部稍细。体前后部疣足同形，后叶圆锥形，稍长于前叶，唯体中部疣足后叶稍小。复巾钩刚毛位于第1～21刚节，端片长为宽的6～7倍，具1主齿和4～6个小齿。第22刚节之后为简单巾钩刚毛，约具9个渐增大的小齿。翅毛状刚毛位于第1～50刚节。足刺黑色，2～3根。生活个体橘黄色。

分布与习性：广布种，分布于大西洋、太平洋和印度洋，我国见于黄海和东海；日本也有分布。栖息于潮间带砾石下。

资源价值：本种为潮间带沙滩习见种，可作钓饵。

岩虫 *Marphysa sanguinea* (Montagu，1813)

物种别名：海蚕、海虫、海蚯蚓、海蜈蚣。

分类地位：多毛纲Polychaeta矶沙蚕目Eunicida矶沙蚕科Eunicidae。

形态特征：个体大型，体长290mm，宽11mm，日本记录最大个体体长达805mm，宽18mm，具872个体节。口前叶前缘双叶型，具5个后头触手，中间触手最长，约为口前叶的2倍。前围口节宽度为后围口节宽度的2倍。体前部疣足具发达的后叶、稍长的指状背须和稍短的圆锥形腹须。随后背、腹须减小为突指状。鳃始于第24～50刚节，止于体后端。体前部鳃为一结节状突起，至体中部最发达，每束达4～7根鳃丝，体后端减少为1根。足刺上方具毛状刚毛、刷状刚毛，足刺下方具复型刺状刚毛。足刺状刚毛黄色，具双齿和较小的巾（鞘）。疣足具2～8根稍钝的黑色足刺。生活个体体背面呈红褐色，具金属虹彩。

分布与习性：为世界三大洋暖水性广布种，我国分布于渤海、黄海、东海和南海。栖息于岩岸潮间带、潮下带。

资源价值：本种为沿岸潮间带和潮下带习见种。个体大，俗称扁食，是优良的钓饵。

磷虫 *Chaetopterus variopedatus* (Renier，1804)

物种别名：海蚕、海虫、海蚯蚓、海蜈蚣。

分类地位：多毛纲Polychaeta海稚虫目Spionida磷虫科Chaetopteridae。

形态特征：个体大型，虫体长达230mm，宽18mm。口前叶呈小结节状，围口节宽呈圆领状，具1对稍短的有沟触角和1对不明显的眼。躯干部分为明显

的前、中和后三区。前区9～12刚节，具锥状背叶，第4刚节背叶具数根粗刚毛和矛状刚毛，其余刚节背叶仅具矛状刚毛，仅最后一个前区刚节腹叶具齿片；中区具5个双叶型疣足刚节。第1节具1对分离的翼状背叶，其上具矛状背刚毛，腹齿片排成2行，第2节具1个杯形器，第3～5对的背叶愈合成圆扇叶，其上无刚毛，腹叶齿片具6～8个齿；后区20多个体节，背叶柳叶形或指状，具内足刺，腹叶双叶型，具齿片。生活个体前区黄褐色，中区绿色，后区黄绿色。

分布与习性：本种世界性分布。栖息于潮间带低潮线及潮下带泥沙滩中。营管栖生活，栖管呈牛皮纸状，管长600余毫米，宽25mm，U形两端开口于滩面，管口窄，直径3mm。栖管内常有兰氏三强蟹（*Tritodynamia rathbunae* Shen，1932）和斑目脆鳞虫[*Lepidasthenia ocellata* (McIntosh，1885)]共生。

资源价值：本种分布范围广，个体大，可作钓饵。

长锥虫 Leitoscoloplos pugettensis (Pettibone，1957)

物种别名：海蚕、海虫、海蚯蚓、海蜈蚣。

分类地位：多毛纲Polychaeta囊吻目Scolecida锥头虫科Orbiniidae。

形态特征：个体中等大小，体长7～40mm，宽1～3mm，刚节30～100个。口前叶呈尖锥形，第15～20刚节为胸部和腹部分界。鳃始于第12～16刚节，由开始的乳突状渐变为长柱状，具缘须。胸部疣足的背足叶和腹足叶均为枕状，垫上具1乳突，15～18刚节背、腹足叶呈小叶状，仅具有横排锯齿的毛状刚毛。腹部疣足背足叶为叶片状，无内须；腹足叶分一大一小两叶，无腹须。乙醇标本呈黄色或黄褐色。

分布与习性：广布种，见于我国黄海、渤海、南海；日本、阿拉斯加、加利福尼亚、加拿大、墨西哥等海域也有分布。栖息于潮间带泥沙质海底。

资源价值：本种在潮间带常可采集到，可作钓饵。

矛毛虫 *Phylo felix* Kinberg，1866

物种别名：海蚕、海虫、海蚯蚓、海蜈蚣。

分类地位：多毛纲Polychaeta囊吻目Scolecida锥头虫科Orbiniidae。

形态特征：个体较大，体长40～135mm，宽4～5mm，刚节100多个。口前叶呈圆锥形。鳃始于第5刚节。胸部18～23节，前胸从第1～15刚节，疣足腹足叶由2～3个乳突逐渐增多，背刚毛锯齿毛状，腹刚毛细毛状和钩状；后胸从第16～23刚节，疣足腹足叶乳突数增至10多个，除具细毛状刚毛、钩状刚毛外还具矛形粗刚毛，基部腺囊在第18～22刚节明显。腹部疣足背足叶长叶片状，有内须；腹足叶分两叶。有腹须。腹面乳突始于第14或15刚节，止于第24～27刚节，乳突数目在24～28个，最多在第16～26刚节。乙醇标本褐色或棕褐色。

分布与习性：分布于我国黄海；日本也有分布。栖息于潮间带泥沙滩或潮下带。

资源价值：本种在底栖动物采样调查中常有发现，可作钓饵。

小头虫 *Capitella capitata* (Fabricius，1780)

物种别名：海蚕、海虫、海蚯蚓、海蜈蚣。

分类地位：多毛纲Polychaeta囊吻目Scolecida小头虫科Capitellidae。

形态特征：个体中等大小，体长数毫米至50mm，体宽小于2mm。口前叶呈圆锥形。胸部具9个刚节。第1体节具刚毛，皆具2环轮，并有细皱纹。胸部刚毛分布雌雄不同，雄性前7刚节背腹足叶仅具毛状刚毛，第8～9刚节背面各具2束黄色的生殖刺状刚毛，每束2～4根，对生。生殖孔在2束生殖刺状刚毛之间。腹足叶仍具巾钩刚毛。雌性个体第8～9刚毛背、腹足叶具巾钩刚毛，巾钩刚毛具3～4个小齿和1个大主齿。无鳃，腹部较光滑。生活个体呈鲜红色。乙醇标本淡黄色或乳白色。常具薄碎的泥质栖管。

分布与习性：本种为世界性分布，我国黄海和东海均有分布。小头虫是污浊水域的优势种。多栖息于有机质污染区，其底质为具恶臭的硫化氢黑泥，溶解氧近于零。

资源价值：本种为污染指示种，在污染严重区域大量分布，其栖息密度常达每平方米10万余个。

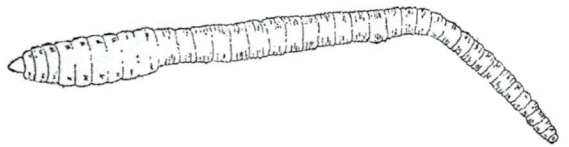

杨德渐和孙瑞平，1988a

丝异须虫 *Heteromastus filiformis* (Claparède，1864)

物种别名：海蚕、海虫、海蚯蚓、海蜈蚣。

分类地位：多毛纲Polychaeta囊吻目Scolecida小头虫科Capitellidae。

形态特征：个体中等大小，体长26～100mm，宽1mm，刚节70～100个。体细长呈线形。胸部和腹部的分界不明显。胸部第1体节无刚毛，第2～12体节具刚毛，前5刚节背、腹足叶具毛状刚毛，第6～11刚节背、腹足叶仅具巾钩刚毛。腹部从第12体节后背、腹足叶均具巾钩刚毛。鳃始于第70～80刚节后，位于腹足叶上方，不很明显。巾钩刚毛的巾长为巾宽的2倍多，在主齿上方具3～6个小齿。乙醇标本黄褐色。常失去体后部。

分布与习性：广布种，见于我国渤海、黄海、南海。常栖息于河口区潮间带泥沙滩。

资源价值：本种具有一定的资源量，较大个体可作钓饵。

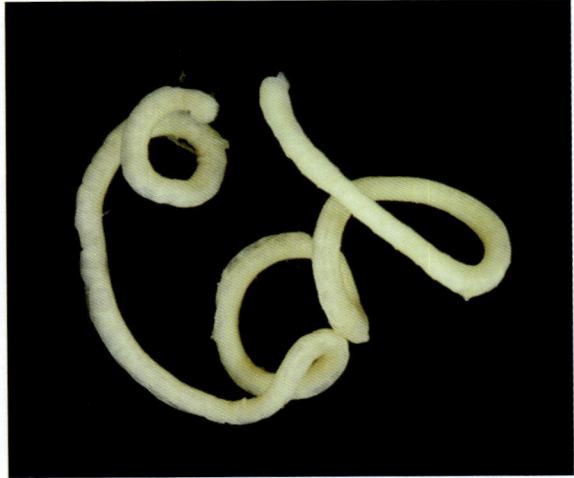

背蚓虫 *Notomastus latericeus* Sars，1851

物种别名：海蚕、海虫、海蚯蚓。

分类地位：多毛纲Polychaeta囊吻目Scolecida小头虫科Capitellidae。

形态特征：体长50～150mm，宽3～5mm，具100多个刚节。口前叶尖锥形。胸部第1体节无刚毛，第2～12体节仅具毛状刚毛。第1～2体节具2～4环轮，第4～12体节具5环轮。腹部仅具巾钩刚毛，腹巾钩刚毛排成横排，仅在腹中线处分开，巾钩刚毛的巾长不及巾宽的2倍，主齿上方具4～5个小齿。鳃简单，仅为乳突状，位于腹部背、腹足叶之间。乙醇标本呈黄褐色。

分布与习性：广布种。我国黄海、南海潮间带和潮下带泥沙滩或软泥底处有分布。

资源价值：本种具有一定的资源量，较大个体可作钓饵。

巴西沙蠋 *Arenicola brasiliensis* Nonato，1958

物种别名： 海蚕、海虫、海蚯蚓、海蜈蚣。

分类地位： 多毛纲Polychaeta囊吻目Scolecida沙蠋科Arenicolidae。

形态特征： 个体大型，体长150～250mm，宽达18mm。虫体似蚯蚓。口前叶小，呈三叶形，不具任何附肢。前端具外翻吻，呈囊状，吻上有许多小乳突。围口节2节，每节皆双环轮，无附肢无刚毛。躯干部表皮呈蜂窝状，分为3区。胸区为体前的6个无鳃刚节；腹区为胸区后的11(12)个具鳃刚节，每节具5个环轮；尾区细，为体长的1/3～2/5，无鳃和刚节。疣足双叶型，具鳃疣足背叶为圆锥形突起，腹叶横长且向腹面延伸。鳃位于疣足后，呈灌木丛状，具羽状分支。背刚毛羽毛状，腹刚毛短钩状。无背、腹须。生活个体褐色或褐绿色，具珠光，鳃鲜红，尾区淡褐色。

分布与习性： 为暖水区的广布种。习见于我国黄海、渤海。栖息于潮间带泥沙滩，具U形洞穴，头端下陷为漏斗状，尾端为沙丘状高起，具圆形泥条状粪便。虫体头朝下呈J形位于洞穴中。

资源价值： 本种具有一定的资源量，且个体较大，可作钓饵。

不倒翁虫 *Sternaspis scutata* (Ranzani，1817)

物种别名： 海蚕、海虫、海蚯蚓。

分类地位： 多毛纲Polychaeta蛰龙介目Terebellida不倒翁虫科Sternaspidae。

形态特征： 个体中等大小，体长20～30mm，具20～22个体节。体卵圆形似不倒翁形或哑铃形。前7节能伸缩。体表覆有丝绒状的细乳突。口前叶小，乳突状。前3节具3排足刺刚毛，每排12～14根。1对生殖乳突位于第7节上。其后为8个具纤细刚毛的体节。体后腹面具斜长方形的楯板，15～17束毛状刚毛自楯板后边缘生出。毛状刚毛细而光滑或上具细毛。鳃丝成束，数目多，

卷曲地从楯板后缘生出。

分布与习性： 世界性分布，分布于我国南北沿海。栖息于各海区潮下带泥沙中。

资源价值： 本种在某些区域聚集分布，具有一定的资源量。底栖动物采集中常有发现。

胶管虫 *Myxicola infundibulum* (Montagu，1808)

物种别名： 海蚕、海虫、海蚯蚓。

分类地位： 多毛纲Polychaeta缨鳃虫目Sabellida缨鳃虫科Sabellidae。

形态特征： 个体大型，体长可达18～130mm，宽5～10mm。虫体呈圆柱状，后端为锥形，具1对由20～40个放射状鳃丝排成2个半圆形的鳃叶，鳃丝间由薄膜相连几乎达顶部。领不明显，但形成低的2个靠近的背叶，腹面领为三角形。胸区8个刚节，背刚毛为翅毛状，腹齿片具长柄，钩状，其上具1大齿和很多小齿；腹区有很多刚节，腹区的小齿片形成连续的齿带，几乎达背面中线，腹区腹刚毛为翅毛状，与胸区的背刚毛相似。尾部具眼点。栖管黏胶状半透明。

分布与习性： 为广布种，分布于我国黄海(青岛)。潮间带常可采到。

资源价值： 本种在某些区域聚集分布，具有一定的资源量。底栖动物采集中常有发现。

华美盘管虫 *Hydroides elegans* (Haswell，1883)

物种别名： 海蚕、海虫、海蚯蚓。

分类地位： 多毛纲Polychaeta缨鳃虫目Sabellida龙介虫科Serpulidae。

形态特征： 个体小型，体长15～25mm，宽1.5～2mm，具65～80个刚节。壳盖漏斗部具30～42个放射状排列的锯齿。壳盖冠部具13～15

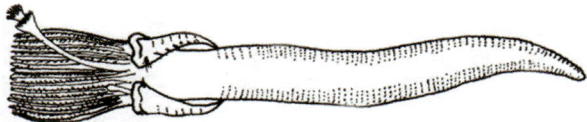

孙瑞平和杨德渐，2014

个长的刺瓣，每个刺瓣具2～6个侧刺。鳃冠每叶具13～19个鳃丝。具2种领刚毛——毛状和鳍刺状（基部具大齿和小齿向下纵排的齿带）。胸刚节7个，胸区背刚毛单翅毛状。腹区腹刚毛喇叭状。齿片皆具7～8个齿。

分布与习性：为温带、亚热带和热带内湾海域的广布种，我国南北沿海均有分布。

资源价值：本种个体虽小，但集群栖息，壳管相互盘绕成丛，是重要的污损生物之一。

内刺盘管虫 *Hydroides ezoensis* Okuda，1934

物种别名：海蚕、海虫、海蚯蚓。

分类地位：多毛纲Polychaeta缨鳃虫目Sabellida龙介虫科Serpulidae。

形态特征：个体小型，最长标本约40mm，宽3mm，具100多个刚节。壳盖2层，呈黄色几丁质漏斗状，下层漏斗缘具45～50个锯齿；上层壳冠具24～30个刺瓣，大小形状相同。每个刺瓣里面具4～6个小的内刺。鳃冠具20～23对鳃丝。胸部具7个刚节，领刚毛为细毛状和基部具2个大齿的枪刺状，胸部背刚毛单翅毛状。腹部腹刚毛喇叭状，有20多个小齿。齿片具6～7个小齿。壳管厚，白色，成群不规则盘绕在一起。每个壳管上具2条平行的不明显纵脊。

分布与习性：分布于我国黄海；俄罗斯和日本近海也有分布。

资源价值：本种个体虽小，但集群栖息，是我国北方沿海极为常见的污损生物之一。

龙介虫 *Serpula vermicularis* Linnaeus (Grube，1767)

物种别名：海蚕、海虫、海蚯蚓。

分类地位：多毛纲Polychaeta缨鳃虫目Sabellida龙介虫科Serpulidae。

形态特征：个体大型，虫体长50～100mm，宽4～8mm。壳盖漏斗状，边缘具

30～40个钝锯齿。鳃冠呈螺旋状排列。胸刚节7个，领为3瓣，两侧具缺刻。领刚毛具2种——毛状和基部有2个齿的枪刺状刚毛。胸部背刚毛单翅毛状；腹部腹刚毛喇叭状和有翅毛状。齿片皆具5个齿。壳管具5～7个纵脊，横断面圆。

分布与习性： 广布种，我国南北沿海均有分布。栖息于潮间带和潮下带。

资源价值： 本种个体大，常集群生活，是世界性主要污损生物之一。

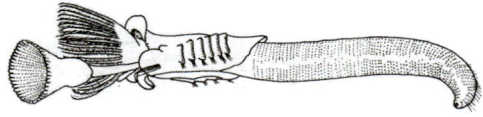

孙瑞平和杨德渐，2014

单环刺螠 *Urechis unicinctus* (Drasche，1880)

物种别名： 海肠子。

分类地位： 多毛纲Polychaeta螠目Echiuroidea螠科Urechidae。

形态特征： 体呈圆筒状，长100～300mm，宽25～27mm。体前端略细，后端钝圆。体不分节。体表有许多疣突，略呈环状排列。吻能伸缩，短小，匙状，与躯干无明显界限。吻基部腹面具一下凹的沟(腹中线)并向后延伸达体末端。口的后方、吻的基部腹面有1对黄褐色钩状腹刚毛，两刚毛间距长于自刚毛至吻部的距离。身体前半部有腺体，可分泌黏液，在产卵或营造泥沙管时润泽用。体末端有横裂形的肛门，在肛门周围有1圈后刚毛或称尾刚毛，11～12根，呈单环排列。无血管，体腔液中含有紫红色的血细胞。肾管2对，基部各有2个螺旋管。肛门囊1对，呈长囊状。生活时虫体呈紫红色或棕红色。

分布与习性： 广布种，自寒带至热带海域都有生长，垂直分布可达10 000m的超深渊底，但我国仅渤海湾出产。生活在泥沙滩潮间带低潮区及浅海海底泥沙内，穴居，居泥沙管内，穴道呈"U"形，深30～40cm。涨潮时可用吻捕食，退潮后即隐入沙中。为杂食动物，多以泥沙中有机物、小型底栖动物为食。

资源价值： 体壁可食用，味道鲜美，是海产珍品，海产集市常有出售。已开始尝试人工养殖。

第八章 软体动物

皱纹盘鲍 *Haliotis discus hannai* Ino，1953

物种别名：鲍、石决明、九孔螺、海耳、盘大鲍、盘鲍、堪察加鲍、盘鲍北方型、虾夷盘鲍、鲍鱼、紫鲍。

分类地位：腹足纲Gastropoda原始腹足目Archaeogastropoda鲍科Haliotidae。

形态特征：贝壳大型，壳质坚厚，呈长椭圆形，一般壳长125mm，壳高31mm。螺层3层，缝合线较浅。壳顶钝，位于偏后方，稍高出壳面，常磨损。壳表具许多粗糙且不规则的皱纹；生长纹明显。从第2螺层到体螺层的边缘具1列突起和开孔，一般开孔3～5个。壳表呈深绿色或深褐色，壳内面白色，具青绿色的珍珠光泽。壳口卵圆形，与体螺层大小相等。外唇薄，内唇厚。边缘呈刃状。足部发达肥厚。腹面大而平，适宜附着和爬行。

分布与习性：温水性种类，分布于我国北部沿海；朝鲜沿岸、日本东北沿岸也有分布。栖息于低潮线附近至水深3～15m的岩石基底上，生境多潮流畅通，海藻繁茂。喜食鲜嫩的裙带菜、巨藻和海带。

资源价值：本种在山东、辽宁资源量较大，其中山东长岛县、威海市，辽宁金州区、大长山岛镇产量最多。产季多在夏秋季节。已开展人工养殖，并南移至福建东山岛开展养殖。鲍肉肥美，为海产中的珍品。除鲜食外，亦可加工成罐头或鲍鱼干，售价均较高。鲍贝壳即有名的中药石决明，也是制作贝雕画的重要材料。

杂色鲍 *Haliotis diversicolor* Reeve，1846

物种别名：九孔鲍、九子螺。

分类地位： 腹足纲Gastropoda原始腹足目Archaeogastropoda鲍科Haliotidae。

形态特征： 贝壳大型，呈椭圆形。螺层3层，缝合线浅，螺旋部极小，体螺层极宽大。壳顶钝，略高于壳面；自第2螺层中部至体螺层边缘，有30多个1列突起和小孔，前端突起小且不显著，末端8～9个明显增大，开孔和内部相通。壳面呈绿褐色，生长纹明显、肋状；贝壳内面白色，具彩色光泽；壳口椭圆形，与体螺层大小几相等。身体头部有细长的触角和有柄的眼各1对；腹面有吻，内具颚片和舌齿。足广阔，与壳口近等。足分为上、下两部分，上足覆盖下足，边缘生有多数小触手，从贝壳上的小孔伸出。

分布与习性： 分布于我国的福建、台湾、广东、香港、广西和海南等沿岸，以海南岛及广东硇洲岛产量较多；在越南、菲律宾等地也有分布。该种对南方高温的耐受性强，生长速度快，养殖周期短，从鲍苗（壳长3cm）养殖到商品规格仅需6～8个月，深受养鲍专业户的欢迎，是目前南方重要的养殖鲍种。

资源价值： 杂色鲍是我国南方重要的海水养殖种，杂色鲍虽不及皱纹盘鲍口感好，但也是鲍中较好的品种。

耳鲍 *Haliotis asinina* Linnaeus，1758

物种别名： 驴耳鲍螺、海耳。

分类地位： 腹足纲Gastropoda原始腹足目Archaeogastropoda鲍科Haliotidae。

形态特征： 贝壳较小、薄，略扭曲成耳状。一般壳长68mm，宽31mm。螺层约3层，缝合线浅。螺旋部小，体螺层明显膨大。壳顶钝，略高出壳面。壳面具有20余个突起，后端5～7开孔。自第2螺层开始出现细弱的螺

肋。壳面呈绿、紫、褐等色，并有斑带和斑点。壳口大，与体螺层近等，外唇较厚，中央部微显凹陷。

分布与习性：暖水性种类，我国分布于台湾、海南岛和西沙群岛、南沙群岛；日本、菲律宾、马来西亚、澳大利亚、所罗门群岛、新西兰也有分布。

资源价值：足部肌肉极丰满，味道鲜美，是海产品中之上品。由于它的肉体特别肥大美味，可以列为人工养殖的种类之一。

羊鲍 *Haliotis ovina* Gmelin，1791

物种别名：圆鲍螺。

分类地位：腹足纲Gastropoda原始腹足目Archaeogastropoda鲍科Haliotidae。

形态特征：贝壳大型、宽短，呈扁平卵圆形，壳质坚实，一般壳长78mm，宽57mm。螺层约4层，壳顶钝，略高出壳面，螺旋部低平，体螺层极宽大。从第2层至体螺层末端边缘有1列整齐的突起，其中4～5个开口。壳表有顺着螺层旋转排列短而粗糙的瘤状纵肋。壳面灰绿色或灰褐色，杂有橙黄色的斑带。壳内为银白色或青绿色，具珍珠光泽。壳口大，卵圆形，外唇薄，内唇形成宽大的遮缘面。

分布与习性：暖水性种类，分布于我国的台湾、海南岛、西沙群岛；日本、菲律宾、印度尼西亚、斐济、马来半岛、澳大利亚、印度洋等也均有分布。生活于岩礁和珊瑚礁基部或底部。

资源价值：肉可供食用，壳可入药。产量不详。

大马蹄螺 *Tectus niloticus* (Linnaeus，1767)

物种别名：公螺。

分类地位：腹足纲Gastropoda原始腹足目Archaeogastropoda马蹄螺科Trochidae。

形态特征：贝壳大型，壳质坚厚，呈圆锥状。壳高达134mm，宽与高近等。螺层约9层。壳顶尖，常被磨损。螺旋部大，各螺层宽度增长均匀。每一螺层的上半部具3～4列由瘤状突起组成的螺肋；下半部近缝合线上方有1列粗大的瘤状突起。壳表具斜行细皱纹，壳面颜色灰白，具紫红色或暗红色火焰状纵条花纹。表面有1层黄褐色的壳皮。贝壳基部平，具有和壳面相同的紫红色斑纹和同心环状的肋11～12条。壳口斜，呈马蹄形，内缘珍珠层厚，彩虹光泽强。外唇简单，内唇厚，具1个齿突。脐漏斗状，厣角质。

分布与习性：暖水性种类，分布于印度—西太平洋。我国见于广东、海南岛及西沙群岛、南沙群岛各岛礁。生活于低潮线至10余米水深的岩石或珊瑚礁质海底。

资源价值：贝壳珍珠层厚，是制纽扣和螺钿的良好原料。壳粉极光滑，可做油漆的调和物。肉可食，是一种经济价值极高的海产贝类。

马蹄螺 *Trochus maculatus* Linnaeus，1758

物种别名：斑马蹄螺。

分类地位：腹足纲Gastropoda原始腹足目Archaeogastropoda马蹄螺科Trochidae。

形态特征：贝壳中等大，壳质坚厚，呈圆锥形。壳高55mm，螺层约9层。壳顶尖，螺旋部高。缝合线浅。各螺层表面具6～7条粒状突起组成的螺肋，靠近缝合线的上方有1列大的瘤状突起。表面灰白色或暗绿色，具紫色斑纹。壳口斜，呈马蹄形，外唇简单、薄，内唇较厚，扭

成"S"形，上具缺刻，端部4个齿。脐孔深，漏斗状，周缘珍珠层很厚。厣角质。

分布与习性：暖水性种类，见于广东以南沿海、海南岛、西沙群岛和南沙群岛；日本(纪伊半岛以南)、菲律宾、斐济、澳大利亚(包括印度洋的科科斯群岛)和坦桑尼亚等地也有分布。生活于低潮线附近的岩石或珊瑚礁质海底。

资源价值：肉供食用，贝壳供观赏。吃食藻类，对经济藻类有害。

锈凹螺 *Omphalius rusticus* (Gmelin，1791)

物种别名：无。

分类地位：腹足纲Gastropoda原始腹足目Archaeogastropoda马蹄螺科Trochidae。

形态特征：贝壳中等大小，壳质坚厚，多呈圆锥形，但高矮有变化，壳高20～26mm，宽21～7mm。螺层5～6层，缝合线浅。壳表具细密生长纹和粗壮的放射肋，在基部2～3层尤其明显。壳表呈黑锈色，杂有黄褐色。壳口马蹄形，内灰白色，具珍珠光泽。外唇薄，具一褐色与黄色相间的镶边；内唇较厚。脐孔圆形，大而深。厣角质，圆形，多旋，核位于中央。

分布与习性：广布种，我国见于南北沿海，北方尤为常见；日本(北海道至九州)、朝鲜半岛、俄罗斯远东海也有分布。多生活于潮间带的中、低潮区的岩石下面或岩石缝隙中，群集生活，喜食褐藻和红藻类，对海带、紫菜等经济藻类养殖有害。

资源价值：肉可食。壳入药，有平肝潜阳的功效。

短滨螺 *Littorina brevicula* (Philippi，1844)

物种别名：玉黍螺。

分类地位：腹足纲Gastropoda中腹足目Mesogastropoda滨螺科Littorinidae。

形态特征：贝壳小型，呈球形，可高13mm。壳质坚厚，螺层约6层，缝合线细，明显。螺旋部低矮，圆锥形；体螺层膨大。每一螺层中部扩张形成明显的肩部。壳面具细密生长纹及粗细不等的螺旋肋，肋间有数目不等的细肋纹。壳的颜色多有变化，壳顶呈紫褐色，壳面黄褐色，间杂有褐色和黄色色斑。壳口圆，内面褐色，有光泽。内唇厚且宽大，无脐。厣角质，褐色。

分布与习性：分布于我国广东以北沿海；日本和朝鲜半岛也有分布。生活于潮间带高潮区的岩石缝隙间。

资源价值：本种为我国沿海常见贝类，个头小，肉可食。常是沿海群众赶海的渔获物。

珠带拟蟹守螺 *Pirenella cingulata* (Gmelin，1791)

物种别名：无。

分类地位：腹足纲Gastropoda中腹足目Mesogastropoda汇螺科Potamididae。

形态特征：贝壳中等大小，呈尖锥形，壳高32mm，宽10mm。螺层约15层，壳顶尖，但常被腐蚀，螺旋部高，体螺层低。壳顶1～2层光滑，其余螺层具有3条念珠状螺肋，体螺层上约10条螺肋，仅在缝合线下面的1条呈念珠状，其余平滑。壳面黄褐色或褐色，螺层中部具1条窄紫褐色色带，缝合线下面念珠状螺肋多呈白色。壳口近圆形，内面常具紫褐色浅纹，外唇稍厚，边缘常扩张。内唇上方薄，下方稍厚，前沟短。

分布与习性：本种分布于我国南北沿海；在朝鲜、日本九州、菲律宾各岛和斐济及印度洋等地也有分布。生活于潮间带的浅海、有淡水注入的泥和泥沙滩上。

资源价值：肉可食，市场上时有出售。

古氏滩栖螺 *Batillaria cumingii* (Crosse，1862)

物种别名：无。

分类地位：腹足纲Gastropoda中腹足目Mesogastropoda滩栖螺科Batillariidae。

形态特征：贝壳中等大小，呈尖塔形。壳高25mm，宽8mm。螺层约12层，壳顶尖，常被腐蚀。螺旋部高，体螺层低。壳面除壳顶光滑外，其余螺层具较低平而细的螺肋和纵肋，纵肋有变化。壳面呈黑灰色，在缝合线下有1条白色螺带，螺肋上有时具白色斑点。壳口卵圆形，内有褐、白相间的条纹，外唇薄，其后微显凹陷；内唇滑层稍厚。前沟短，呈缺刻状，厣角质，黄褐色，圆形，多旋，核位于中央。

分布与习性：见于我国南北沿海；朝鲜半岛和日本(北海道至九州)也有分布。生活于潮间带高、中潮区，喜在海水盐度较低的泥和泥沙滩栖息，常喜群聚。

资源价值：本种为黄渤海常见，肉可食。其壳可做工艺品。

纵带滩栖螺 *Batillaria zonalis* (Bruguière，1792)

物种别名：无。

分类地位：腹足纲Gastropoda中腹足目Mesogastropoda滩栖螺科Batillariidae。

形态特征：贝壳中等大小，壳高36mm，宽16mm；呈尖锥形，壳质结实。螺层约12层，壳顶常被腐蚀；螺旋部高，塔形；体螺层低，基部稍斜，缝合线明显。壳顶光滑，其余螺层壳面具有明显的波状纵肋和粗细不均的螺肋。壳面呈黑褐色或紫褐色，在缝合线上方通常具1条灰白色螺带，螺旋沟纹多为灰白色。壳口卵圆形，壳内为紫褐色或具有与壳面沟纹相应的白色条纹。壳口外缘薄，内唇较厚，近前后端具有肋状隆起，前沟短，厣角质。

分布与习性：多分布于我国东海和南海；日本、澳大利亚及印度洋也有分布。栖息于潮间带高、中潮区有淡水流入的河口泥沙滩上。

资源价值：肉可食用，也作鸡、鸭的饲料。

微黄镰玉螺 *Euspira gilva* (Philippi，1851)

物种别名：福氏玉螺。

分类地位：腹足纲Gastropoda中腹足目Mesogastropoda玉螺科Naticidae。

形态特征：贝壳卵圆形，壳质薄而坚。体螺层膨大。壳面光滑无肋，生长纹细密，有时在体螺层上形成纵的褶皱。壳面黄褐色或灰黄色(幼壳色浅)，螺旋部多呈青灰色，愈向壳顶色愈浓。壳口卵圆形，内面为灰紫色，外唇薄，易破；内唇上部滑层厚，靠脐部形成一个结节状胼胝。脐孔深，厣角质。

分布与习性：广布于我国黄海、渤海沿岸，向南至广东北部；朝鲜和日本也有分布。通常栖息于软泥质海底，以及沙及泥沙质的滩涂。

资源价值：肉味鲜美，可食。在我国浙江沿海称为"香螺"。本种为肉食性动物，对养殖类有害。

扁玉螺 *Neverita didyma* (Röding，1798)

物种别名：大玉螺。

分类地位：腹足纲Gastropoda中腹足目Mesogastropoda玉螺科Naticidae。

形态特征：贝壳中等大，呈半球形，壳质坚厚，宽扁。壳顶低，缝合线明显，螺旋部较短，体螺层极其膨大。壳面光滑，具明显的生长纹。壳表呈淡黄褐色，壳顶部紫色，基部白色。壳口卵圆形，外唇薄，呈弧形；内唇具厚的滑层及深褐色的胼胝，其上沟痕明显。脐孔大而深。厣角质，黄褐色。

分布与习性：广布于我国南北沿海；日本、朝鲜半岛、菲律宾、澳大利

亚和印度洋的阿曼苏丹也有分布。生活于潮间带至水深50m左右的沙和泥沙质海底。

资源价值：本种在我国黄海、渤海具有一定的资源量，是重要的渔获物之一。肉味鲜美，可供食用。

斑玉螺 *Notocochlis tigrina* (Röding，1798)

物种别名：大玉螺。

分类地位：腹足纲Gastropoda中腹足目Mesogastropoda玉螺科Naticidae。

形态特征：贝壳中等大，一般壳高27mm，近球形，壳质坚实。螺层约5层，缝合线深，各螺层均较膨圆。壳面平滑，具细密生长纹，呈黄白色。壳顶紫色，密布不规则的紫褐色色斑或条纹，基部白色，无花纹，常被易脱落的黄色壳皮。壳口大，卵圆形，白色；外唇薄，弧形，内唇具滑层和胼胝。脐孔大，不深。厣石灰质，坚实，呈淡黄白色。

分布与习性：广布种，我国南北沿海均有分布；也见于日本、菲律宾和爪哇岛等地。栖息于潮间带至水深10m的海底。

资源价值：肉味鲜美，青岛地区素有"香螺"之称。因属肉食性贝类，对滩涂贝类养殖危害较大，尤其对于幼贝，福建沿海称其为"蚶虎"。

拟紫口玉螺 *Cryptonatica andoi* (Nomura，1935)

物种别名：口螺。

分类地位：腹足纲Gastropoda中腹足目Mesogastropoda玉螺科Naticidae。

形态特征：贝壳大型，近球形，壳高45mm，宽40mm；壳质坚实。螺层约6层，缝合线明显，各螺层膨胀。螺旋部低小，体螺层极膨大。壳表平滑无肋，具明显的生长纹，常在体螺层上形成不均匀的纵列皱褶。壳呈灰紫色，外被黄褐色壳皮，在体螺层上具有3条灰白色螺带。壳口半圆形，内白色，深处为淡紫色，外唇薄。内唇稍厚，中部向外伸出1个半遮盖脐孔的胼胝突起。厣石灰质，半圆形，平滑，生长纹略呈放射状，核位于内侧下端。

分布与习性：见于我国北方沿海；日本北部沿海也有分布。栖息于潮下带沙或泥质的浅海。

资源价值：肉可食，为北方沿海较习见种。

强肋锥螺 *Neohaustator fortilirata* (G. B. Sowerby Ⅲ，1914)

物种别名：锥螺。

分类地位：腹足纲Gastropoda中腹足目Mesogastropoda锥螺科Turritellidae。

形态特征：个体大型，壳高可达70mm，宽16.4mm。螺壳呈尖锥形，壳较坚厚。螺层约18层，缝合线浅。螺层微膨大。壳顶尖，常磨损。螺旋部很高，体螺层短。螺壳表面具明显生长纹和4～5条较强的螺肋及细的间肋，后部螺层上的螺肋数目逐渐减少且渐弱。壳面呈黄褐色。壳口近圆形，无前后沟；外唇薄，常破损；内唇稍厚。无脐。厣角质，圆形，呈栗色，核位于中央。

分布与习性：为北方种，在我国仅分布于黄海，在山东以南沿海尚未发现。栖息于潮下带至水深40m左右的泥沙质的海底。

资源价值：可食用，北方水产品市场常有出售。

纵肋织纹螺 *Nassarius variciferus* (A. Adams，1852)

物种别名：海螺、海瓜子。

分类地位：腹足纲Gastropoda新腹足目Neogastropoda织纹螺科Nassariidae。

形态特征：贝壳中等大，壳高29mm，宽14mm。呈短锥形，壳质结实。螺层约9层，缝合线较深，螺旋部呈尖锥形，体螺层大。壳顶3层光滑。螺表面具有显著的纵肋和细密的螺纹，两者相互交织成布纹状。纵肋接近肩部形成1环结节突起，在每一螺层上通常生有1～2条粗大的纵肿脉。壳面淡黄色或黄白色，具有褐色螺带，螺带在螺旋部为2条，在体螺层为3条。壳口卵圆形，内面黄白色；外唇薄，边缘上面具有尖细的齿；内唇弧形，上部薄，下部稍厚，边缘常有突起。前沟短，缺刻状。厣角质、薄。

分布与习性：为我国沿海习见种；日本也有分布。栖息于浅海沙和泥沙质的海底，从潮间带至40m水深都有分布。

资源价值：本种资源量较大，肉可食用。

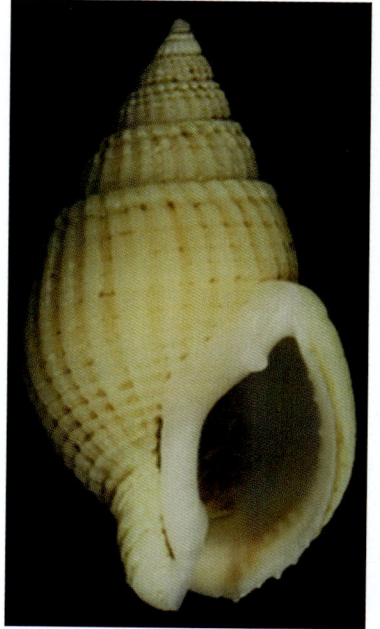

脉红螺 *Rapana venosa* (Valenciennes，1846)

物种别名：海螺。

分类地位：腹足纲Gastropoda新腹足目Neogastropoda骨螺科Muricidae。

形态特征：贝壳大型，壳质坚厚，壳高104mm。螺层约7层，缝合线浅，螺旋部小，体螺层明显膨大，基部窄。壳顶光滑，其余螺层具略均匀而低的螺肋和结节，螺层中部和体螺层上部外突形成肩角，其上具强弱不等的角状突起。体螺层上一般具3～4条螺旋肋，其中第1条最粗壮。壳表呈黄褐色，具棕色或紫棕色色斑和花纹。壳口大，卵圆形，内面呈杏红色，具光泽。外唇上部薄、下部厚，假脐明显。厣角质，核外侧。

分布与习性：温水性种类，分布于我国福建沿岸以北海域；日本、朝鲜和俄罗斯也有分布。栖息于潮间带至水深20m的岩石岸及泥沙质的海底。

资源价值：本种个体较大，在黄海、渤海沿岸广泛分布，在莱州湾、胶州湾和大连附近海域资源

量较大。肉肥大鲜美，此外，肉、贝壳和厣均可药用，是重要的经济贝类之一。我国已开展人工育苗和养殖。该种为肉食性贝类，对滩涂贝类养殖有危害。

疣荔枝螺 *Reishia clavigera* (Küster，1860)

物种别名： 辣螺。

分类地位： 腹足纲Gastropoda新腹足目Neogastropoda骨螺科Muricidae。

形态特征： 贝壳中等大小，近卵圆形，壳高38mm。壳质坚硬，螺层约6层。缝合线浅，不明显。壳面膨胀，在每个螺层的中部有1列明显的疣状突起，或在缝合线处还有1列小的不明显的颗粒突起。体螺层上具5列疣状突起。壳表密布螺肋和细密生长纹，呈灰绿色或黄褐色。壳口卵圆形，内面呈淡黄色，外唇薄，内侧黑紫色；内唇淡黄色，光滑。前沟短，缺刻状。厣角质，褐色，核位于外侧。

分布与习性： 广温性种类，分布于我国南北沿海；日本、朝鲜和越南也有分布。栖息于潮间带至潮下带的岩石间，隐藏于岩石缝隙或石块下。

资源价值： 本种在我国北方沿海是常见种，具有一定的资源量。肉可供食用，具辣味，故有"辣螺"之称。贝壳可入药。该种为肉食性贝类，对滩涂贝类养殖有危害。

黄口荔枝螺 *Reishia luteostoma* (Holten，1803)

物种别名： 辣螺。

分类地位： 腹足纲Gastropoda新腹足目Neogastropoda骨螺科Muricidae。

形态特征： 贝壳中等大小，壳高43mm，宽27mm。呈纺锤形，壳质坚硬，螺层约7层，缝合线浅，不明显。螺旋部较高，呈圆锥形，约为壳高的1/2。体螺层上部膨大，下部收缩。壳面较粗糙，具有细密而低平的螺肋及细的生长纹。每个螺层中部扩张形成肩部，围绕肩部有1结实的突起，结节突起在体螺层上有4列，以第1列最发达，其余逐渐减弱或不显。壳口卵圆形，外唇薄，内缘具小的粒状突起；内唇略直，光滑。前沟短，前端稍向北方扭曲，厣角质，褐色，核位于中央的外侧边缘。壳面黄褐色至黄紫色，具纵向波状紫褐色花纹，花纹通常覆盖在结节突起上面，颜色有变化。

分布与习性：在我国南北沿海皆有分布；日本也有分布。生活于潮间带中、低潮区的岩石缝隙内或石块下面。

资源价值：肉可食。具有较高的经济价值和营养价值，为我国沿海渔民重要的捕捞对象之一，近年来，其资源量严重衰退。

香螺 *Neptunea arthritica cumingii* Crosse，1862

物种别名：响螺、金丝螺。

分类地位：腹足纲Gastropoda新腹足目Neogastropoda蛾螺科Buccinidae。

形态特征：贝壳大型，壳高可达134mm，近菱形，壳质坚实。螺层约7层，缝合线明显。胚壳乳头状，光滑；螺旋部小，体螺层膨大，基部收缩。各螺层中部和体螺层上部具明显肩角，阶梯状。肩角具结节状突起或呈翘起的鳞片状突起。壳表具细密的螺旋肋、螺纹及明显的生长纹。壳面颜色多有变化，一般黄褐色，或具有宽窄不一的白色色带及褐色薄壳皮。壳口大，梨形，内呈灰白色或淡褐色；外唇简单、弧形；内唇具较厚向外延展的滑层。前沟短宽，前端稍曲。厣角质，梨形，核位于前端。

分布与习性：温水性种类，分布于我国江苏以北海域；朝鲜、日本也有分布。生活于潮下带水深20～80m及以上水深的泥质或岩质海底。

资源价值： 本种在北黄海和渤海为常见种，具有一定的资源量。肉肥大，味美，有"香螺"之称。

皮氏蛾螺 *Volutharpa ampullacea* (Middendorff，1848)

物种别名： 皮氏涡蜀螺。

分类地位： 腹足纲Gastropoda新腹足目Neogastropoda蛾螺科Buccinidae。

形态特征： 贝壳大型，壳高67mm，呈卵圆形，壳质薄脆。螺层约6层，缝合线细而深。螺旋部较小，体螺层极其膨大。壳表光滑，具纵横交叉的细线纹和细密的生长纹，被黄褐色生有绒毛的壳皮，易脱落。壳口大，内灰白色，外唇薄，呈弧形；内唇较扩张，贴于体螺层上。前沟短，呈"V"形缺刻，具假脐。厣角质，卵圆形，很小，盖不住壳口，核位于中央。

分布与习性： 本种目前仅报道分布于我国黄海北部和渤海；朝鲜、日本也有分布。生活于潮下带水深18～50m及以下的软泥海底。

资源价值： 本种在我国黄海、渤海有一定的资源量，渔业拖网常采集到，肉肥大，味美。

地纹芋螺 *Conus geographus* Linnaeus，1758

物种别名： 无。

分类地位： 腹足纲Gastropoda新腹足目Neogastropoda芋螺科Conidae。

形态特征： 贝壳大型，壳高可达110mm，壳质坚实。螺旋部低，略突出于体螺层。缝合线细，后期螺层缝合线上方和体螺层肩部均有1列竖直的齿状突起。体螺层延长，基部略收窄。壳表具稀疏、不规则的纵行沟纹或褶痕。壳面乳白色或淡紫灰色，饰以红褐色不规则的网状细小花纹、斑纹和斑点；体螺层上具有2条红褐色环带。壳口宽大，前方张开；内面淡紫灰色或白色；内唇略扭曲。

分布与习性： 暖水性种类，分布于我国广东和海南，以及印度—太平洋热带海域。生活于潮下带以下浅水区的沙滩上或珊瑚礁间。

资源价值：本种因贝壳色彩艳丽、形状美观而深得群众喜爱，具有较高的观赏价值。同时，本种为芋螺科中毒性最强的一种，其分泌的贝类毒素可杀死数人，故采集新鲜标本时需格外注意。其分泌的贝类毒素具有开发海洋药物的潜力。

WoRMS，http://www.marinespecies.org/aphia.
php?p=taxdetails&id=215499

泥螺 *Bullacta exarata* (Philippi，1849)

物种别名：麦螺、梅螺、海泥板、海溜子。

分类地位：腹足纲Gastropoda头楯目Cephalaspidea阿地螺科Atyidae。

形态特征：体长40～50mm，呈长方形，肥厚，呈灰或黄红色。身体柔软，软体部不能完全收缩入壳内。头楯大，平滑，遮盖贝壳前部。眼埋入头楯皮肤中。外套膜小，大部分被贝壳掩盖。足宽，前端圆形，后端截形。侧足发达，竖立于体侧并掩盖部分贝壳。壳质薄脆，呈卵圆形，螺旋部小，体螺层膨胀。壳表被灰黄色至褐色壳皮，具精细的螺旋沟和生长线，两者相交呈格子状。壳口宽广，上部窄，底部扩张呈半圆形。内唇石灰质层狭而薄；外唇简单，弧形。

分布与习性：为太平洋西北部特有种，我国分布于南北沿海；日本、朝鲜等国家也有分布。生活于潮间带至潮下带浅水区的泥沙质底。

资源价值：本种在我国南北沿海具有较大的资源量，浙江和山东等省已在潮间带开展人工养殖，其中浙江野生泥螺年产量高达百万吨，养殖产量高达近千吨；山东黄河三角洲区域也开展了潮间带泥螺养殖。本种可食用，也可作鱼饵。

豆形胡桃蛤 *Ennucula faba* (Xu，1999)

物种别名： 无。

分类地位： 双壳纲Bivalvia胡桃蛤目Nuculoida胡桃蛤科Nuculidae。

形态特征： 贝壳小型，一般壳长9.0mm；两壳明显膨胀；壳顶明显，突出于后端1/4处。小月面狭长、披针状，其中部隆起；楯面心脏形；前齿列约具13个齿，后齿列6个。壳表较光滑，具细密的生长纹及颜色较深的年轮状同心纹。壳皮薄，呈黄白色。

分布与习性： 本种是我国地方性种。分布于水深25m以内的细颗粒软泥沉积区。

资源价值： 本种个体虽小，但在黄海、渤海区域有一定资源量，可用于渔业养殖饲料。

醒目云母蛤 *Yoldia notabilis* Yokoyama，1922

物种别名： 无。

分类地位： 双壳纲Bivalvia胡桃蛤目Nuculoida吻状蛤科Nuculanidae。

形态特征： 个体小型，一般壳长27mm，壳高13mm，壳宽6.3mm。呈长卵圆形，壳质薄，易破损。两壳大小相等，两侧不等。壳顶小，近前方。背缘壳顶两侧倾斜，前缘和腹缘圆，后缘尖瘦，呈喙状。壳表有光泽，具有比较稀疏纤细、略呈波状的同心轮脉线纹多条，生长纹细密，常出现褶痕。壳面被黄褐色微带绿色薄的壳皮，壳皮脱落后壳面为灰白色。壳内白色，具光泽，铰合部具1列细密尖锐的小齿。内韧带，位于壳顶下面三角形的凹槽内。外套窦较深，前闭壳肌痕长卵圆形，后闭壳肌痕近马蹄形。

分布与习性： 为冷水性种类，栖息于

水深30～80m的泥和沙海底，为北黄海冷水团范围内分布种。

资源价值：本种比较常见，肉可食。

毛蚶 *Scapharca kagoshimensis* (Tokunaga，1906)

物种别名：毛蛤、麻蛤、血蚌。

分类地位：双壳纲Bivalvia蚶目Arcoida蚶科Arcidae。

形态特征：贝壳中等大小，壳质坚厚，膨胀，近卵形或长卵圆形。两壳稍不等，右壳稍小。壳顶突出，壳表具凸出的放射肋31～34条，肋上具方形小结节。同心生长纹在腹部较明显。壳面白色，被有褐色绒毛状表皮。

分布与习性：广布于我国沿海。栖息于潮间带至潮下带水深几十米的泥或泥沙质海底。

资源价值：我国北方海域资源量较大，为习见种。可食用，肉味鲜美，可鲜食、干制和加工成罐头。贝壳及肉均可入药，有补血、温中、健胃的功效。

青蚶 *Barbatia virescens* (Reeve，1844)

物种别名：无。

分类地位：双壳纲Bivalvia蚶目Arcoida蚶科Arcidae。

形态特征：贝壳大型，一般壳长35mm；呈近长卵形或长方形，中部稍扁，前部细短，后部长且扩张。壳顶稍凸出，位于前端近1/4处。壳表具细密放射肋，肋在后部变强壮但不规则；同心生长纹微弱、稀疏。壳面呈浅绿色，壳内淡蓝色，具光泽。铰合齿数目多，中间者细小、密集，后部者粗大。前、后闭壳肌痕皆圆形，前者小。

分布与习性：本种在我国浙江嵊山以南沿海较常见；在日本、菲律宾、越

南也有分布。生活于潮间带到数十米深的浅海区，以足丝附着在岩礁的缝隙或其他基质上。

资源价值：肉可食用，贝壳可供烧石灰。

魁蚶 *Anadara broughtonii* (Schrenck，1867)

物种别名：焦边毛蚶、大毛蛤、赤贝、血贝。

分类地位：双壳纲Bivalvia蚶目Arcoida蚶科Arcidae。

形态特征：贝壳大型，壳长可达85.0mm，壳高69mm；呈斜卵形，膨凸，左壳稍大于右壳；壳顶膨胀，位于偏前方。壳前端圆，后端斜截形；壳表约有宽的放射肋42条，肋上无结节。壳面呈白色，壳顶部略显灰色，被棕色壳皮，贝壳边缘处具密集棕色毛状物。壳内面白色，内缘具强壮的齿状突出。铰合部直、狭长，前后端齿较大；前闭壳肌痕小，后闭壳肌痕大。

分布与习性：分布于我国黄海、渤海，东海较少分布；也见于日本、朝鲜半岛。生活于潮间带以下至水深数十米的软泥质浅海区。近来开展了人工养殖试验，进行了人工育苗。

资源价值：本种在黄海、渤海有较大的资源量，尤其是辽宁和山东资源量丰富。个体大、生长快，肉味鲜美，富含蛋白质和各种维生素，具有较高的经济价值。

泥蚶 *Tegillarca granosa* (Linnaeus，1758)

物种别名：血蛤。

分类地位：双壳纲Bivalvia蚶目Arcoida蚶科Arcidae。

形态特征：贝壳大型，壳长31mm；呈近卵形，壳质坚厚，两壳膨胀。壳顶膨大、突出，近前方。壳前端短，后部稍长，前后缘均呈圆形；壳表具粗壮的放射肋17～20条，肋上有大而稀疏的结节；生长轮脉在腹缘明显，鳞片状。壳面呈白色，被棕色或黄棕色壳皮，光滑无毛状物；壳内面白色或略带灰色，边缘具强壮锯齿状突起；铰合部宽直，铰合齿细密；前闭壳肌痕较小，后闭壳肌痕大，呈方圆形。

分布与习性：广布种，广泛分布于印度—西太平洋区，为全国南北沿海常见

种。生活于潮间带到潮下带浅水区
（0～55m）的软泥底质中，常在淡水注
入处。

资源价值：本种资源量较大。肉味极
其鲜美，营养丰富，含多种氨基酸和
维生素，被我国人民，尤其是南方沿
海群众视为珍贵食品。亦可入药，有
补血、温中、健胃功效。是我国贝类
养殖的重要种类，尤其在我国南方养
殖历史悠久。

厚壳贻贝 *Mytilus unguiculatus* Valenciennes，1858

物种别名：淡菜、海红。

分类地位：双壳纲Bivalvia贻贝目Mytiloida贻贝科Mytilidae。

形态特征：贝壳大型，壳质坚厚，呈楔形。壳顶尖细，位于壳的最前端，或略弯
向腹面。壳背缘弯，有明显背角；腹缘略直；后缘较圆。壳表粗糙，无放射肋，
具细密生长纹。壳面呈黑褐色，壳顶壳皮常脱落而呈白色，壳内面光滑，呈浅灰
蓝色。铰合部较窄。足丝孔位于腹面，不显。足丝细软，较发达。

分布与习性：分布于我国黄海、渤海、东海和台湾等地；西北太平洋的日本北海
道、韩国西南部的济州岛也有分布。
栖息于潮间带至水深20m处，以足丝
附着于岩石或其他硬基质上。

资源价值：为较好的养殖对象。肉可
食用，味道鲜美。贝壳可用于制作烧
石灰或附着基。足丝可作为纺织品的
原料。

翡翠贻贝 *Perna viridis* (Linnaeus，1758)

物种别名：淡菜、绿壳菜蛤、壳菜、青口。

分类地位：双壳纲Bivalvia贻贝目Mytiloida贻贝科Mytilidae。

形态特征：贝壳大型，一般壳长10cm，壳高6.3cm。壳形近似于厚壳贻贝，但壳

质较前种薄，结实。壳呈楔形，壳质略薄，壳顶多弯向腹缘，腹缘略显平直，壳前端较细，后端宽圆。壳面具较低平的隆肋及细密的生长纹。壳表光滑具光泽，多呈绿褐色，色彩鲜艳；壳内面白瓷状，具光泽。足丝细，较发达。外套缘厚，具突起。无前闭壳肌痕。

分布与习性： 暖水性种，广布于印度—西太平洋热带及亚热带区域，我国主要分布在东海南部及南海。生活于低潮线至水深约20m处，以5～6m水深处生长更为密集。

资源价值： 为重要的经济贝类。产量大，味道鲜美。多煮熟后加工成干品即淡菜，淡菜营养价值较高，并具有一定的药用价值。

紫贻贝 *Mytilus galloprovincialis* Lamarck，1819

物种别名： 海红。

分类地位： 双壳纲Bivalvia贻贝目Mytiloida贻贝科Mytilidae。

形态特征： 贝壳大型，一般壳长78mm，壳高44mm；贝壳呈楔形，壳质较薄。壳顶尖细，位于贝壳最前端，腹缘略直，背缘呈弧形，背角明显。壳表光滑，略具光泽，具细密生长纹。壳面多呈黑褐色或紫褐色；壳内面呈灰蓝色，闭壳肌痕及外套痕较明显；铰合部窄，有2～5个粒状小齿。韧带细长，呈褐色。足丝细丝状，发达。

分布与习性： 广布种，并广布于世界北半球，在我国沿海均有分布，以北方沿海较常见。以足丝营附着生活，栖息于低潮带至浅海10m左右的岩石基底。生长速度较快，一年壳长可达60mm。

资源价值： 本种资源量较大，常聚集生活。肉味鲜美，营养丰富，可食用，也可作水产养殖饵料。贝壳粉可作农肥。由于繁殖快，适应力强，常密集附着于船底、养

殖浮标和工厂的冷却管道中，造成许多不利影响。

隔贻贝 *Septifer bilocularis* (Linnaeus，1758)

物种别名：海红。

分类地位：双壳纲Bivalvia贻贝目Mytiloida贻贝科Mytilidae。

形态特征：贝壳中等大小，壳长约50.0mm；贝壳多呈长方形；壳质厚；壳顶呈喙状，位于贝壳最前端，弯向腹缘；壳腹缘略凹，背缘铰合部弯，壳后缘圆。壳面前端具有一隆起。壳表有细的放射肋，壳后端常有稀疏的黄色壳毛。壳表呈蓝绿色，杂有红褐色或白色斑点；壳内呈青蓝色，壳顶部下方有1个三角形的小隔板。

分布与习性：为热带西太平洋广布种，我国见于广东以南沿海。栖息于潮间带至低潮线附近岩石或珊瑚礁等物体上。

资源价值：肉味鲜美，营养丰富，可食用，也可作水产养殖饵料。贝壳粉可作农肥。

条纹隔贻贝 *Mytilisepta virgata* (Wiegmann，1837)

物种别名：海红。

分类地位：双壳纲Bivalvia贻贝目Mytiloida贻贝科Mytilidae。

形态特征：贝壳中等大小，一般壳长45.5mm，壳高26mm，壳宽21mm。壳顶较尖，位于前端；壳腹缘极凹，背面呈弓形；后端宽圆。壳面密布放射状细刻纹及强弱不一的隆肋，肋间距较宽，有的个体不明

显。壳面呈紫褐色，顶部常呈淡紫和淡粉色，壳内为灰蓝色，有时带浅红色；壳顶下方有1个三角形的小隔板。闭壳肌痕明显，铰合部窄，有1～3个小突起。

分布与习性： 我国分布于浙江以南沿海；日本北海道至琉球有分布。附着生活于潮间带中、低潮区岩石或贝壳等物体上，较常见。

资源价值： 肉可食用，肉质鲜美，干制品亦称"淡菜"。干燥的肉可入药。味咸，性温。滋阴，补肝胃，益精血。

长偏顶蛤 *Jolya elongata* (Swainson，1821)

物种别名： 无。

分类地位： 双壳纲Bivalvia贻贝目Mytiloida贻贝科Mytilidae。

形态特征： 贝壳中等至稍大，略呈长方形。壳质薄。壳顶近前端，明显突出于壳背缘；腹缘稍直，背缘直长，后缘窄、圆。壳面具明显隆肋，呈褐色，具光泽；生长纹细密，明显。壳内多呈淡蓝色，肌痕略显。铰合部无齿，韧带长，一般大于壳长的2/3。足丝细软，外套薄，外套缘稍厚。前闭壳肌痕小，弯月形；后闭壳肌痕大，近圆形。

分布与习性： 为暖水性广布种，多分布于印度—西太平洋的中部和西部，我国见于南北沿海；也见于日本、菲律宾、泰国湾等地。生活于潮下带至百米以内的泥沙、软泥及砂质泥底质。

资源价值： 在我国沿海是底栖贝类中的优势种，可作为捕捞对象。肉可食用，味道鲜美。

偏顶蛤 *Modiolus modiolus* (Linnaeus，1758)

物种别名： 毛海红、假海红。

分类地位： 双壳纲Bivalvia贻贝目Mytiloida贻贝科Mytilidae。

形态特征： 贝壳大型，略呈长椭圆形，壳质较薄但坚硬。壳顶凸圆，近壳前端。壳前端粗圆，腹缘略直，背缘弧形，后缘宽圆。壳面有明显的隆肋，生长纹细密，明显，被黄褐色细毛。壳表呈栗褐色，多具光泽，壳内呈浅灰蓝色，有时略带浅紫色。肌痕明显，铰合部无齿。足丝孔小，足丝细，淡黄褐色。

分布与习性：为冷水性广布种，我国主要分布于黄海、渤海。生活在低潮线下至水深50m左右的砂质底，以足丝附着于砂砾和碎壳上，或相互固着生长。

资源价值：肉味鲜美，营养丰富。贝壳可作附着基或烧石灰，较大个体可产生小珍珠，可入药。本种在我国北部沿海资源量较大，为一种较为重要的捕捞对象。

菲律宾偏顶蛤 *Modiolus philippinarum* (Hanley，1843)

物种别名：无。

分类地位：双壳纲Bivalvia贻贝目Mytiloida贻贝科Mytilidae。

形态特征：贝壳大型，壳长90.0mm；壳质薄、韧，近三角形。壳顶圆，凸出壳的背缘；腹缘直，背缘弯，具有明显的背角。壳表具有一明显隆起的肋，呈紫色，具光泽。壳表为褐色，后端具稀疏的细黄毛；内面多呈紫罗兰色。铰合部无齿，韧带稍短。

分布与习性：暖水性广布种，我国主要分布于广东以南沿海，为海南岛底栖贝类常见种；也分布于日本、菲律宾、印度尼西亚、澳大利亚和印度洋。栖息于低潮线附近至潮下带浅水区，以足丝相互附着在泥沙和砂砾上生活。

资源价值：本种在我国南部沿海有一定的资源量，个体大，肉味鲜美，营养丰富，是一种较好的补品和美味食品。

鞘偏顶蛤 *Arenifodiens vagina* (Lamarck，1819)

物种别名：无。

分类地位： 双壳纲Bivalvia贻贝目Mytiloida贻贝科Mytilidae。

形态特征： 贝壳大型，壳长可达95.0mm；贝壳近圆筒形；壳质极薄。壳顶凸，壳前端膨圆，后端稍扁。壳表平滑具光泽，呈黄褐色，向壳后缘颜色逐渐加深。壳内面呈白色或浅灰蓝色，肌痕不明显，水管极长。

分布与习性： 在我国仅见于海南岛；日本、菲律宾、澳大利亚及印度洋等地也有分布。栖息于低潮线附近，营穴居生活，能潜入30cm的细沙中。

资源价值： 本种在我国南部沿海有一定的资源量，个体大，肉味鲜美，营养丰富，是一种较好的补品和美味食品。

凸壳肌蛤 *Arcuatula senhousia* (Benson，1842)

物种别名： 薄壳、东亚壳菜蛤、沙喇鲑。

分类地位： 双壳纲Bivalvia贻贝目Mytiloida贻贝科Mytilidae。

形态特征： 贝壳较小，壳质薄、韧，略呈三角形。壳顶凸圆，近壳前端但不位于最前端。壳腹缘直，背缘较弯。壳面自壳顶至腹缘中部具一明显隆肋。壳表光滑具光泽，呈草绿色或褐绿色，并有不规则的褐色波状花纹。贝壳内面颜色近于壳表颜色。肌痕不明显。铰合部直、窄，韧带细，红褐色。

分布与习性： 为暖温带种。广布于太平洋东西两岸，为我国沿海潮间带的常见种。生活在潮间带至潮下带50～60cm的泥沙或泥滩中。

资源价值： 该种个体小，但产量大，可食用，也可作为鱼虾的饵料，生长快且产量高，是一种重要的经济贝类。在我国广东和福建沿海俗称薄壳，煮熟或炒熟后像吃瓜子一样食之。

日本肌蛤 *Arcuatula japonica* (Dunker，1857)

物种别名： 无。

分类地位： 双壳纲Bivalvia贻贝目Mytiloida贻贝科Mytilidae。

形态特征： 贝壳小型至中等大小，扁平，细长。壳质薄、韧，壳顶略凸，细圆。壳表光滑，呈黄绿色，有时略显浅红色，前端有少数放射纹，后背部有许多紫色和白色放射纹。贝壳内面色浅，具光泽，颜色近壳表。铰合部窄，韧带细长，浅褐色。足丝软，胶状，较发达。

分布与习性： 暖水种，广布于印度—西太平洋区，我国分布于从福建东山岛以南至北部湾。仅见于潮下带水深数十米的泥沙、软泥、砂质泥及碎壳底质上。

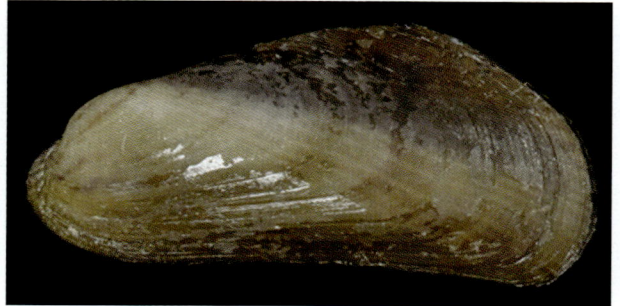

资源价值： 壳小而薄，但肉肥美，可食用，也可作为鱼虾的优良饵料，在我国南部沿海数量较大，为较好的捕捞对象。

栉江珧 *Atrina pectinata* (Linnaeus，1767)

物种别名： 江珧、牛角江珧蛤。

分类地位： 双壳纲Bivalvia贻贝目Mytiloida江珧科Pinnidae。

形态特征： 贝壳大型，呈三角形，较大个体壳长达30cm，壳高20cm，壳质薄、韧。两壳相等，两侧不等。壳顶尖细，位于壳最前端。背缘直或略凹；腹缘前半部较直，后半部呈弧形；后缘直或略呈截形。壳面有10条放射肋，肋上具三角形小棘，小棘在壳后端尤其明显。壳多呈浅褐色或褐色，壳顶部常因磨损而露出珍珠光泽。壳内颜色与壳表略同。韧带极细长，褐色，其高度与背缘相等。前闭壳肌小，后闭壳肌大。足丝细长，具光泽，极发达。

分布与习性： 为暖水性广布种，习见于印度—西太平洋区，我国南北沿海均有分布。生活于潮下带至水深百米以内的泥沙海底。

资源价值： 本种个体大、数量多，在我国南北沿海资源量丰富，是一种重要的经济

贝类，为主要渔获对象。肉柱发达，营养丰富，除鲜食外，可干制加工成海珍品江珧柱。产生的小珍珠可入药，贝壳可作为附着基。

多棘裂江珧 *Pinna muricata* Linnaeus，1758

物种别名：无。

分类地位：双壳纲Bivalvia贻贝目Mytiloida江珧科Pinnidae。

形态特征：贝壳大型，壳长可达130.0mm。近等边三角形，壳质薄。壳顶细，位于最前端；后端增宽，呈截形；自壳顶沿壳面中部有一较直的中央裂缝。壳表具细的放射肋，肋上有许多小鳞片。壳面呈土黄色或黄褐色，在壳后端有时具白色或褐色花斑；壳内面颜色稍浅。闭壳肌痕明显。

分布与习性：为热带常见种，印度—西太平洋暖水区均有分布，我国见于海南岛和西沙群岛。营穴居生活，常半埋于潮间带中、低潮区至潮下带50m的沙或泥沙质浅海。

资源价值：肉质部肥大，味道鲜美，营养丰富。可鲜食，也可干制成江珧柱。

紫裂江珧 *Pinna atropurpurea* Sowerby，1825

物种别名：无。

分类地位：双壳纲Bivalvia贻贝目Mytiloida江珧科Pinnidae。

形态特征：贝壳大型，壳长可达350.0mm；贝壳较凸，近三角形或近扇形，壳质坚实。壳前端尖，后端较宽圆；中央列很明显，位于前半部。壳表具细的放射肋，肋有时不明显；壳色多有变化，从浅褐色至深褐色等；壳内面平滑具光泽，多呈灰色或深紫色，并有放射带。前闭壳肌

小，后闭壳肌明显；铰合部无齿，韧带细长。

分布与习性：广布于印度—西太平洋暖海区，我国见于福建省东山岛以南。栖息于低潮线附近，以贝壳尖端插入泥沙中穴居生活。

资源价值：肉质部肥大，味道鲜美，营养丰富。可鲜食，也可干制成江珧柱。

马氏珠母贝 *Pinctada imbricata* Röding，1798

物种别名：合浦珠母贝。

分类地位：双壳纲Bivalvia珍珠贝目Pterioida珍珠贝科Pteriidae。

形态特征：贝壳大型，略呈正方形，较大个体壳长达87mm，壳高93mm。两壳不等，左壳凸，右壳平。壳面具数条褐色放射线，生长线细密、片状，易脱落。贝壳呈淡黄褐色，壳内面中部具厚的珍珠层，银白色。铰合部直，具小齿；韧带细长，紫褐色。足丝绿色，发达。

分布与习性：为暖水性广布种，我国主要分布于南部沿海。栖息于低潮线至水深10m左右的浅海。

资源价值：本种所产珍珠为著名的南珠，质地佳，可做装饰品、化妆品及药用，具清凉解毒等作用。珍珠层制出的珍珠层粉，也有较好的药用疗效。软体部鲜美，可供食用。

大珠母贝 *Pinctada maxima* (Jameson，1901)

物种别名：白螺珍珠贝、白碟贝。

分类地位：双壳纲Bivalvia珍珠贝目Pterioida珍珠贝科Pteriidae。

形态特征：贝壳超大型，壳长可达320.00mm，呈圆方形，壳质厚重，个体重达4～5kg。两壳略不等，左壳稍大。背缘较直，腹缘圆；前耳小，后耳不明显。壳面呈黄褐色，具有覆瓦状排列的鳞片；壳内面珍珠层极厚，呈银白色，美丽而富有光泽。较大个体的珍珠层外缘与壳边缘之间有1条光亮的黄色环带，极其美丽。闭壳肌痕宽大；铰合部无齿；韧带宽。

分布与习性：暖水性种，主要分布于西太平洋热带海域，我国见于海南和广东以南沿海。常栖息于海流通畅的潮下带5～100m的砂或石砾质海底。

资源价值：本种能产生大型优质珍珠，其光泽和颗粒为各种珍珠之冠。贝壳珍珠层厚大，除药用外，还可作珍珠核的原料。我国南部海区已开展大规模人工养殖和育珠。

王祯瑞，2002

栉孔扇贝 *Chlamys farreri* (Jones & Preston，1904)

物种别名：干贝蛤、海扇。

分类地位：双壳纲Bivalvia珍珠贝目Pterioida扇贝科Pectinidae。

形态特征：贝壳大型，呈圆扇形，较大个体一般壳长达75mm，壳高78mm。两壳及两侧略等。背缘较直；壳顶略凸出，位于背缘。两耳不等，前大后小，略呈三角形；右耳下方具明显的足丝孔和数枚小栉齿。两壳放射肋数目不等，左壳有主肋10条左右，主肋之间具间肋；右壳具不规则的粗肋20条左右，肋上具棘刺。壳色多有变化，呈浅褐色、红褐色、紫褐色、灰白色或浅驼色；壳内面颜色浅，多呈浅粉色或浅灰色。闭壳肌痕明显，位于壳中部。铰合线直，内韧带褐色，发达。足丝细，发达。

分布与习性：为我国北方常见种，黄海、渤海较为常见，少数个体可向南到东海；日本北海道以南及朝鲜沿岸也有分布。生活于低潮线至潮下带水深50m左右的浅海底，底质多为岩石、砂砾或砂质泥等。

资源价值：本种为我国北方沿海重要的经济养殖和捕捞贝类，产量大，经济价值高。肉味鲜美，营养丰富，扇贝柱干制成的"干贝"为名贵海珍品。

华贵栉孔扇贝 *Chlamys nobilis* (Reeve，1853)

物种别名：高贵海扇蛤。

分类地位：双壳纲Bivalvia珍珠贝目Pterioida扇贝科Pectinidae。

形态特征：贝壳大型，壳长可达100.0mm以上；近圆扇形，壳长与壳高近等。左壳较凸，右壳较平。两耳不相等，前耳大，后耳小。壳表具粗壮的放射肋约23条，肋上有翘起的小鳞片。壳色有变化，呈红、黄、橙和紫等多种颜色；壳内多呈浅黄褐色。足丝孔具细齿。铰合线直，铰合部无齿。贝壳内面有与壳面相对应的肋与沟。闭壳肌痕圆，位于体中央偏后背部。

分布与习性：分布于我国福建以南和台湾西南部沿海；日本也有分布。属热带或亚热带暖水性贝类，栖息于低潮线以下至浅海水清流急的岩礁、碎石块及沙砾较多的海底，营固着生活。

资源价值：本种具有较高的经济价值，为广东、海南、福建等南方沿海重要的养殖扇贝。肉味鲜美，营养丰富。

海湾扇贝 *Argopecten irradians irradians* (Larmarck，1819)

物种别名：大西洋内湾扇贝。

分类地位：双壳纲Bivalvia珍珠贝目Pterioida扇贝科Pectinidae。

形态特征：贝壳中等大小，壳长一般约65mm，呈近圆形。壳面较凸，壳质薄。壳表具平滑放射肋20条左右，肋上小棘较平。壳表颜色有变化，多呈灰褐色或浅黄褐色，具深褐色或紫褐色花斑。壳内面近白色，略具光泽；闭壳肌痕略显，有与壳面相应的肋沟。铰合部细长。

分布与习性: 原产于美国大西洋沿岸,1981年我国引种成功并开展人工养殖,年产量约8万t,为我国重要的经济贝类,主要集中于北方沿海,如山东、辽宁。栖息于浅海泥沙质海底。

资源价值: 肉质部肥满,味美,闭壳肌干制成的"干贝"为名贵海珍品。

虾夷扇贝 *Mizuhopecten yessoensis* (Jay,1857)

物种别名: 夏威夷贝、夏夷贝。

分类地位: 双壳纲Bivalvia珍珠贝目Pterioida扇贝科Pectinidae。

形态特征: 贝壳大型,呈圆扇形,较大个体壳长达115mm,壳高105mm。壳两侧略等;两壳不等,右壳较大且较凸,左壳扁平。壳表具宽的放射肋22条左右,左右壳上的放射肋不同,右壳的放射肋较宽,肋间距较小。贝壳多呈白色,具光泽,近壳缘处常呈淡紫色。

分布与习性: 本种为冷水性种,主要分布于太平洋的北半球,日本北海道及本州北部、俄罗斯和朝鲜。

资源价值: 个体大,生长快,产量高。肉味鲜美,营养丰富,可鲜食或干制。我国自1980年从日本引进后,已在山东、辽宁等北方沿海进行大范围的人工养殖,是重要的海水养殖贝类。

嵌条扇贝 *Pecten albicans* (Schröter,1802)

物种别名: 白碟海扇蛤。

分类地位: 双壳纲Bivalvia珍珠贝目Pterioida扇贝科Pectinidae。

形态特征: 贝壳大型,壳质稍薄、坚韧,呈圆扇形,较大个体壳长达100mm,壳高85mm。壳两侧略等,两壳不等。两耳略等,无足丝孔和栉齿。壳表具10条左右的宽放射肋;放射肋呈圆形,光滑无小棘。壳表呈白色至淡红色,有的个体壳顶处略显淡红色；壳内面色浅。闭壳肌痕略显，呈椭圆形。

分布与习性：为温水种，分布于太平洋东西两岸，我国分布于黄海和东海；日本也有分布。栖息于潮下带稍深一些水域的泥沙或软泥底。

资源价值：本种个体大，软体部肥满，肉味鲜美且营养丰富，闭壳肌干制成的"干贝"为名贵海珍品。

长肋日月贝 *Amusium pleuronectes* (Linnaeus，1758)

物种别名：圆贝。

分类地位：双壳纲Bivalvia珍珠贝目Pterioida扇贝科Pectinidae。

形态特征：贝壳大型，近圆形。较大个体壳长达90mm，高88mm。壳质较薄，略透明。壳顶尖，不突出背缘；两耳较小，近等。壳表光滑具光泽，具明显粗壮的放射肋，闭壳肌痕明显。两壳颜色不同，左壳肉红色，具蓝褐色细放射线；右壳白色。

分布与习性：为暖水性种类。广布于印度—西太平洋区，常见于我国南部沿海。栖息于潮下带，水深5～90mm的泥沙质或软泥质海底。

资源价值：肉质部肥满，味鲜美，可鲜食，其干制品"带子"是名贵的海珍品。贝壳可作装饰品或工艺品的原料。

平濑掌扇贝 *Volachlamys hirasei* (Bavay，1904)

物种别名：无。

分类地位：双壳纲Bivalvia珍珠贝目Pterioida扇贝科Pectinidae。

形态特征：贝壳中等大小，一般壳长60mm，壳高57mm。贝壳呈扇形，壳质厚。壳顶尖且低，两耳呈三角形，较大，不等；壳表多具13～17条宽扁光滑的放射肋，肋有变化，有些个体肋不明显或光滑无肋。贝壳多呈乳白色，具红褐色花斑。贝壳内面颜色浅。

分布与习性：本种为中日共有种。我国主要

WoRMS，http://www.marinespecies.org/aphia.php?p=taxdetails&id=394325

分布于黄海、渤海，也可见于东海北部。常栖息于潮下带浅水区，水深10～40m的硬泥沙海底。

资源价值：本种在我国渤海湾资源量丰富，曾是一种较重要的捕捞对象。软体部肉味鲜美，营养丰富。

中国不等蛤 *Anomia chinensis* Philippi，1849

物种别名：无。

分类地位：双壳纲Bivalvia珍珠贝目Pterioida不等蛤科Anomiidae。

形态特征：贝壳小型，一般壳长36mm，壳高34mm。壳形有变化，多呈圆形，壳质薄，小个体壳呈半透明。壳顶尖且低。两壳及壳两侧均不等，右壳平，左壳略凸，稍大于右壳。壳表具有不规则的细放射肋。左右两壳颜色不同，右壳呈白色至青白色；左壳呈橘红色或金黄色，略具珍珠光泽。壳内面色浅，具光泽。铰合部无齿；韧带小，褐色。

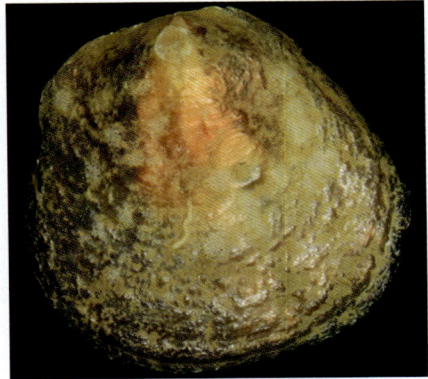

分布与习性：为广温性种类。广布于日本北海道以南至东南亚一带，我国见于南北沿海潮间带。栖息于潮间带中、下区或低潮线下浅水区。

资源价值：肉味甜美，营养丰富，资源量大，生长较快。

海月 *Placuna placenta* (Linnaeus，1758)

物种别名：明瓦、窗贝。

分类地位：双壳纲Bivalvia珍珠贝目Pterioida海月蛤科Placunidae。

形态特征：贝壳大型，一般壳长118mm，壳高110mm。贝壳近圆形，扁平，壳质薄、透明。两壳不等，左壳稍凸，右壳较平。壳表具细密、不规则的生长纹及放射肋，生长纹有时呈片状。壳面呈白色，具珍珠光泽；韧带褐色。成体无足丝，软体部小。

分布与习性：暖水性种类。广布于印度—西

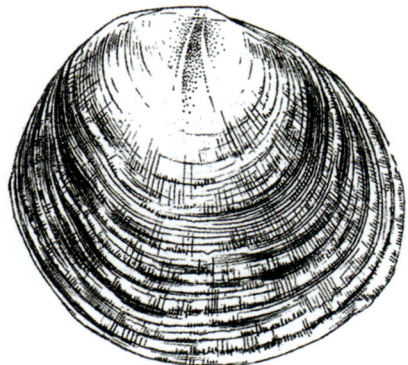

王祯瑞，2002

太平洋热带和亚热带海域，我国常分布于东南沿海。栖息于潮间带中、下区至水深10m左右的软泥或泥沙质海底。

资源价值：贝壳透明、平整，具光泽，可用作灯饰、盘具，古人常将它嵌于屋顶和门窗上，辅助透光，故有"明瓦"和"窗贝"之称。肉和贝壳也可入药，壳有解毒、消积的作用。肉有消食、利肠及消痰等作用。

长牡蛎 *Magallana gigas* (Thunberg，1793)

物种别名：真牡蛎、太平洋牡蛎、日本牡蛎。

分类地位：双壳纲Bivalvia珍珠贝目Pterioida牡蛎科Ostreidae。

形态特征：贝壳大型，壳质厚重，壳形因生长环境不同变化较大。壳面具波纹状鳞片，左壳具数条粗壮放射肋，附着面较大。壳面呈紫色或淡紫色，壳内面白色，闭壳肌痕肾形，靠近腹缘，呈紫色。韧带槽长而深。

分布与习性：分布范围较广，分布于西太平洋区，我国见于南北各地沿海。多附着于岩石等坚硬基质上。

资源价值：软体部肥满，肉味鲜美。经济价值极高，世界范围内许多国家进行人工养殖，也是我国主要的贝类养殖种类。

近江牡蛎 *Magallana ariakensis* (Fujita，1913)

物种别名：赤蚝、红蚝。

分类地位：双壳纲Bivalvia珍珠贝目Pterioida牡蛎科Ostreidae。

形态特征：贝壳大型，壳质厚重，一般壳长105mm，壳高200mm。壳形多有变化，常呈卵圆形或细长。两壳不同，左壳稍大，中凹；右壳平，壳面环生同心鳞片，无放射肋。壳面呈淡紫色，内

Wang et al.，2004

面白色，边缘及闭壳肌痕呈淡紫色。

分布与习性：为广温广盐性种类，分布于我国南北沿海；日本也有分布。多栖息于我国沿海河口附近低潮线以下至水深10余米处。

资源价值：软体部肥满，肉味鲜美。为我国重要的养殖牡蛎种类之一。

香港巨牡蛎 *Magallana hongkongensis* (Lam & Morton，2003)

物种别名：拟近江牡蛎、白蚝。

分类地位：双壳纲Bivalvia珍珠贝目Pterioida牡蛎科Ostreidae。

形态特征：贝壳大型，壳质厚重，壳形多有变化，常呈卵圆形或细长等。外形与近江牡蛎近似，主要区别为软体部的颜色，本种的软体部呈白色，而近江牡蛎软体部呈淡褐色。壳面具环生的同心鳞片，无放射肋，附着面较大，闭壳肌痕肾形，靠近腹缘。壳面呈黄褐色或淡紫色，壳内白色，韧带槽较长而宽。

分布与习性：广盐性种类，见于我国南部沿海（福建厦门以南）的潮下带浅水区，营固着生活。

资源价值：软体部肥满，肉味鲜美。为重要的养殖牡蛎种类之一，经济价值较高，颇受消费者喜爱。

Wang et al.，2004

密鳞牡蛎 *Ostrea denselamellosa* Lischke，1869

物种别名：蠔蛎子、拖鞋牡蛎。

分类地位：双壳纲Bivalvia珍珠贝目Pterioida牡蛎科Ostreidae。

形态特征：贝壳大型，壳质厚重；壳形扁平，多呈近圆形或方形。壳面密生鳞片，无小棘，附着面小；放射肋在两壳不同，左壳具粗大放射肋，右壳放射肋不明显。壳缘呈明显锯齿状。两壳颜色不同，右壳面灰色，左壳面多紫色，壳内面白色。韧带槽三角形。闭壳肌痕近中央，新月形。

分布与习性：为西太平洋特有种，我国见于全国沿海；也分布于日本。栖息于低潮线至水深十几米的浅水区。

资源价值：软体部肥满，肉味鲜美，为人们喜欢的海产品。目前我国正在开展人工养殖研究。

薄壳索足蛤 *Thyasira tokunagai* Kuroda & Habe，1951

物种别名：无。

分类地位：双壳纲Bivalvia帘蛤目Veneroida索足蛤科Thyasiridae。

形态特征：贝壳小型，壳长7mm，壳质薄脆，近半透明，呈三角卵圆形。两壳大小相等；壳顶尖，位于中央略靠前方，两壳顶微内曲。两壳背部自壳顶向后延伸有2条背褶。壳面白色，具细密的同心生长轮脉；小月面凹陷，楯面窄长。铰合部窄，无齿，前闭壳肌痕细长，后闭壳肌痕卵圆形。

分布与习性：为冷水性群落的主导种，主要分布于我国黄海、渤海；日本也有分布。栖息于潮下带水深11～84m泥沙质及软泥底的海底。

资源价值：本种个体较小，但具有一定的资源量。可作为鱼虾养殖用饵料。

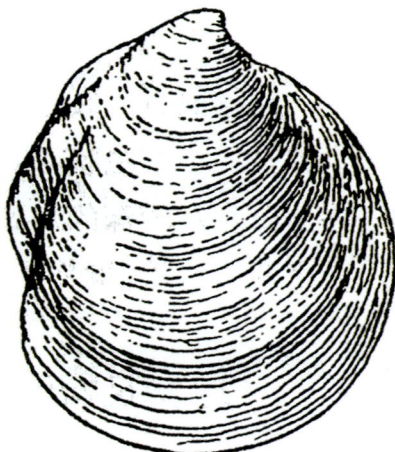

徐凤山，2012

满月无齿蛤 *Anodontia stearnsiana* Oyama，1954

物种别名：无。

分类地位：双壳纲Bivalvia帘蛤目Veneroida满月蛤科Lucinidae。

形态特征：贝壳大型，壳长可达70mm。壳质薄，极膨胀，呈近圆形。壳表具1条自壳顶向前后缘延伸的褶痕，以及粗糙的生长纹。壳面呈灰白色，具淡褐色壳皮；壳内面白色。铰合部无齿，外套痕清楚。

徐凤山，2012

分布与习性：本种常见于我国山东沿海；也见于日本。多栖息于潮间带中低潮区的沙质沉积物内。

资源价值：肉味鲜美，可食用。

豆形凯利蛤 *Kellia porculus* Pilsbry，1904

物种别名：无。

分类地位：双壳纲Bivalvia帘蛤目Veneroida爱神蛤科Erycinidae。

形态特征：贝壳小型，壳长6mm；两壳相等，极其膨胀，略呈球形。壳顶尖，位于中部近前方。壳表被薄的淡黄色壳皮，生长纹细密；壳后缘皆呈弧形；两壳的铰合部各有1个主齿和后侧齿。内韧带长、发达。前后肌痕皆呈椭圆形，外套线完整。

分布与习性：分布于我国黄海、渤海；也见于日本。栖息于6m以内的浅水区。

资源价值：本种个体较小，但在底栖样品采集中经常采集到。

WoRMS，http://www.marinespecies.org/aphia.php?p=taxdetails&id=592763

滑顶薄壳鸟蛤 *Fulvia mutica* (Reeve，1844)

物种别名：鸟贝、鸟蛤、日本鸟尾蛤（我国台湾地区）。

分类地位：双壳纲Bivalvia帘蛤目Veneroida鸟蛤科Cardiidae。

形态特征：贝壳大型，壳高39～50mm，壳长42～54mm。壳质薄脆，膨凸，近圆形。壳顶突出，位于背部靠前方。壳表具46～49条薄片状放射肋，该放射肋从顶部至腹面逐步增高。小月面长卵形，楯面短，棱形。外韧带发达，

呈铁锈色。壳面呈黄白色，壳顶端略呈黄褐色。壳内面白色、肉色或带紫色。铰合部窄长，前闭壳肌痕大，卵圆形；后闭壳肌痕小，圆形。

分布与习性：为我国北方沿海常见种类，分布于黄海沿岸；也见于日本沿海。栖息于浅海的沙质海底。

资源价值：足肥大，味鲜美，已尝试开展人工养殖。

中华鸟蛤 *Vepricardium sinense* (Sowerby，1839)

物种别名：中华鸟尾蛤。

分类地位：双壳纲Bivalvia帘蛤目Veneroida鸟蛤科Cardiidae。

形态特征：贝壳大型，一般壳高25～48mm，壳长26～47mm。壳质坚厚、膨胀；壳长略大于壳高，近圆形或球形。两壳大小相等，两侧不等。壳顶位于背缘略偏前，向内卷曲。壳表具细密的生长线，以及21～23条放射肋，肋间隙宽而深。壳表呈黄白色，壳内面白色，略具光泽。壳内缘具深的锯齿状缺刻。铰合部发达，两壳各具2枚主齿。

分布与习性：常见于我国广东、广西等南海海域；印度尼西亚、越南、菲律宾、泰国湾等地也有分布。栖息于浅海沙质海底。

资源价值：足肥大，味鲜美，可食用。

加州扁鸟蛤 *Keenocardium californiense* (Deshayes，1839)

物种别名：鸟贝、鸟蛤。

分类地位：双壳纲Bivalvia帘蛤目Vene-roida鸟蛤科Cardiidae。

形态特征：贝壳大型，壳质坚厚。近圆形，两壳侧扁。壳表具40余条粗壮低平的放射肋，肋间沟狭窄；具有明显的生长纹。壳表被褐色壳皮，壳内呈白色。外韧带强大。铰合部有2个小主齿，坚固的前侧齿和后侧齿。前后闭壳肌痕明显。

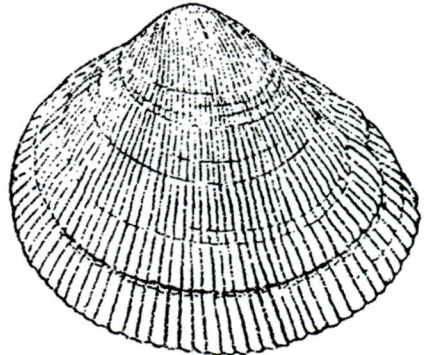

徐凤山，2012

分布与习性：为冷水性种类；分布于北太平洋海区，我国见于黄海中北部。栖息于潮下带浅海沙泥底质内。

资源价值：足肥大，味鲜美，可食用。

砗石豪 *Hippopus hippopus* (Linnaeus，1758)

物种别名：无。

分类地位：双壳纲Bivalvia帘蛤目Veneroida砗磲科Tridacnidae。

形态特征：贝壳大型，壳质极其坚厚，壳高可达117～250mm，壳长153～380mm。两壳相等，极膨胀，略呈三角卵圆形或不等四边形。壳顶位于背缘靠后方。背缘略平，腹缘呈波浪状。外韧带长，黄褐色。壳表粗糙不平，具多条粗细不规则的放射肋，肋上具叶状小鳞片或棘。壳面呈黄白色，壳顶部和边缘黄色；壳内面洁白色。铰合部窄长。生活个体开启贝壳时，体内色彩斑斓，呈现孔雀蓝、粉红、翠绿、棕红等鲜艳颜色，以及不同样式的花纹。

分布与习性：为暖水性种类，广布于印度—西太平洋，我国见于台湾、西沙群岛和南沙群岛。幼体以足丝附着生活，成体在珊瑚礁礁坪上营自由生活。该物种生长缓慢，种群数量少。

资源价值：肉可食用。壳大而厚，用于制器皿及装饰品。目前我国已进行人工养殖研究。已列为国家二级保护动物。

WoRMS，http://www.marinespecies.org/aphia.php?p=taxdetails&id=216411

长砗磲 *Tridacna maxima* (Röding，1798)

物种别名：长砗磲蛤。

分类地位：双壳纲Bivalvia帘蛤目Veneroida砗磲科Tridacnidae。

形态特征：贝壳大型，壳长一般可达159～280mm，壳高86～170mm。壳质坚厚，膨胀，宽与高近等。壳形多有变化，一般呈长卵圆形。两壳大小相等，两侧不等，前部短，后部突出、延长。壳顶前方足丝孔大，呈长卵圆形，孔周缘具排列稀疏的齿状突起。韧带长，黄褐色。壳表具5～6条粗壮的鳞状放射肋，肋宽度大于肋间隙，鳞片在近壳顶部的放射肋上低平，多呈覆瓦状排列；近腹缘则较突起。壳面呈黄白色，壳内面白色，边缘淡黄色，具光泽。外套痕明显。生活个体外套膜边缘呈蓝色。

分布与习性：为暖水性种类，广布于热带印度—太平洋海域，我国见于台湾、西沙群岛和南沙群岛。成体以足丝附着在珊瑚礁间营固着生活。

资源价值：肉可食用。贝壳大，可制器皿及装饰品，具佛教收藏价值，同时也有凉血、降血压、安神定惊等药用价值。目前已尝试开展人工养殖。

WoRMS，http://www.marinespecies.org/aphia.php?p=taxdetails&id=207675

秀丽波纹蛤 *Raeta pulchella* (Adams & Reeve，1850)

物种别名：无。

分类地位：双壳纲Bivalvia帘蛤目Veneroida蛤蜊科Mactridae。

形态特征：贝壳小型，壳长18.0mm。壳质极其薄脆，半透明状；呈三角形或椭圆形。壳前端圆，腹缘弧形，后缘细而略尖，微开口。壳顶尖细，凸出于背部中央；壳面具粗的波纹状同心肋，以及细的生长纹。壳表白色，近壳缘处略显淡黄色；壳内白色，略具光泽，有与壳面对应的波纹。外韧带小，极薄；内韧带较大，呈三角形。外套窦不明显。

分布与习性：印度—西太平洋广布种，分布于我国南北沿海；日本、东南亚等海域

也有分布。栖息于低潮线至水深90m浅海区的软泥或细泥沙中。

资源价值：本种虽然个体小，但在我国南北沿海均较为常见，是底栖贝类中数量分布较大的种类。实用价值不大，可作为鱼虾养殖的饵料。

中国蛤蜊 *Mactra chinensis* Philippi，1846

物种别名：中华马珂蛤。

分类地位：双壳纲Bivalvia帘蛤目Veneroida蛤蜊科Mactridae。

形态特征：贝壳中等大小，壳长38～58mm，壳高31～42mm。壳质坚厚，壳形多有变化，一般呈长椭圆形。壳顶平滑，突出于背部中央稍靠前方。小月面和楯面宽大，披针形。壳表具黄褐色壳皮，同心生长纹极显著，生长纹在壳顶部减弱，靠近腹缘处变粗；壳顶至腹缘有宽窄不一的深色放射状色带。壳内呈白色，部分区域略带灰紫色。左右壳的主齿呈人字形，韧带槽宽大，内韧带居其中。外套窦中等深度。

分布与习性：广布种，为我国沿海习见种类，从辽宁至福建南部沿海都有分布；日本和朝鲜也有分布。栖息于潮间带中潮区至水深60余米的细沙滩区。

资源价值：北部沿海的资源量多于南部沿海。肉味鲜美，颇受市场欢迎，我国北方沿海群众尤其喜食。

四角蛤蜊 *Mactra quadrangularis* Reeve，1854

物种别名：白蚬子、泥蚬子、布鸽头。

分类地位：双壳纲Bivalvia帘蛤目Veneroida蛤蜊科Mactridae。

形态特征：贝壳大型，壳质坚厚，极其膨胀，略呈四角形。壳顶突出，位于背缘中央略近前方。小月面与楯面明显。壳表具明显的生长线，形成凹凸不平的同心环纹。贝壳被黄褐色外皮，顶部变淡至白色，幼小个体呈淡紫色，近腹缘黄褐色。壳内面白色。铰合部宽大，两壳主齿不同，左壳主齿分叉，右壳主齿排列成

"八"字形；两壳前、后侧齿片状，发达。外韧带小，淡黄色；内韧带大，黄褐色。闭壳肌痕明显，外套痕清楚，接近腹缘。

分布与习性：为我国沿海习见种类，从辽宁至广东沿海均有分布；也见于日本和朝鲜。栖息于潮间带中潮区至潮下带细沙滩和砾石粗砂区。

资源价值：我国沿海资源量丰富，尤其在辽宁、山东沿海产量大。软体部鲜美可口。同时肉有滋阴、利水、化痰的功效；壳有清热、利湿、化痰、软坚的作用。

平蛤蜊 *Mactra grandis* Gmelin，1791

物种别名：无。

分类地位：双壳纲Bivalvia帘蛤目Veneroida蛤蜊科Mactridae。

形态特征：贝壳大型，一般壳长34～80mm，壳高26～60mm。壳质薄，略呈三角卵圆形。壳顶略尖，位于贝壳中央稍近前方。贝壳前端钝圆，后端尖，腹缘圆。壳表具细密的生长纹，被黄褐色外皮，壳顶部紫色，自壳顶向腹缘有不等宽的色带；壳内棕褐色。铰合部大，主齿在左壳呈"人"字形，1枚；在右壳呈"八"字形，2枚；两壳前后侧齿均呈单片状。外韧带小，前后闭壳肌痕明显，外套痕略高。

分布与习性：广布于印度—西太平洋热带海区，我国见于广东、广西和海南。常栖息于潮间带至潮下带30m深

的泥沙滩。

资源价值： 个体较大，埋栖深度较浅，易于采集。肉味鲜美，可食用。

西施舌 *Mactra antiquata* Spengler，1802

物种别名： 车蛤、土匙、沙蛤。

分类地位： 双壳纲Bivalvia帘蛤目Veneroida蛤蜊科Mactridae。

形态特征： 贝壳大型，一般壳长100～110.8mm，壳高80～90mm，壳宽50mm。壳质薄，近三角形。壳顶略尖，位于背部近中央。贝壳前端圆，后端稍尖，腹缘圆。小月面略凹，界限不清；楯面披针形，界线清楚。壳表具细密明显的生长纹，壳顶部光滑。贝壳呈淡黄色或黄白色，被绢丝状光泽的壳皮。壳顶部呈紫色，向腹缘逐渐变浅。壳内淡紫色。铰合部长，外韧带小，黄褐色；内韧带棕黄色，极发达。外套痕明显。

分布与习性： 我国南北沿海均有分布；也见于日本和印度半岛。多栖息于潮间带中、低潮区的细沙滩中。

资源价值： 足部肌肉发达，味极鲜美，为著名的海产珍品之一。我国已开展人工养殖。

大獭蛤 *Lutraria maxima* Jonas，1844

物种别名： 大马珂蛤。

分类地位： 双壳纲Bivalvia帘蛤目Veneroida蛤蜊科Mactridae。

形态特征： 贝壳大型，一般壳高61mm，壳长123mm，壳宽26mm。壳质坚厚，左右侧扁平，呈长卵圆形。壳

顶尖小，不突出，近前端。壳前、后端均圆，腹缘平。两壳闭合时，后端开口大于前端。壳面呈白色，具棕褐色壳皮。具明显且不规则的同心生长纹。壳内白色。铰合部较大，韧带槽呈宽匙状，内韧带强大。外套窦宽且深，可至贝壳中部。水管长、发达。

分布与习性：暖水性种类，我国常见于福建、广东和广西；也分布于日本和泰国湾。常栖息于潮间带至潮下带10m左右的沙泥质海底。

资源价值：个体较大，肉味鲜美，群众喜食。

菲律宾獭蛤 *Lutraria rhynchaena* Jonas，1844

物种别名：无。

分类地位：双壳纲Bivalvia帘蛤目Veneroida蛤蜊科Mactridae。

形态特征：贝壳大型，一般壳长92mm，壳高43mm，壳宽26mm，呈长椭圆形。壳顶略凸出，位于背缘前端。壳顶前方背缘弧形，前端略尖；壳顶后方背缘略凹，后端较圆；腹缘呈弓形。两壳闭合时，前端开口稍窄于后端。壳表具极薄易脱落的外皮，无放射肋，生长线明显，粗细不等，有的部位形成褶皱。壳内白色。铰合部大，右壳具2枚片状主齿，左壳具1枚两分叉主齿。外套痕不明显，外套窦宽且大。

分布与习性：暖水性种类，我国主要分布于福建、海南；也见于菲律宾、印度尼西亚和澳大利亚。常栖息于潮间带至潮下带和浅海泥沙海底。

资源价值：个体较大，味鲜美。

中日立蛤 *Meropesta sinojaponica* Zhuang，1983

物种别名：无。

分类地位：双壳纲Bivalvia帘蛤目Veneroida蛤蜊科Mactridae。

形态特征：贝壳大型，一般壳长58～67mm，壳高38～43mm，壳宽26～28.5mm。壳质薄，膨胀，呈长卵圆形。壳顶圆，位于背部近中央。前端圆，中后端逐渐侧扁，末端略尖，后端开口。壳表被有黄褐色或红褐色呈皱褶状的壳皮，有不规则的细放射条纹，生长纹不明显。壳内面白色，略具光泽。韧带槽匙状，内韧带大。铰合部窄长。外套痕明显，外套窦深。

分布与习性： 分布于我国南北沿海，国外其他海域分布情况目前未见报道。多栖息于潮间带，水管长，埋栖较深。

资源价值： 本种个体较大，肉味鲜美，群众喜食。

环肋弧樱蛤 *Cyclotellina remies* (Linnaeus，1758)

物种别名： 无。

分类地位： 双壳纲Bivalvia帘蛤目Veneroida樱蛤科Tellinidae。

形态特征： 贝壳大型，壳质坚厚，呈圆形，成体壳长可达72.5mm，壳高66.0mm，壳宽34mm。两壳略不等，两侧近相等。壳顶稍突出，位于背缘中部。壳表具粗细不一的生长纹，壳顶部的同心纹细密，向腹缘同心纹逐渐粗糙并凸出呈同心肋状；壳后部有明显的放射褶。壳面呈灰白至淡黄色，壳内面白色。两壳铰合部各具主齿2枚，侧齿2枚。闭壳肌痕清楚。外套窦宽而深，近舌状。

分布与习性： 为暖水性种类，广布于印度—西太平洋区，我国仅见于海南岛。栖息于中潮区泥沙质的海滩上，潜沙深度一般为20～30cm。

资源价值： 本种在我国海南岛海口港资源量较大，肉味鲜美，营养丰富，可供食用。

WoRMS，http://www.marinespecies.org/aphia.php?p=taxdetails&id=710876

粗纹樱蛤 *Quidnipagus palatam* Iredale，1929

物种别名： 波纹樱蛤。

分类地位：双壳纲Bivalvia帘蛤目Veneroida樱蛤科Tellinidae。

形态特征：贝壳大型，较大个体壳长67.5mm，壳高47.0mm，壳宽20mm。壳质坚实，呈三角椭圆形，稍开口。贝壳两壳及两侧均不等，右壳略大于左壳。壳顶尖，略突出，近背缘中央或稍近前端。小月面及楯面均呈披针形。壳表呈白色，具粗糙的同心波纹和极细的放射纹。壳内面白色，顶部稍呈杏黄色。两壳铰合部各具2枚主齿和2枚侧齿。闭壳肌痕明显，前闭壳肌痕细长，后闭壳肌痕近圆形。外套窦宽而深，呈卵圆形。

分布与习性：暖水性种类，广布于印度—西太平洋区，我国见于台湾以南沿海。栖息于中潮区石质或碎珊瑚组成的底质中。

资源价值：本种在海南岛资源量大，有些区域栖息丰度可达200个/m²，生物量690g/m²。肉味鲜美，可食用，贝壳也可用于烧石灰。

帝汶樱蛤 *Tellinides timorensis* Lamarck，1818

物种别名：无。

分类地位：双壳纲Bivalvia帘蛤目Veneroida樱蛤科Tellinidae。

形态特征：贝壳中等大小，壳质薄，扁平，呈长方形或不规则的椭圆形。壳前端及后端稍开口，两壳相等，两侧不等。壳顶略凸，略近前端。壳表具极细的放射纹和明显的生长纹，生长纹至腹缘处常呈皱褶状。壳面黄白色，壳内白色，前后闭壳肌痕明显，均呈椭圆形。外套窦长。铰合部狭，两壳各具主齿2枚，右壳有1侧齿，左壳无侧齿。

分布与习性：暖水性种类。广

布于印度—西太平洋区，我国见于台湾、广东和海南岛。栖息于潮间带的中、下潮区的沙质海底。潜沙深度多为15～20cm。

资源价值： 本种在海南岛北港资源量较大，为当地群众的主要捕食对象。肉味鲜美，营养丰富。

异白樱蛤 *Macoma incongrua* (Martens，1865)

物种别名： 无。

分类地位： 双壳纲Bivalvia帘蛤目Veneroida樱蛤科Tellinidae。

形态特征： 贝壳中等大小，个体大者壳长可达35mm，壳高28mm，壳宽15mm。壳质坚厚，壳形多有变化，呈三角形或椭圆三角形。两壳相等，两侧不等，后端略开口。壳顶凸，近背缘后方。小月面及楯面略显。外韧带短，呈黑色。壳表具细而不规则的生长纹，至后端逐步变粗。壳面白色，具灰色、浅绿色或浅棕色壳皮；壳内面白色，略显光泽。闭壳肌痕明显，前闭壳肌痕大，椭圆形；后闭壳肌痕小，近圆形。两壳外套窦不等，左壳大而右壳较小。

分布与习性： 为冷温性种类，分布于太平洋北部，我国见于辽宁、河北和山东等北部沿海。常栖息于风浪平缓海湾的潮间带泥沙、砾石底质中。

资源价值： 本种广泛分布于我国北方沿海，肉味鲜美，可食用。壳有清热、利湿、化痰、软坚等作用；肉有润五脏、止烦渴、开脾胃、软坚散肿等功效。

彩虹明樱蛤 *Iridona iridescens* (Benson，1842)

物种别名： 彩虹樱蛤、虹光亮樱蛤、梅蛤、扁蛤、海瓜子。

分类地位： 双壳纲Bivalvia帘蛤目Veneroida樱蛤科Tellinidae。

形态特征： 贝壳小型，一般壳长20mm，壳高12mm，壳宽6mm。壳质薄脆，多呈三角形或略近长椭圆形。两壳相等，两侧不等，壳前、后端均稍开口。壳顶略凸出，多稍靠背缘后方。外韧带凸，呈黄褐色。壳表呈白色且略带粉红色，光滑具光泽；生长纹细密，无放射肋，仅在壳后端有1小纵褶。壳内面呈白色，闭壳肌痕明显；外套窦深。铰合部较窄，两壳各具2枚主齿，左壳的前主齿和右壳的后主齿较大且分叉。

分布与习性：为暖水性种类，我国见于渤海、黄海和东海；也分布于日本、朝鲜、菲律宾及泰国等地。常栖息于潮间带低潮线至潮下带20cm浅水水域。

资源价值：本种在我国浙江沿海资源量较大，肉味鲜美，营养丰富，可食用，也可作鱼虾饵料。

江户明樱蛤 *Moerella hilaris* (Hanley，1844)

物种别名：桃花樱蛤。

分类地位：双壳纲Bivalvia帘蛤目Veneroida樱蛤科Tellinidae。

形态特征：贝壳小型，一般壳长21mm，多呈三角形，外形与彩虹明樱蛤近似。壳质薄脆。两壳与两侧均不等。壳表具明显的生长纹，有时有红色放射带，无放射肋。壳色多有变化，呈白色或玫瑰红色等。铰合部较窄，具2枚"八"字形主齿，外套窦宽而深。

分布与习性：常见于我国黄海、渤海，可向南分布至东南部沿海；日本也有分布。常栖息于潮间带至浅海约20m水深的泥沙质海底。

资源价值：本种个体虽小，但资源量大，肉味鲜美，营养丰富，可食用，也可作鱼虾饵料。

理蛤 *Theora lata* (Hinds，1843)

物种别名：无。

分类地位：双壳纲Bivalvia帘蛤目Veneroida双带蛤科Semelidae。

形态特征：贝壳小型，壳长21.0mm；壳质薄，半透明。呈长椭圆形，扁平。壳顶微显，稍偏向前端。壳前缘圆，后缘较细，腹缘呈弧形。壳表光滑，无放射肋，具细密生长纹。壳面呈白色或淡黄色，富有光泽；壳内面呈白色。外套窦长，超过壳的中部，顶端斜截形，腹缘大部与外套线愈合。

分布与习性：分布于我国黄海、渤海和东海；也分布于日本和泰国湾。生活于水深9~50m的泥沙和软泥中。

资源价值：本种在渤海具有较大的资源量，在某些区域最高密度可达1500个/m^2。个体较小，无食用价值，可作为鱼虾养殖饵料。

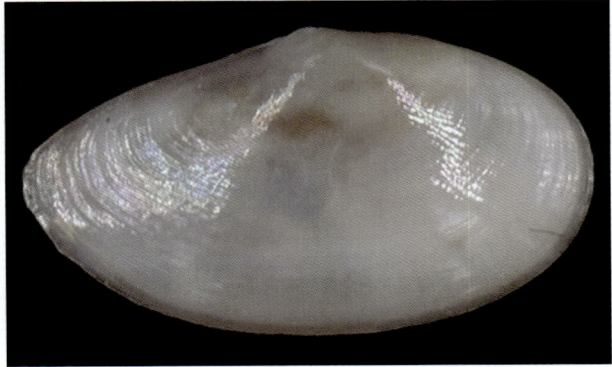

内肋蛤 *Endopleura lubrica* (Gould，1861)

物种别名：无。

分类地位：双壳纲Bivalvia帘蛤目Veneroida双带蛤科Semelidae。

形态特征：贝壳小型，壳形与理蛤近似，壳质更薄脆，近完全透明；主要区别在于，本种自壳顶向前腹缘深处有1条放射状白色内肋，该肋在壳外表即可见。

分布与习性：分布于我国渤海、黄海；也见于日本北部。栖息于潮下带浅水区的软泥底，在我国其垂直分布为10~42m。

资源价值：本种在渤海具有一定资源量，最高密度达1900个/m^2。个体较小，无食用价值，可作为鱼虾养殖饵料。

紫彩血蛤 *Nutallia olivacea* (Jay，1857)

物种别名：橄榄血蛤。

分类地位：双壳纲Bivalvia帘蛤目Veneroida紫云蛤科Psammobiidae。

形态特征：贝壳中等大，一般壳长47mm，壳高35mm，壳宽14mm。壳形呈圆形或椭圆形。两壳不等，两侧略不等，右壳较凸，左壳稍扁平。壳顶略凸，近壳背缘中央。外韧带明显凸，呈深褐色。壳表色彩艳丽，多呈浅棕色、浅紫褐色或橄榄色，光滑，具光泽，有的个体自壳顶有2条向腹缘延伸的浅色放射带。壳内浅紫色。闭壳肌痕明显，前闭壳肌痕细长，后闭壳肌痕近圆形；外套窦宽而长。铰合部发达，两壳各有2枚主齿。水管发达。

分布与习性：为暖温性种类，常见于我国南北沿海；目前国外仅报道见于鄂霍次克海及日本海。多栖息于潮间带中、下潮区的沙滩上，潜沙深度为30～50cm。

资源价值：本种在部分海域资源量大，肉味鲜美，营养丰富，可供食用。

紫血蛤 *Gari elongata* (Lamarck，1818)

物种别名：无。

分类地位：双壳纲Bivalvia帘蛤目Veneroida紫云蛤科Psammobiidae。

形态特征：贝壳中等大，一般壳长55mm，壳高33mm，壳宽20mm。壳形多有变化，常呈长方形。壳顶微凸，略近前方。外韧带短小，稍凸出，呈深紫色。壳表具明显且粗糙的生长纹。壳面呈灰白色，顶部紫色，被有茶绿色壳皮，在透入光线下可见浅色放射带。壳内呈紫色，有时显淡黄色底

色。外套窦较宽且深。闭壳肌痕清楚，前闭壳肌痕狭长，后闭壳肌痕圆形。铰合部发达，两壳各具2枚较大的主齿。

分布与习性：为暖水性种类。广布于印度—西太平洋区，我国见于台湾和南部沿海。常栖息于河口区的小碎石和死珊瑚的泥沙滩中，潜沙深度约15cm。

资源价值：本种在我国南部沿海资源量大，软体部肥满，味道鲜美，营养丰富，可食用。

对生塑蛤 *Asaphis violascens* (Forsskål in Niebuhr，1775)

物种别名：紫晃蛤。

分类地位：双壳纲Bivalvia帘蛤目Veneroida紫云蛤科Psammobiidae。

形态特征：贝壳大型，一般壳长86mm，壳高60mm，壳宽43mm。壳质坚厚，多呈不规则圆形。两壳相等，两侧不等，后端微开口。外韧带粗，凸出，呈紫褐色。壳表具粗细不一的生长纹和放射肋；放射肋至壳后端变粗糙，肋间有小细肋。壳面呈白色或灰白色，或有黄色、粉红色或紫色色底，或具不明显的色带。壳内面白色，后部边缘处呈深紫色；外套窦宽。铰合部两壳各有主齿2枚，无侧齿。

分布与习性：暖水性种类。广布于印度—西太平洋区，我国见于台湾以南沿海。栖息于中潮区的碎砾石及碎珊瑚屑的泥沙中，埋栖深度10～20cm。

资源价值：本种在海南岛南部分布较普遍，资源量较大，丰度每平方米可达60个。个体较大，肉味鲜美，营养丰富，可供食用。

双线紫蛤 *Hiatula diphos* (Linnaeus，1771)

物种别名：无。

分类地位：双壳纲Bivalvia帘蛤目Veneroida紫云蛤科Psammobiidae。

形态特征：贝壳大型，一般壳长100mm，壳高49mm，壳宽23mm。长椭圆形，壳前后端均开口。壳顶略凸，近背缘前方；壳前端圆，后端截形。外韧带明显突出，褐色。壳表被橄榄绿色，有光泽的壳皮；自壳顶斜向后方可见2条浅色放射带。壳内面呈浅灰紫色或近白色，光滑具光泽。闭壳肌痕略显，前闭壳肌痕细长，后闭壳肌痕圆形。外套窦长而宽；铰合部发达，两壳各有2枚强壮主齿。

分布与习性：暖水性种类，广布于印度—西太平洋区，我国南北沿海均有分布。多栖息于潮间带中下区及河口区的细沙滩内，一般潜沙深度30cm。

资源价值：本种个体大，肉肥美，营养丰富，可食用；也可入药，有滋阴养液、清热凉肝等功效。

WoRMS，http://www.marinespecies.org/aphia.php?p=taxdetails&id=747125

缢蛏 *Sinonovacula constricta* (Lamarck，1818)

物种别名：蛏子、蜻、蚬。

分类地位：双壳纲Bivalvia帘蛤目Veneroida截蛏科Solecurtidae。

形态特征：贝壳大型，一般壳长83mm，壳高26mm，壳宽18mm。壳质薄脆，呈长方形。壳顶略凸，位于背缘略近前方。壳前后端圆。腹缘与背缘基本平直，仅在腹缘中部稍内凹。两壳闭合时，前后端均开口。外韧带近三角形，黑褐色。壳表具粗的生长线，自壳顶至腹缘中部有一微凹的斜沟。壳面被黄绿色的壳皮，成体常因磨损壳皮脱落呈白色。壳内面白色；铰合部小，右壳有2枚主齿，左壳有3枚。前、后闭壳肌痕均呈三角形。外套痕明显，外套窦宽大，前端呈圆形。

分布与习性：分布于西太平洋海域，为我国沿海常见种。栖息于河口区或有淡水注入的内湾，在潮间带中下潮区的软泥滩内，潜埋深度一般为10～20cm。

资源价值：本种资源量大，为我国主要的养殖贝类之一。个体大，肉味鲜美，营养丰富，可食用，也可入药，用于产后虚寒、烦热痢疾，壳可用于医治胃病、咽喉肿痛。

总角截蛏 *Solecurtus divaricatus* (Lischke，1869)

物种别名：歧纹毛蛏。

分类地位：双壳纲Bivalvia帘蛤目Veneroida截蛏科Solecurtidae。

形态特征：贝壳大型，壳长可达73mm，壳高32mm，壳宽24mm。壳质薄但坚韧，呈近长方形。壳顶略显，位于背缘中部近前方。壳前端圆，后端斜截形，腹缘直，与背缘平行。两壳闭合时，前后端有开口。壳表具细密而明显的生长纹。壳面被有黄色壳皮，极易脱落。外韧带明显，褐色，呈三角形。壳内呈白色或粉红色；闭壳肌痕明显，前闭壳肌痕小；后者大，略呈三角形。外套窦深，前端圆。铰合部两壳均有中央齿2枚，无侧齿。水管粗长，收缩后不能缩入壳中，足肥大。

分布与习性：暖水性种类，分布于太平洋西部海域，我国见于黄海、台湾至南海等。栖息在中低潮线附近的细沙内，潜沙深度为20～30cm。生活个体如触动其水管，常自割水管。

资源价值：本种资源量丰富，个体较大，为重要的采捕对象。目前已开展滩涂养殖。肉质部肥大，味道鲜美，可食用。

WoRMS，http://www.marinespecies.org/aphia.php?p=taxdetails&id=507346#images

大竹蛏 *Solen grandis* Dunker，1862

物种别名：蛏子。

分类地位：双壳纲Bivalvia帘蛤目Veneroida竹蛏科Solenidae。

形态特征：贝壳大型，呈竹筒状，一般壳长为壳高的4～5倍。壳质薄脆，前后端开口。壳顶不明显，位于背缘最前端，壳前端呈截形，后端近圆形，背、腹缘平直，仅在腹缘中部略凹。壳表具明显生长纹，平滑无放射肋。壳面被1层有光泽的黄褐色壳皮，常具淡红色的彩色带。壳内面白色，常见淡红色或紫色的彩带。铰合部短小，两壳各具1枚主齿。闭壳肌痕明显，前闭壳肌痕细长，后闭壳肌痕近三角形，外套痕明显，外套窦略呈三角形。

分布与习性：广布种，分布于我国南北沿海，也见于西太平洋海区。栖息于潮间带中、下区和浅海的泥沙滩底，埋栖深度为30～40cm。

资源价值：本种个体大，足部肌肉发达，味道极其鲜美，营养丰富，为重要的经济贝类。我国许多地方已开展人工养殖。

长竹蛏 *Solen strictus* Gould，1861

物种别名：竹蛏。

分类地位：双壳纲Bivalvia帘蛤目Veneroida竹蛏科Solenidae。

形态特征：贝壳大型，细长，壳长98.6mm，壳高14.5mm，壳宽10.6mm。壳质薄脆，两壳相等。贝壳前端斜截形，后端近圆形；背、腹缘平直，仅在腹缘中部稍向内凹。壳顶不明显，位于背缘最前端。韧带窄而长，黄褐色或黑褐色。壳表光滑，具明显的生长线，被1层具光泽的黄褐色壳皮。壳内面白色或淡黄褐色；铰合部小，两壳各具1枚主齿。前闭壳肌痕极细长，后闭壳肌痕近三角形；外套痕明显，外套窦略呈半圆形。

分布与习性：广布种，分布于我国南北沿海；也见于日本、朝鲜。常栖息于中潮区至浅海的沙泥质或沙质海底，潜沙深度为20～40cm。

资源价值：本种资源量大，分布广。个体大、肉嫩味鲜，营养丰富，我国已开展人工养殖。

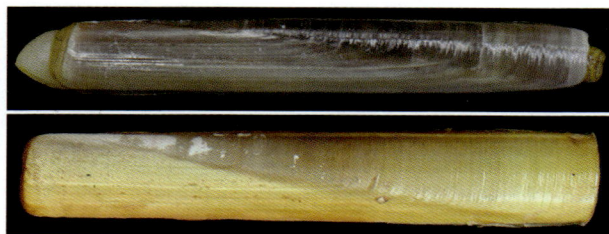

短竹蛏 *Solen brevissimus* Martens，1865

物种别名：竹蛏。

分类地位：双壳纲Bivalvia帘蛤目Veneroida竹蛏科Solenidae。

形态特征：贝壳短小，壳长约15mm，近长方形，壳质薄脆，半透明状。壳顶不明显，略凸出背缘前方。韧带突出，黑色。壳前端斜截形，后端截形。壳面呈灰白色，被1层淡黄色的光滑壳皮。壳内与壳表颜色相近。

分布与习性：分布于西南太平洋海区，常见于我国黄海、渤海区。栖息于浅海泥沙质海底。

资源价值：本种为常见种，肉味鲜美，可食用。

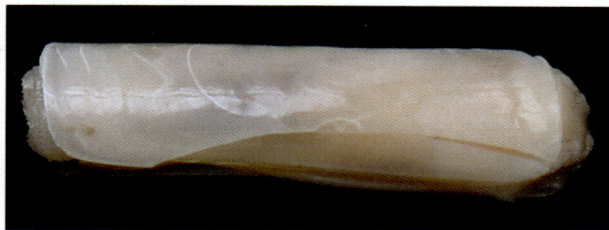

小刀蛏 *Cultellus attenuatus* Dunker，1862

物种别名：料撬、剑蛏。

分类地位： 双壳纲Bivalvia帘蛤目Veneroida刀蛏科Cultellidae。

形态特征： 贝壳大型，壳长可达80mm，壳高26mm，壳宽13mm。壳质薄脆。壳侧扁，前端圆，略膨大，后端逐渐变细窄。壳顶略凸出于背缘靠前方。韧带明显，黑色，近等腰三角形。壳面被1层淡黄褐色壳皮，光滑，具光泽；壳表具细密生长纹，在壳顶部不明显，向下至腹缘处逐渐清楚，有时呈褶皱状。壳内面白色或略呈粉红色；铰合部小，右壳有2枚主齿，左壳有3枚主齿；前闭壳肌痕小，卵圆形；后闭壳肌痕大，近三角形。

分布与习性： 广布种，见于我国南北沿海；也分布于日本、菲律宾、马达加斯加等海区。栖息于潮间带至水深约100m的浅海区。

资源价值： 本种资源量大，肉味鲜美，营养价值高，为重要的经济贝类之一，沿海群众喜食。

花刀蛏 *Ensiculus cultellus* (Linnaeus，1758)

物种别名： 紫衣豆蛏。

分类地位： 双壳纲Bivalvia帘蛤目Veneroida刀蛏科Cultellidae。

形态特征： 贝壳大型，壳长67mm，壳高19mm，壳宽7mm，一般壳长为壳高的3～4倍。侧扁，壳质薄脆，近半透明，壳顶略显，位于背缘前端。韧带短小，褐色。贝壳前端圆，稍小于后端；背缘前端略向上弯折，自韧带至后端较平直；腹缘呈弧形。壳面呈灰白色或淡紫色，被1层淡黄色具光泽的极薄壳皮，其上散布不规则的紫褐色斑点、斑块或花纹。壳内面颜色与壳面接近，具光泽。前闭壳肌痕小，新月形；后闭壳肌痕近马蹄形。外套痕和外套窦不清楚。

分布与习性： 暖水性种类，广布于印度—西太平洋，我国见于南海。生活于浅海沙质海底。

资源价值： 本种在我国广东珠江口外海和北部湾北部海域资源量较大，肉可食用。

薄荚蛏 *Siliqua pulchella* Dunker，1852

物种别名：荚蛏。

分类地位：双壳纲Bivalvia帘蛤目Veneroida刀蛏科Cultellidae。

形态特征：贝壳大型，壳长40mm，壳高13.8mm，壳宽5.5mm。近长椭圆形，侧扁，壳质极薄脆，半透明状。贝壳前后端均圆，背缘较直，腹缘略呈弧形。壳顶小，稍突出于背缘前端。韧带小，突出，黑褐色。壳面呈紫褐色，具光泽，被1层薄的淡褐色壳皮；具细密生长纹，较大个体具细密整齐的放射线纹。壳内呈淡紫色；铰合部狭窄，两壳各有2枚主齿；壳前端自壳顶向腹缘有1条白色、强壮的肋状突起。

分布与习性：温水性种类。我国分布于黄海、渤海区；日本也有分布。栖息于潮间带至水深31m的浅海泥沙中。

资源价值：肉可食用，味道鲜美，群众喜食，在水产品市场常有出售。

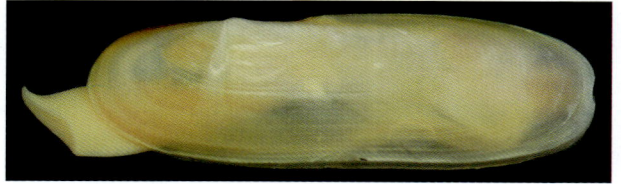

菲律宾蛤仔 *Ruditapes philippinarum* (Adams & Reeve，1850)

物种别名：蛤仔、蚬、蛤蜊、花蛤。

分类地位：双壳纲Bivalvia帘蛤目Veneroida帘蛤科Veneridae。

形态特征：贝壳中等大小，一般壳长28～46mm，壳高19～31mm，壳宽13～22mm。呈卵圆形，壳质坚厚，膨胀。壳顶稍突出，位于背缘靠前方。小月面宽，椭圆形或略呈梭形；楯面梭形。外韧带长，突出。壳前端圆，后端略呈斜截形。壳面具细密放射肋和生长纹，位于前、后部的放射肋隆起成脊状，与生长纹交织成布目状。壳面颜色、花纹多有变化，密布棕色、深褐色或赤褐色的斑点或花纹。壳内呈灰白色或淡黄色，有些个体壳后部显紫色。铰合部长，左壳中央主齿明显分叉。闭壳肌痕明

显，前闭壳肌痕半圆形，后闭壳肌痕圆形，外套痕明显。

分布与习性：为世界广布种，我国见于南北沿海。栖息于潮间带上部至潮下带的泥沙底质中。

资源价值：本种资源量丰富，我国南北沿海均开展人工养殖，且产量巨大，如胶州湾年产量曾超过10万t。肉味鲜美，为重要的经济贝类之一。

杂色蛤仔 *Venerupis aspera* (Quoy & Gaimard，1835)

物种别名：蛤仔。

分类地位：双壳纲Bivalvia帘蛤目Veneroida帘蛤科Veneridae。

形态特征：贝壳中等大小，壳长近40mm；本种与菲律宾蛤仔在壳形、壳表颜色和刻纹上都极其相似，从外形上很难将两者区分开。区别之处为本种肉体部的出水管、入水管在局部分离，入水管口周围的触手分叉；而菲律宾蛤仔的水管在末端小部分分叉，入水管口的触手不分叉。

分布与习性：暖水性种类，分布于印度—西太平洋暖水区，我国见于福建平潭县以南的各沿海。栖息于潮间带和浅水区。

资源价值：本种肉味鲜美，营养丰富，具有较大的资源价值，已开展人工养殖。

WoRMS，http://www.marinespecies.org/aphia.php?p=taxdetails&id=507985#images

文蛤 *Meretrix meretrix* (Linnaeus，1758)

物种别名：丽文蛤、蚶仔、粉蛲、白仔。

分类地位：双壳纲Bivalvia帘蛤目Veneroida帘蛤科Veneridae。

形态特征：贝壳大型，壳长80～122mm，壳高72～110mm，壳宽41～57mm。壳质坚厚，呈三角卵圆形。壳顶明显凸出，斜向前方。壳前端圆，后端稍长而尖，腹缘弧形。壳表生长纹细，排列不规则。壳面平滑，被1层光滑具光泽的黄褐色或浅棕色壳皮，壳面颜色及花纹多有变化。小月面大，呈长楔状；楯面大，从壳顶延伸至后端；韧带短粗，黑褐色。壳内面白色。铰合部大，略呈弓形。铰合部宽，左壳前侧齿大而长，前主齿粗壮，中央主齿稍薄，后主齿斜长；右壳2枚前侧齿，前主齿小，呈薄片状，中央主齿粗壮，后主齿长。前、后闭壳肌痕明显，外套痕清楚。

分布与习性：为广温广布种，我国南北沿海均有分布；也分布于朝鲜、菲律宾、越南和印度洋。多栖息于河口附近及有内湾的潮间带沙滩或浅海细沙底。

资源价值：本种在渤海湾、江苏和福建沿海资源量丰富，为重要的经济贝类，已开展人工养殖。肉质鲜美、营养丰富；也具有很高的食疗药用价值，有清热利湿、化痰、散结的功效。

丽文蛤 *Meretrix lusoria* (Röding，1798)

物种别名：无。

分类地位：双壳纲Bivalvia帘蛤目Veneroida帘蛤科Veneridae。

形态特征：贝壳大型，一般壳长37～103.5mm，壳高32～87mm，壳宽20～44mm。壳质坚厚，呈三角卵圆形。壳形和文蛤相似，区别之处为本种壳后缘显著比前缘长，后侧缘末端尖。壳顶位于背缘中央近前方。壳前端圆，后端尖，腹缘弧形。较大个体小月面明显，小个体不明显；楯面宽大。韧带短粗，棕褐色。壳表被1层乳黄色或乳白色具光泽的壳皮，具较多变化的棕色色带斑点、线和斑纹。壳内面白色，具光泽，后部边缘呈紫褐色。齿式与文蛤相似。

分布与习性：狭分布种，目前我国只见于浙江；日本和朝鲜也有分布。生活于潮间带和浅海沙质海底。

资源价值：本种在我国浙江沿海为习见种类，肉质鲜美，营养丰富，并有较高的食疗药用价值。

青蛤 *Cyclina sinensis* (Gmelin，1791)

物种别名：赤嘴仔、赤嘴蛤、环文蛤、海蚬。

分类地位：双壳纲Bivalvia帘蛤目Veneroida帘蛤科Veneridae。

形态特征：贝壳中等大小，一般壳长46～59mm，壳高49～62mm，壳宽34～40mm。壳高大于壳长，近圆形，壳质坚厚，较膨胀。壳顶位于背缘中部，向前弯曲。壳前后端均斜圆。生活个体壳面多呈黑色或紫灰色，干制标本多为棕黄色。小月面和楯面均不清楚。壳内面白色。铰合部宽，前部稍短，后部很长，具3枚主齿。前闭壳肌痕较小，后闭壳肌痕大，外套痕清楚，外套窦深。

分布与习性：为广温广盐性种类，分布于我国南北沿海；日本、朝鲜半岛、越南和菲律宾也有分布。生活于潮间带，以中、下潮区数量较大。

资源价值：本种肉质鲜美，营养丰富，且具有很高的食疗药用价值。我国南北沿海资源量均较高，为重要的经济贝类，已开展人工养殖。

紫石房蛤 *Saxidomus purpurata* (Sowerby，1852)

物种别名：天鹅蛋。

分类地位：双壳纲Bivalvia帘蛤目Veneroida帘蛤科Veneridae。

形态特征：贝壳大型，膨胀，一般壳长89～104mm，壳高65～85mm，壳宽45～85mm。壳质极其厚重，大者重量可达500g，壳顶较平，偏于前部。壳前端圆，后端近斜截形，腹缘近平直。壳表密布生长纹，较大个体生长纹突出壳面成为不规则状的细肋，肋间沟浅。小月面和楯面界线均不清楚。韧带黑褐色，粗壮，几乎占据楯面的全部，凸出壳面。壳面呈棕黑色或灰黑色，壳内面颜色多有变化，呈白色至全紫色。铰合部较窄，左壳前侧齿高，尖而突出，3枚主齿以中央齿最大；右壳2枚前侧齿较小，具3枚主齿。外套痕明显，外套窦大而深。闭壳肌痕极大，前闭壳肌痕椭圆形，后闭壳肌痕略呈桃形。

分布与习性：温水性种类，主要分布于我国辽宁和山东；日本和朝鲜也有记录。栖息于4～20m的潮下带泥沙和沙砾内。埋栖深度为10～25cm。

资源价值：本种个体大，软体部肥大，味道鲜美，营养丰富。我国北方俗称"天鹅蛋"，为重要的海珍品。已开展人工养殖。

等边浅蛤 *Macridiscus aequilatera* (Sowerby，1825)

物种别名：花蛤、等边蛤、花蛤仔。

分类地位：双壳纲Bivalvia帘蛤目Veneroida帘蛤科Veneridae。

形态特征：贝壳中等大小，一般壳高29～33mm，壳长38～42mm。壳质坚厚，呈三角卵圆形或等边三角形，略侧扁。壳顶尖细，位于壳中央。贝壳前端圆，腹缘弧形，后端略呈钝角，有的个体壳后端圆。壳表颜色多有变化，呈白色、奶黄色、棕色或黑色，具锯齿状花纹或斑点及细而不规则的生长纹。小月面窄，内凹，柳叶状；楯面宽，扁平。韧带短，棕色。壳内面白色，壳缘光滑。铰合部三角形，具3枚主齿，左壳前主齿大且长；右壳前主齿小。闭壳肌痕和外套痕清楚。

分布与习性：为广布种，我国南北沿海均有分布；也见

于日本、朝鲜、越南、印度尼西亚和印度。栖息于潮间带中区至浅海的沙质海底，营埋栖生活。

资源价值： 本种在我国北方潮间带资源量较大，肉质鲜美，群众喜食。可开展人工养殖。

中国仙女蛤 *Callista chinensis* (Holten，1802)

物种别名： 中华长文蛤。

分类地位： 双壳纲Bivalvia帘蛤目Veneroida帘蛤科Veneridae。

形态特征： 贝壳中等大小，一般壳长43～65mm，壳高33～45mm。壳质坚实，呈斜卵圆形。壳前后两侧不等。前端钝圆，腹缘圆，后端略尖。壳顶凸出，弯向前方。壳表呈淡紫色，具浅黄棕色具光泽的壳皮，以及多条宽而不连续的放射状紫色色带。生长纹细密，扁平，排列多不规则。小月面楔状，光滑，界线清楚；楯面界线不清楚。韧带略突出壳面，呈黄棕色。壳内面白色，具光泽。铰合部略窄，左壳有1枚强壮的前侧齿，与中央主齿呈"Λ"形排列；右壳有2枚前侧齿，前主齿与中央主齿并列，顶端不相连。前闭壳肌痕马蹄形，后闭壳肌痕梨形；外套痕明显，外套窦宽大，近圆形。

分布与习性： 暖水性种类，分布于我国浙江南麂列岛以南至广东、北部湾；日本、西太平洋也有分布。栖息于潮间带下部至浅海的沙质海底。

资源价值： 本种在我国福建平潭和东山资源量较大，在北部湾45m深处也发现密集分布区，丰度达210个/m²。肉质鲜美，群众喜食。

棕带仙女蛤 *Callista erycina* (Linnaeus，1758)

物种别名： 女神长文蛤。

分类地位： 双壳纲Bivalvia帘蛤目Veneroida帘蛤科Veneridae。

形态特征： 贝壳大型，一般壳长36～82mm，壳高28～65mm。壳质坚厚，呈卵圆形。壳顶突出，弯向前方。壳前缘圆，微向上翘起；腹缘圆；后缘略尖。壳面呈浅黄色，被1层薄的黄褐色壳皮，壳中部有2条宽棕褐色放射状色带，以及排列不规则、淡棕色的放射条纹。壳表生长肋粗宽，肋间沟窄深。小月面略呈楔状，界线清楚；楯面宽大，界限不清。韧带黄棕色，略突出壳面。壳内呈白色，可见紫色底色，近壳后部紫色加深。铰合部左壳有1枚强壮的前侧齿和3枚主齿；右壳有2枚前侧齿和3枚主齿。前闭壳肌痕大，马蹄状；后闭壳肌痕梨形。外套痕深，外套窦宽。

分布与习性： 为暖水性种类，我国分布于广东、广西和海南沿海；也见于日本奄美大岛以南、热带太平洋和印度洋。栖息于潮间带下部至水深20m的沙质海底。

资源价值： 本种个体较大，味道鲜美，但资源量较少。

皱纹蛤 *Periglypta puerpera* (Linnaeus，1771)

物种别名： 圆球帘蛤。

分类地位： 双壳纲Bivalvia帘蛤目Veneroida帘蛤科Veneridae。

形态特征： 贝壳大型，一般壳长64.5mm，壳高57mm，壳宽42mm。壳质厚重，极膨胀，近球形。贝壳前、腹缘均圆，后缘略呈截状。壳面呈棕黄色，有不规则、略呈放射状的棕色斑点，并向腹缘延伸成宽的色带；在后腹缘有一片棕紫色斑块。壳

表具有变化的生长纹和放射肋，生长纹间隔较宽，低平；放射肋密，低平但十分明显；两者相交呈布目状。小月面界线明显，心脏形；楯面较宽，长披针形。壳内白色，后缘紫色。铰合部宽，左壳前主齿高大；右壳前主齿小。前后闭壳肌痕明显，略呈马蹄状；外套痕清楚，外套窦钝圆形。

分布与习性：为暖水性种类。广布于印度—太平洋区，我国见于海南岛、西沙群岛。栖息于潮间带中潮区至潮下带水深20m处，珊瑚礁间的砾石珊瑚碎块的泥沙底质中，埋栖较浅。

资源价值：本种个体大，软体部肥满，可食用，但资源量较少。

鳞杓拿蛤 *Anomalodiscus squamosus* (Linnaeus，1758)

物种别名：歪帘蛤。

分类地位：双壳纲Bivalvia帘蛤目Veneroida帘蛤科Veneridae。

形态特征：贝壳中型，一般壳长22～32mm，壳高18～24mm，壳宽15～20mm。壳质坚硬，极膨胀，形如杓状。壳前端和腹缘圆，壳后端变尖细，杓柄状。壳顶突出，略弯向前方。壳面呈棕黄色，具强壮的放射肋及细的生长纹，两者相交成布目状。小月面椭圆形，楯面较大，占据整个贝壳的背后缘，楔状。壳内面白色。壳后缘的壳缘具细锯齿，腹缘有粗齿突。铰合部小，三角形，具3枚分散排列的主齿。前、后闭壳肌痕小，外套痕不明显，外套窦小。

分布与习性：暖水性种类，广布于印度—太平洋区，我国见于厦门以南海域。栖息于潮间带中潮区泥或泥沙底质。

资源价值：本种为习见种类，栖息密度较大，有一定的资源量，福建东山海区栖息密度高达240个/m²，生物量602.5g/m²。本种虽软体部小，但资源量较大，为经济贝类。

江户布目蛤 *Leukoma jedoensis* (Lischke，1874)

物种别名：麻蚬子。

分类地位：双壳纲Bivalvia帘蛤目Veneroida帘蛤科Veneridae。

形态特征：贝壳中等大小，一般壳长36～45mm，壳高31～38mm。壳质坚厚，呈卵圆形或球形。两壳相等。壳顶突出，位于背缘中央弯向前方。小月面心脏形。楯面披针状。壳表具粗壮的放射肋及细的生长纹，两者相交成规则的布目状。壳面呈土黄色或黄棕色，常有棕色斑点或条纹。壳内面灰白色，边缘有与放射肋相应的小齿。铰合部中等大小，两壳各有主齿3枚，无侧齿。前、后闭壳肌痕清楚，外套痕明显，外套窦呈三角形，前端尖。

分布与习性：为暖温带种类，我国习见于黄海、渤海沿岸；也分布于俄罗斯、日本和朝鲜。栖息于低潮线中、上区的砾石滩和泥沙中，埋栖较浅。

资源价值：个体小，但由于栖息于潮间带中上潮区，易于被采捕，是沿海群众的捕获对象，肉可食。

美女蛤 *Circe scripta* (Linnaeus，1758)

物种别名：唱片帘蛤。

分类地位：双壳纲Bivalvia帘蛤目Veneroida帘蛤科Veneridae。

形态特征：贝壳中等大小，壳长38～46mm，壳高35～43mm。呈三角卵圆形，侧扁。两壳相等，两侧近等。壳顶略尖扁平，位于背部中央。壳前端和腹缘圆形，后端略呈截形。壳表具细密生长纹，突出壳面。壳面呈奶黄色，有不规则的棕色或栗色的斑点或花纹。小月面和楯面细长；韧带仅可见小部分露出壳外。壳内面呈白色，中央部棕紫色。铰合部大，呈三角形，两壳各具分散排列的3枚主齿，左壳前侧齿大；右壳有2枚前侧齿。外套痕明显，外套窦极浅，壳内缘光滑。

分布与习性： 为暖水性种类，广布于印度—西太平洋区，我国分布于浙江南麂列岛、福建平潭以南海域。栖息于潮间带至水深40m左右的沙质海底，潜沙深度极浅。

资源价值： 本种在广东南澳岛、碣石湾，北部湾的涠洲岛等海域具有较大的资源量。味鲜美，农贸市场常见，资源量和经济价值较高，具开发前景。

歧脊加夫蛤 *Gafrarium divaricatum* (Gmelin，1791)

物种别名： 歧纹帘蛤。

分类地位： 双壳纲Bivalvia帘蛤目Veneroida帘蛤科Veneridae。

形态特征： 贝壳中等大小，一般壳长38～43mm，壳高31～37mm。壳质坚厚，两壳侧扁，呈三角卵圆形。壳顶略扁平，不突出。壳前、后端和腹缘均圆。壳面颜色多有变化，呈黄棕色或灰黄色，通常有2条纵向不规则花纹的栗色色斑。生长纹细密，在壳后部隐约可见斜行的放射状突起。小月面长，不凹陷；楯面窄，凹陷；韧带大部分没入壳内。壳内面呈白色，顶部和后端呈深紫色，中央区常有棕色斑。铰合部小，两壳均有3枚主齿，左壳前侧齿大；右壳有两枚前侧齿。前后闭壳肌痕及外套痕均清楚，外套窦极浅。

分布与习性： 为暖水性种类，广布于印度—西太平洋，我国常见于浙江南麂列岛以南，福建、台湾、广东、广西和海南。

资源价值： 本种为我国福建以南海岸带的习见种，具有一定的资源量。肉味鲜美，水产品市场常见。

日本镜蛤 *Dosinia japonica* (Reeve，1850)

物种别名： 日本镜文蛤。

分类地位： 双壳纲Bivalvia帘蛤目Veneroida帘蛤科Veneridae。

形态特征： 贝壳大型，一般壳长44～77mm，壳高41.5～69mm。壳质坚厚，稍扁平，近圆形。壳顶尖，位于壳背缘近前方，并向前弯曲，往后方斜直。贝壳前、后缘圆，腹缘呈规则的半圆形，背腹缘处呈钝角状。壳面呈白色，生长纹平且排列紧密，纹间沟窄浅，在贝壳前、后缘处生长纹略翘起呈薄片状。小月面深凹，呈心脏形。楯面清楚，呈长披针形，前半部为黄棕色，后半部略凹陷。壳内呈白色，铰合部宽，两壳均具粗壮的中央主齿、薄的前主齿和延长的后主齿；左壳前侧齿小，微突出壳面；右壳有2枚前侧齿。前后闭壳肌痕、外套痕清楚，外套窦深。

分布与习性：为广温广布种，我国从南到北均有分布；俄罗斯远东海、朝鲜和日本也常见。栖息于潮间带至浅海约73m深的泥沙底质。

资源价值：本种是我国南北沿海的习见种，但资源量不大。味鲜美，群众喜食。

薄片镜蛤 *Dosinia corrugata* (Reeve，1850)

物种别名：灰蚶子、黑蛤、蛤叉。

分类地位：双壳纲Bivalvia帘蛤目Veneroida帘蛤科Veneridae。

形态特征：贝壳大型，一般壳长44～56mm，壳高44.5～56.5mm。壳质薄，两壳侧扁，近圆形。壳长与壳高近相等，两壳大小相等。壳顶低尖，位于背缘中央稍近前方，微向前弯曲。自壳顶向前弧形，向后斜圆。贝壳前后端、腹缘均圆，后缘略呈截状。壳面呈白色或灰白色，具细密的生长纹，向腹缘生长纹变粗并微突出壳面，在壳后缘处略为翘起，纹间沟很细。小月面较平，长心脏形，界线清楚。楯面窄长，韧带褐色，占据楯面的大部分。壳内面呈白色或黄白色。铰合部窄且长，两壳各有主齿3枚，左壳有前侧齿1枚，右壳前侧齿不明显。前、后闭壳肌

痕、外套窦均清楚。

分布与习性： 为广温广布种，分布于我国南北沿海；也见于日本、朝鲜、菲律宾、印度尼西亚。栖息于潮间带中下区泥沙底质，潜埋较深。

资源价值： 本种虽然分布较广，但资源量一般。肉味极鲜美，营养价值高，深受群众欢迎。同时具有滋阴润燥、利尿消肿、软坚散结等药用价值。

缀锦蛤 *Tapes literatus* (Linnaeus，1758)

物种别名： 无。

分类地位： 双壳纲Bivalvia帘蛤目Veneroida帘蛤科Veneridae。

形态特征： 贝壳大型，一般壳长65～71mm，壳高38～43mm。呈长斜方形，稍扁平，两壳相等，两侧不等。壳顶不突出，近前方。壳前端尖圆，后端斜圆，背腹缘平直，腹缘圆。小月面界线清楚；楯面呈长披针形，韧带长、外露。壳表生长纹细平且排列紧密，无放射肋。壳面呈黄白色或棕黄色，遍布栗色锯齿状花纹。壳内近壳缘处呈白色，上部呈杏黄色。铰合部窄长，左壳中央主齿粗壮，且明显分叉；右壳中、后主齿分叉。前闭壳肌痕呈亚卵圆形，后闭壳肌痕呈三角卵圆形，外套窦弯入较深，舌状。

分布与习性： 为暖水性种类，广布于在印度—太平洋区，我国见于广东、广西和海南。栖息于潮间带下部至浅海20m深的沙质海底或珊瑚礁礁坪的粗砂中，埋栖较深。

资源价值： 本种资源量不大，但个体大，肉质鲜美，颇受群众喜爱。

波纹巴非蛤 *Paratapes undulatus* (Born，1778)

物种别名： 波纹横帘蛤、芒果螺。

分类地位： 双壳纲Bivalvia帘蛤目Veneroida帘蛤科Veneridae。

形态特征： 贝壳大型，一般壳长46.5～72mm，壳高27～42mm。长卵圆形，侧扁。壳顶不突出，近中部偏后方。贝壳前、后端圆，腹缘较直。壳面呈浅黄棕色，有些个体近腹缘处呈紫色，常被1层具光泽的壳皮，并密布不规则的紫色波纹。小月面和楯面均呈白色，其上有紫色条纹。韧带长，黄棕色。壳内呈白色或略带紫色。铰合部小，左壳具3枚分散排列的主齿；右壳前主齿薄，中央主齿高，后主齿分叉。前、后闭壳肌痕梨形；外套痕清楚，外套窦浅。

分布与习性：为暖水性种类，分布于我国浙江以南近海海域。栖息于泥沙底质的低潮线下0.5～44m水深的沙质海底。

资源价值：本种具有一定的资源量，在某些海域聚集分布，资源量较大，如在福建兴化湾有记录的最大栖息密度达75个/m²，生物量411.5g/m²，资源量33.7t/km²，为当地群众渔业采捕和试养对象。肉质鲜美，为群众喜食。

锯齿巴非蛤 *Protapes gallus* (Gmelin，1791)

物种别名：无。

分类地位：双壳纲Bivalvia帘蛤目Veneroida帘蛤科Veneridae。

形态特征：贝壳大型，一般壳长39～53mm，壳高30～39mm。壳形有变化，多呈三角形，壳后部有的个体较长，有的很短。壳顶宽，位于壳顶中央近前方。贝壳前端较尖、圆，腹缘在壳后区有屈曲，后端略钝。壳表具明显、排列整齐的生长纹。壳面呈黄棕色，具多条不连续的棕色色带或锯齿状花纹。小月面大，楯面长，界线不清楚，韧带呈黄棕色。壳内面周缘白色，中央橘红色。

分布与习性：为暖水性种类，广布于印度—太平洋区，我国见于浙江南麂列岛以南、福建、广东和海南。栖息于潮间带和浅海的泥沙底质。

资源价值：本种肉味鲜美，常在水产品市场有售，为我国南方潮间带群众赶海的常见渔获物。

绿螂 *Glauconome chinensis* Gray，1828

物种别名：大头蛏。

分类地位：双壳纲Bivalvia帘蛤目Veneroida绿螂科Glauconomidae。

形态特征：贝壳小型，一般壳长27～34mm，壳高14～17mm。呈长卵圆形，壳质薄脆，两壳等大。壳顶略尖，近前方。贝壳前端圆，后端略尖，腹缘较平。韧带短，呈黄褐色。壳表具明显的同心生长纹，无放射肋；被1层灰绿色角质壳皮，腹缘处常呈皱褶状，壳顶部分易脱落，呈灰白色。壳内面白色，略具光泽。铰合部窄长，两壳各具3枚主齿，后主齿较大，无侧齿。前闭壳肌痕长卵圆形，后闭壳肌痕正方形，外套痕清楚，外套窦较深，呈舌状。

分布与习性：温水性种类，我国见于浙江象山港以南、福建、广东、广西和海南；也分布于日本濑户内海和朝鲜。多栖息于河口半咸水地区，潮间带近上部底质较硬的泥沙中。

资源价值：本种资源量较大，特定海域具极大的栖息密度，为重要的养殖贝类。肉可食用，也可作家禽饲料。

WoRMS，http://www.marinespecies.org/aphia.php?p=taxdetails&id=507448#images

薄壳绿螂 *Glauconome angulata* Reeve，1844

物种别名：无。

分类地位：双壳纲Bivalvia帘蛤目Veneroida绿螂科Glauconomidae。

形态特征：贝壳中等大小，壳长33mm；贝壳略呈长椭圆形，壳质较薄，壳顶位于背缘近前方，较低平。壳面被绿褐色薄的壳皮，同心生长纹在壳的前后部较粗糙；壳

内面白色或浅蓝色，略具光泽。铰合部狭窄，两壳各具主齿3枚，无侧齿。前闭壳肌痕略长，后闭壳肌痕桃形；外套窦较深。

分布与习性：目前仅发现分布于黄海、渤海沿岸，生活于有淡水注入的潮间带沙或泥沙中。

资源价值：本种在黄海、渤海潮间带有一定的资源量，是群众赶海常见的渔获物。可食用，也可作为饲料和饵料原料。

渤海鸭嘴蛤 *Laternula gracilis* (Reeve，1860)

物种别名：船形薄壳蛤。

分类地位：双壳纲Bivalvia帘蛤目Veneroida鸭嘴蛤科Laternulidae。

形态特征：贝壳中等大小，一般壳长25～55mm，壳高14～30.5mm。呈长卵圆形，较膨胀，壳质薄脆，半透明状。两壳近等或左壳稍大于右壳。贝壳闭合时，前、后端均有开口。壳顶稍突出，位于背缘中部，顶部向内弯曲。贝壳前端圆而高，后端圆钝。壳表具不规则的同心生长纹。壳面呈白色或灰白色，具云母光泽，有些个体在壳前端和腹缘处常染有砖红色或铁锈色。壳内面白色，也具云母光泽。铰合部无齿，有薄片隔板。韧带槽匙状，外套窦宽大，呈半圆形。水管粗大。

分布与习性：广布种，广布于印度—太平洋区，我国见于南北沿海。栖息于潮间带至浅海约20m的泥沙海底。

资源价值：本种具有一定的资源量，肉可供食用，亦可作为家禽、鱼、虾的饲料和农用肥料，具有一定的经济价值。

鸭嘴蛤 *Laternula anatina* (Linnaeus，1758)

物种别名：截尾薄壳蛤。

分类地位：双壳纲Bivalvia帘蛤目Veneroida鸭嘴蛤科Laternulidae。

形态特征：贝壳中等大小，一般壳长35～49mm，壳高18～29mm。近长方形，壳质极薄脆，半透明状。两壳等大或左壳稍大于右壳，闭合时一般仅后端开口。

壳顶突出，近后方。壳后缘较小，向上翘起形如喙状，其边缘向外翻出。壳面白色，具珍珠光泽，壳缘常呈现淡黄色或棕黄色。在壳前部和腹缘常有细的颗粒状突起。壳内面白色，具珍珠光泽。铰合部无齿，韧带槽前无石灰板。外套窦浅，宽大，半圆形。

分布与习性：广布于印度—太平洋区，我国见于南北沿海。生活于潮间带至浅海泥沙质海底。

资源价值：本种具有一定的资源量，肉可供食用，亦可作为家禽、鱼、虾的饲料和农用肥料，具有一定的经济价值。

剖刀鸭嘴蛤 *Laternula boschasina* (Reeve，1860)

物种别名：无。

分类地位：双壳纲Bivalvia帘蛤目Veneroida鸭嘴蛤科Laternulidae。

形态特征：贝壳中等大小，壳长33.1mm，壳高17.2mm，壳宽13.0mm。近长卵圆形，壳顶突出位于背部近中央处，前端钝圆，前背缘平直，或微凸，后端尖斜上翘如剖刀状。壳质薄脆，半透明，较膨胀；两壳近相等，闭合时前、后端开口较小。壳表具细密、明显的同心生长线。壳面呈白色，具云母光泽，壳内面与壳面同色；铰合部无齿，下方与一新月形片状隔板相接；前、后闭壳肌有痕，略呈圆形，外套窦极浅。本种与渤海鸭嘴蛤近似，区别为后者韧带槽前有石灰质板，壳后端开口较本种大。

分布与习性：分布于我国沿海和台湾地区；西太平洋的日本、菲律宾也有分布。栖息于潮间带泥沙质底。

资源价值：本种具有一定的资源量，肉可供食用，亦可

作为家禽、鱼、虾的饲料和农用肥料，具有一定的经济价值。

砂海螂 *Mya arenaria* Linnaeus，1758

物种别名：大蚬、蚬蛤。

分类地位：双壳纲Bivalvia海螂目Myida 海螂科Myidae。

形态特征：贝壳大型，一般壳长54～101mm，壳高32.5～61mm。呈长卵圆形，壳质坚厚，两壳闭合时前后均有开口。壳顶低平，近前方。小月面和楯面不明显。壳前端圆，后缘稍尖，腹缘弧形。壳表具粗糙不一的生长线；无放射肋。壳面被褐色壳皮，极易脱落，显白色或灰白色。壳内面白色，略具光泽。外套痕明显，外套窦明显。前、后闭壳肌痕狭长。

分布与习性：为温水性种类，广泛分布于寒温带的太平洋和大西洋海域，我国多见于辽宁、山东和江苏。栖息于潮间带至水深10m的泥沙底质海底。

资源价值：本种个体较大，肉质鲜美，可供食用。

雅异篮蛤 *Corbula venusta* (Gould，1861)

物种别名：无。

分类地位：双壳纲Bivalvia海螂目Myida篮蛤科Corbulidae。

形态特征：贝壳小型，壳长8.0mm，壳质坚厚，呈三角卵圆形。贝壳前端圆，后端近斜截状；壳顶低，位于背部近前方；左壳自壳顶到后腹缘有一放射脊。壳表具粗细不一的同心生长肋。壳面呈白色；壳内面呈肉色，有橙黄色斑块。前

闭壳肌痕肾脏形，后闭壳肌痕圆形。

分布与习性：温水性种类，我国分布于黄海、渤海区；日本和朝鲜半岛也有分布。生活于潮间带至20m水深的以砂为主的底质区。

资源价值：本种虽个体小，但在黄海、渤海区具有一定的资源量，丰度较高。可作为鱼虾等养殖的饲料。

光滑河篮蛤 *Potamocorbula laevis* (Hinds，1843)

物种别名：篮蛤、海砂子。

分类地位：双壳纲Bivalvia海螂目Myida篮蛤科Corbulidae。

形态特征：贝壳小型，一般壳长17mm，壳高10mm。壳质薄脆，近等腰三角形或长卵圆形。两壳不等，左壳小，右壳大而膨胀，闭合时右壳腹缘的壳缘翘起，包住左壳。壳顶近前方。贝壳前缘和腹缘圆，后缘略呈截状。壳表光滑，具细密生长纹，无放射肋。壳面灰白色，被黄褐色外皮，并在壳边缘处形成褶皱。壳内面白色。铰合部窄，两壳各有1枚主齿，左壳主齿呈匙状；右壳主齿略似钩状。内韧带黄褐色。前闭壳肌痕长梨形，后闭壳肌痕近圆形。外套痕清楚，外套窦浅。

分布与习性：广布种，在我国辽宁至广东均有分布。栖息于潮间带高潮带至浅海，尤其在河口入海处，盐度较低的滩涂，产量非常大。

资源价值：本种资源量大，在山东青岛，栖息丰度每平方米超过1万个。是对虾养殖中极佳的适口鲜活饵料，也可作为肥料，具有较高的经济价值。

红肉河篮蛤 *Potamocorbula rubromuscula* Zhuang & Cai，1983

物种别名：红肉。

分类地位：双壳纲Bivalvia海螂目Myida篮蛤科Corbulidae。

形态特征：贝壳小型，一般壳长13～21mm，壳高8～13mm。壳质薄脆，呈长卵圆形。两壳不等，右壳大于左壳。壳顶尖、不突出，近背缘前方。贝壳前端圆，后端截状。闭合时右壳壳缘翘起，包住左壳。壳表呈黄白色，中部常染污而呈黑褐色。壳面光滑，具极细密的生长纹，被1层皱褶程度不同的壳皮。壳内呈灰白色。无小月面和楯面。铰合部窄，右右壳各具1枚主齿。内韧带呈黄褐色。前闭壳肌痕卵圆形，后闭壳肌痕近圆形，外套痕清楚。

分布与习性：暖水性种类，我国目前仅发现于广东东北部。栖息于潮间带或浅海的泥沙底质。

资源价值：本种个体小，但栖息丰度相当大，具一定的资源量。肉质鲜美，营养丰富，是养殖青蟹、对虾、鳗鲡等的良好饵料，为广东省主要养殖贝类。

黑龙江篮蛤 *Potamocorbula amurensis* (Schrenck，1861)

物种别名：无。

分类地位：双壳纲Bivalvia海螂目Myida篮蛤科Corbulidae。

形态特征：贝壳中等大小，壳长27.5mm；壳质坚厚，较膨胀；两壳不等，左壳小，右壳大而膨胀，其腹缘中、后部稍扩张并卷包在左壳腹缘上。壳顶较突出，位于背部中央附近。壳面被淡褐色或褐色壳皮，具不规则的同心生长纹；壳内呈灰白色或略显淡蓝色，壳缘稍加厚。前闭壳肌痕梨形，后闭壳肌痕卵圆形，外套窦浅。

分布与习性：广布种，分布

WoRMS，http://www.marinespecies.org/aphia.php?p=taxdetails&id=397175#images

于我国南北沿海；也分布于俄罗斯远东海、日本、朝鲜半岛。生活于河口附近咸淡水10m左右的软泥质海底。

资源价值：本种在我国黄海、渤海具有一定的资源量，常是底栖贝类中的优势种。可作为鱼虾等养殖的饲料。

宽壳全海笋 *Barnea dilatata* (Soulyet，1843)

物种别名：无。

分类地位：双壳纲Bivalvia海螂目Myida海笋科Pholadidae。

形态特征：贝壳宽短，一般壳长60mm，壳宽38mm。壳质薄脆，前端尖，后端截形，腹缘开口。壳顶略突出，近前端。壳表具纵肋及波纹状生长纹，纵肋在壳不同部位强弱不同，在壳前端发达，具棘刺；中部变粗大，与放射肋相交形成小突起，壳后端无纵肋，仅有较细的生长纹。前闭壳肌痕小、长，后闭壳肌痕大，呈三角形。外套痕不明显，外套窦短呈弓形。水管极发达，乙醇浸制标本，水管长度约为壳长的1.5倍。

分布与习性：广布种，分布于我国南北沿海；也见于日本和菲律宾。生活于潮下带至浅海的软泥底质中，尤其在河口附近的软泥滩，潜沙深度超过40cm。

资源价值：本种较大的资源量，如在海南省澄迈年产量可达2100kg。软体部丰满，为优良的食用贝类。

大沽全海笋 *Barnea davidi* (Deshayes，1874)

物种别名：孔雀贝、刺儿。

分类地位：双壳纲Bivalvia海螂目Myida海笋科Pholadidae。

形态特征：贝壳大型，一般壳长120mm，壳宽40mm。壳质薄脆，呈长卵形，两壳闭合时前、后端均开口。壳前端前半部膨大，向后渐尖细，腹面张开，铰合部外翻。壳表具同心生长纹和纵肋，两者相交呈布目状，在壳前端的腹面形成棘刺，在壳后端则形成小颗粒。壳面呈白色，被淡黄色壳皮。壳内面呈白色，光滑。前闭壳肌痕较小，后闭壳肌痕大，略呈菱形，外套窦宽且深，不明显。水管发达，伸展时长度可达贝壳的1～1.5倍。

分布与习性：温水型种类，为中国特有种，仅分布于我国北部沿海向南至浙江沿岸。栖息于潮间带及浅海的泥沙底。

资源价值：本种个体大，肉质鲜嫩，可食用。软体部及水管富含蛋白质、氨基酸、糖类、维生素和微量元素，有滋阴补血、利水消肿之功效。河北及浙江沿海资源量较大，我国已开展人工养殖。

吉村马特海笋 *Martesia yoshimurai* (Kuroda & Termachi，1930)

物种别名：无。

分类地位：双壳纲Bivalvia海螂目Myida海笋科Pholadidae。

形态特征：贝壳小型，一般壳长30mm，壳宽17mm。呈长方形，前端腹面开口。壳顶近前方，其前端左右两壳背缘向外翻卷，形成原板的附着面。原板较大，后面呈叉状，后板与腹板细长，两头尖，呈梭状。壳前部具有极密的波状生长纹和放射肋，两者相交呈布目状；后部则较平滑，仅具生长纹。壳内面白色，壳内柱细长，后闭壳肌明显，呈长三角形。水管短。

分布与习性：广布种，分布于我国南北沿海，常栖息于潮间带低潮线附近的坚硬石灰石或牡蛎的贝壳中。

资源价值：本种个体较小，但数量有时较多，对石灰石性质的防波堤有损害作用。

船蛆 *Teredo navalis* Linnaeus，1758

物种别名：凿船贝。

分类地位：双壳纲Bivalvia海螂目Myida船蛆科Teredinidae。

形态特征：贝壳小型，壳长3.5mm；铠长1.6mm；壳质薄脆，呈白色。两壳闭合时呈球形，前后端大张开。壳表分为前、中、后三区，前区短小呈三角形，表面有10～30条刻纹；中区高大，前中区的刻纹6～20条，后中区表面光滑；后区的变化较大，有环状生长纹。壳内柱细长，长度约为壳长的1/2。铠片桨状，柄细长。

分布与习性：广布种，广布于世界各大洋的温带和热带海域，习见于我国南北沿海。多数凿木而居，破坏木船和码头木质建筑。

资源价值：本种是船蛆中危害最为严重的种类，对码头上的木质建筑和木船等危害十分严重。

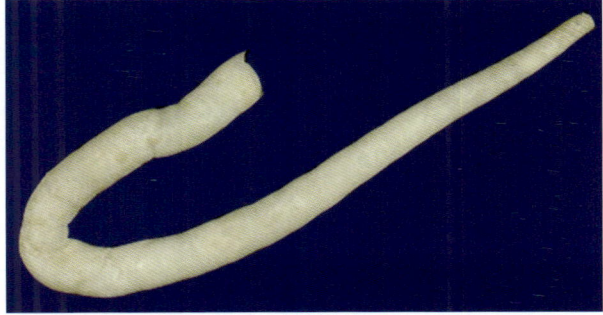

WoRMS，http://www.marinespecies.org/aphia.php?p=taxdetails&id=141607#images

金星蝶铰蛤 *Trigonothracia jinxingae* Xu，1980

物种别名：无。

分类地位：双壳纲Bivalvia笋螂目Pholadomyoida色雷西蛤科Thracidae。

形态特征：贝壳中等大小，壳长16.2mm；两壳较侧偏，呈长圆形；两壳不等，右壳大。壳顶近后端，自壳顶到后腹缘有一条隆起的放射脊。壳前部大，前端圆，后端短，末端截形，并开口。壳表具较粗的生长线；后缘及后部被有淡褐色的壳皮，在壳顶和其他部分，壳皮常脱落。

分布与习性：温水性种类，分布于我国香港以北的各大河口附近浅水区的软泥底中。

资源价值：本种在渤海湾具有较大的资源量，在某些区域，其丰度高达70 000个/m²。可作为对虾的优质饵料。

太平洋褶柔鱼 *Todarodes pacificus* Steenstrup，1880

物种别名：北鱿、黑皮鱿鱼、太平洋柔鱼、太平洋斯氏柔鱼、东洋鱿、日本鱿、柔鱼、鱿鱼。

分类地位：头足纲Cephalopoda枪形目Teuthoidea柔鱼科Ommastrephidae。

形态特征：胴部圆锥形，一般胴长252mm，约为胴宽的4.5倍。体表具大小相间的圆形色素斑；胴背中央的黑褐色宽带延伸到内鳍后端，头部背面及无柄腕中央呈黑褐色。鳍长约为胴长的1/3，两鳍相接略呈横菱形。无柄腕的长度相近，腕式一般为3＞2＞4＞1，第3对腕较侧扁，中央部边膜突出，略呈三角形。腕具2行吸盘。内壳角质，狭条状，中轴细，边肋粗，后端具3条中空的狭纵菱形"尾椎"。

分布与习性：分布于我国南北沿海，南限位于香港东南外海；也分布于太平洋其他海域，如阿拉斯加、日本等。本种为中上层洄游性种类，喜集群，种群很大，有趋光习性，昼夜分层活动明显，通常白天下沉，夜间上浮。

资源价值：本种资源量大，为黄海重要经济种类，在黄海的年捕捞量曾达到几千吨。肉质鲜美，为重要的海珍品之一。

齐钟彦等，1989

中国枪乌贼 *Uroteuthis* (*Photololigo*) *chinensis* (Gray，1849)

物种别名：本港鱿鱼、中国鱿鱼、台湾锁管、拖鱿鱼、长筒鱿、鱿鱼、台湾枪乌贼。

分类地位：头足纲Cephalopoda枪形目Teuthoidea枪乌贼科Loliginidae。

形态特征：个体大型，胴长可达295mm，约为胴宽的7倍，胴部呈圆锥形，后部直。体表具大小相间的近圆形色素斑。肉鳍较长，长于胴长之半，左右两鳍在末端相连成菱形。无柄腕4对，长度不等，腕式一般为3＞4＞2＞1；吸盘2行，大小略有差异。内壳角

质，薄而透明，近棕黄色，呈披针叶形。

分布与习性： 暖水性种类，我国分布于台湾海峡以南海域、南海；也见于泰国湾、马来群岛、澳大利亚昆士兰海域。为中上层洄游性种类，喜集群，有趋光习性，常昼沉夜浮。1年内可达性成熟，寿命一般为1年，以中上层鱼类和甲壳类为主要食物来源，存在同类相残现象。

资源价值： 本种资源量较大，其产量约占世界枪乌贼科总产量的60%。我国该种的年产量可达1.5万t。肉甜细嫩，质地极佳，为国内外一级优质海产品。加工成的干品称鱿鱼干，为名贵海产品。

剑尖枪乌贼 *Uroteuthis* (*Photololigo*) *edulis* (Hoyle，1885)

物种别名： 剑端锁管、透抽、拖鱿鱼。

分类地位： 头足纲Cephalopoda枪形目Teuthoidea枪乌贼科Loliginidae。

形态特征： 个体大型，胴长约146mm，约4倍于胴宽。胴部呈圆锥形，后部直，体表密布大小相间的近圆形色素斑。鳍较长，为胴长的60%～70%，两鳍相接略呈纵菱形。无柄腕长度不一，腕式一般为3＞4＞2＞1，吸盘2列，各以第2、第3对腕上的吸盘较大。雄性左侧第4腕茎化，吸盘特化为乳突。内壳角质，呈披针叶形，后部略尖。

分布与习性： 广布种，我国各海域均有分布；也见于日本、菲律宾等地。为中上层洄游性种类，喜集群，有趋光习性，常昼沉夜浮。1年内可达性成熟，寿命一般为1年，以中上层鱼类和甲壳类为食物来源，存在同类相残现象。

资源价值： 本种具有一定的资源量，是东海重要的经济种类，也是我国南方水产品市场上的重要种类。肉质鲜美，可鲜销和干制。

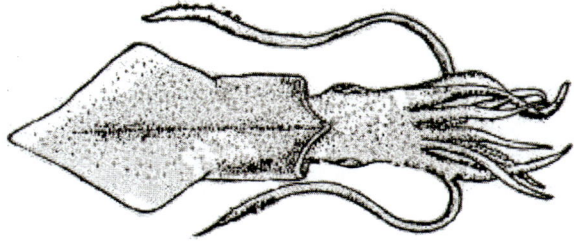

齐钟彦等，1989

日本枪乌贼 *Loliolus japonica* (Hoyle，1885)

物种别名： 笔管蛸、柔鱼、鱿鱼、油鱼、小鱿鱼、乌蛸、乌增、仔乌、海兔子。

分类地位： 头足纲Cephalopoda枪形目Teuthoidea枪乌贼科Loliginidae。

形态特征：个体中等大小，一般胴长12～20cm。胴部细长，呈圆锥形，后部削直，体表密布大小相间的近圆形色素斑。鳍长度大于胴长的1/2，两鳍相接略呈纵菱形。无柄腕长度不等，腕式一般为3＞4＞2＞1。吸盘2行，各腕吸盘以第2、第3对腕上者较大，雄性左侧第4腕茎化。内壳角质，薄而透明，呈披针叶形。

分布与习性：温水性种类，多分布于我国黄海、渤海及东海北部；也见于朝鲜和日本海域。本种有垂直活动习性，白天下沉，夜间上浮。主要捕食毛虾和其他鱼虾。

资源价值：本种资源量较大，为黄海、渤海的重要经济种类。肉味鲜美，可鲜食，也可加工成各种干品及冷冻品。

火枪乌贼 *Loliolus beka* (Sasaki，1929)

物种别名：鱿鱼仔、海兔子、鬼拱。

分类地位：头足纲Cephalopoda枪形目Teuthoidea枪乌贼科Loliginidae。

形态特征：个体小，胴长55mm。胴部略呈圆锥形，后部削直，体表密布大小不等的卵圆形或近圆形的褐色色斑。鳍长超过胴长的1/2，两鳍相接略呈纵菱形。各腕长度不等，腕式一般为3＞4＞2＞1。各腕吸盘2行，以第2、第3对腕上的吸盘最大。雄性左侧第4腕茎化，吸盘特化为2行尖形突起。内壳几丁质，呈披针叶形。

分布与习性：广布种，见于我国南北沿海；日本南部海域也有分布。为小型枪乌贼，游泳能力弱，洄游路线受风和海流的影响较大。

资源价值：本种在渤海资源量较大，尤其在莱州湾，但个体较小，经济价值略低。肉供食用，也可作鱼类的饵料。

金乌贼 *Sepia esculenta* Hoyle，1885

物种别名：墨鱼、乌鱼。

分类地位：头足纲Cephalopoda乌贼目Sepioidea乌贼科Sepiidae。

形态特征：个体中等大小，胴长可达200mm，约为胴宽的2倍。胴部呈盾状，体表色斑因雌雄个体而异，雄性胴背横条斑明显，并间杂致密细色斑；雌性胴背横条斑不明显，偏向两侧或仅具细斑点。肉鳍较宽，约为胴宽的1/4，位于胴部两侧全缘，仅在后端分离。无柄腕长度略不等；吸盘4行，各腕吸盘大小近等。雄性左侧第4腕茎化，中部吸盘变小并稀疏。内壳椭圆形，背面具同心环状排列的石灰质颗粒，壳后端具粗壮骨针。

分布与习性：广布种，见于我国南北近海；日本列岛和菲律宾群岛海域也有分布。本种为中下层洄游性种类，游泳较慢，喜集群，有趋光性，白天下沉，夜间上浮。幼体生长较快，1年内可达性成熟。

资源价值：本种是我国北方海域经济价值最大的乌贼，20世纪80年代之前，与大黄鱼、小黄鱼、带鱼并称为我国传统四大渔业。由于过度捕捞等人类活动和海洋生态环境恶化等，资源量明显衰退，目前金乌贼在许多海域已近绝迹。金乌贼肉厚，味鲜美，可鲜食，亦可加工成干品墨鱼干。雄性生殖腺和雌性缠卵腺可分别加工成乌鱼穗和乌鱼蛋，均为海珍品。肉、黑囊、缠卵腺、内壳（海螵蛸）均可入药。

曼氏无针乌贼 *Sepiella inermis* (Van Hasselt，1835)

物种别名：花拉子、麻乌贼、血墨、墨鱼、目鱼、日本无针乌贼。

分类地位：头足纲Cephalopoda乌贼目Sepioidea乌贼科Sepiidae。

形态特征：个体较大，胴部呈盾形，略瘦。胴背具近椭圆形白花斑。白花斑在雌雄个体有差别，雄性个体较大，间杂一些小白斑；雌性较小且大小相近。肉鳍前狭后宽，位于胴部两侧全缘，仅在末端分离。无柄腕长度不一，腕式一般为4＞3＞1＞2或4＞3＞2＞1，吸盘4行，各腕吸盘大小相近。雄性左侧第4腕茎化，全腕中部的吸盘变小并稀疏；触腕穗狭柄形，约为全腕长度的1/4，吸盘约20行，小而密。内壳椭圆形，外圆锥体后端宽而薄，具纵横的稀疏细纹。

分布与习性：广布种，分布于我国南北海域；也见于日本列岛、马来群岛和印度洋。春夏之交繁殖，幼体生长较快，半年左右胴长可达100mm。主要以甲壳类、毛颚类，大黄鱼、带鱼和其他经济鱼类的幼鱼等为食，有同类相残现象。

资源价值：本种为世界重要经济种，最高年产量超过8万t。我国浙江和福建沿岸海域是主要作业渔场，每年产量可达几万吨。食用和药用价值高，已开展人工育苗和养殖。

双喙耳乌贼 *Sepiola birostrata* Sasaki，1918

物种别名：墨鱼豆。

分类地位：头足纲Cephalopoda乌贼目Sepioidea耳乌贼科Sepiolidae。

形态特征：个体相对小，胴部呈圆袋状，体长宽之比约为10：7；体表具大小不一的色素点斑。肉鳍较大，长度约为胴长的2/3，近圆形，位于胴部两侧中部，如"两耳"状。无柄腕长度略不等，腕式一般为3＞2＞1＞4，雄性第3对腕明显变粗，顶部骤然变细基部吸盘大半退化；腕吸盘2行，角质环不具齿，雄性左侧第1腕茎化，较粗而短，基部具4～5个小吸盘，前方边缘有2个弯曲的喙状肉突；触腕穗稍膨突，短小，约为全腕长度的1/7，吸盘极小，约10行，细绒状。内壳退化。

分布与习性：分布于我国南北近海；也见于日本列岛和萨哈林岛(库页岛)。早春季节生殖洄游，由较深水区游向沿岸和内湾；秋后游向较深水区越冬。营底栖生活，以底栖小型甲壳类为食。

资源价值：本种在我国黄海具有一定的资源量，尤其在早春季节生殖洄游期间，常见于北方海鲜市场。

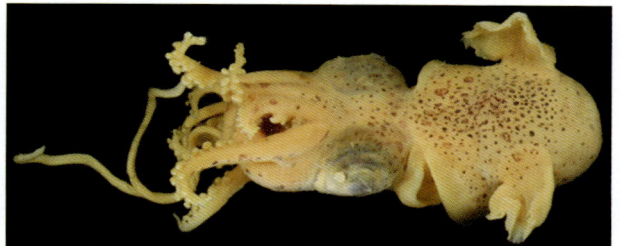

短蛸 *Amphioctopus fangsiao* (d'Orbigny，1839-1841)

物种别名： 饭蛸、坐蛸、短腿蛸、小蛸、短爪、四眼乌。

分类地位： 头足纲Cephalopoda八腕目Octopoda蛸科Octopodidae。

形态特征： 个体较大，胴部呈卵圆形或球形，体表具有许多近圆形的颗粒。背部两眼之间具一明显的呈纺锤形或半月形的浅色斑，两眼前方第2对和第3对腕之间，各具一椭圆形的金色圆环，大小与眼径近等。各腕均较短，长度近等，腕长为胴长的3～4倍；腕吸盘2行，雄性右侧第3腕茎化，较左侧对应腕短。

分布与习性： 广布种，我国南北近海均有分布；也见于日本列岛。营底栖生活，可短距离游泳，多在海底或岩礁间爬行或滑行。幼体生长较快，一般半年左右可达成体大小，1年具备繁殖能力。

资源价值： 本种为黄海、渤海的重要经济种类，尤其在我国山东、辽宁沿岸海域资源量较大，为海产品市场常见种类。肉质鲜美，可鲜食，也可晒成章鱼干。亦可入药，具有补气养血、收敛生肌的作用。

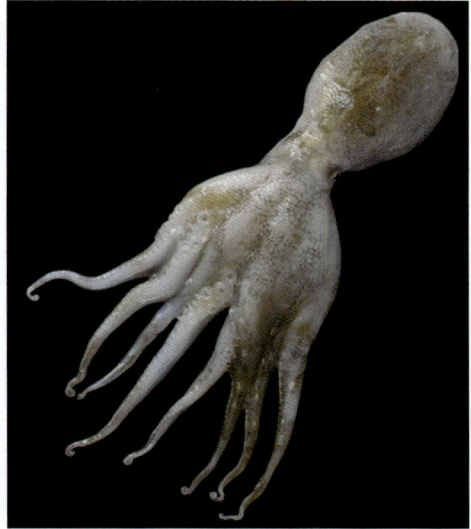

长蛸 *Octopus variabilis* (Sasaki，1929)

物种别名： 章鱼、八带、马蛸、长腿蛸、大蛸、石拒、章拒。

分类地位： 头足纲Cephalopoda八腕目Octopoda蛸科Octopodidae。

形态特征： 胴部短小，呈卵圆形，胴长约为胴宽的2倍；体表光滑，具极细的色素斑点。长腕型，腕长为胴长的6～7倍，各腕长度不同，其中第1对腕最长且最粗，腕式为1＞2＞3＞4，腕吸盘2行。雄性右侧第3腕茎化，较短，长度约为左

侧对应腕的1/2，端器呈匙状，大且明显，约为全腕长度的1/6。

分布与习性：广布种，我国南北沿海均有分布；也见于日本列岛。营底栖生活，在深水和浅水间的集群洄游不明显。春季繁殖，幼体生长迅速，半年体长可达220mm，1年左右成为有繁殖能力的亲体。

资源价值：本种在黄海、渤海资源量较大，其中辽宁、山东和河北部分海域产量较多。渔期分春秋两季，春季3～5月，秋季9～11月。个体大，肉质肥厚鲜美、营养丰富，富含蛋白质和氨基酸，具有较高的经济价值。

真蛸 *Octopus vulgaris* Cuvier，1797

物种别名：真章、章鱼、母猪章。

分类地位：头足纲Cephalopoda八腕目Octopoda蛸科Octopodidae。

形态特征：胴部短小，呈卵圆形，体表光滑，具极细的色素斑点，胴背部具有一些明显的白色斑点。短腕型，腕长为胴长的4～5倍，各腕长度相近；腕吸盘2行。雄性右侧第3腕茎化，明显短于左侧对应腕。漏斗器"W"形。体腔内贝壳退化。外套膜后部有墨囊。

分布与习性：暖水性种类，分布于我国东海、南海；菲律宾群岛、马来群岛、印度洋、大西洋和地中海海域也有分布。营底栖生活，栖息于砂泥海底或岩礁缝中，白天潜伏，晚上猎食，以甲壳类、贝类及鱼类等为食。有较短距离的生殖和越冬洄游。

资源价值：本种在我国南部海域有一定的资源量，是南部海域的经济种类。幼体生长迅速，半年体长可接近成体大小，1年左右成为有繁殖能力的亲体。已开展人工养殖。

WoRMS，http://www.marinespecies.org/aphia.php?p=taxdetails&id=140605#images

第九章 节 肢 动 物

东方小藤壶 *Chthamalus challengeri* Hoek，1883

物种别名：马牙。

分类地位：颚足纲Maxillopoda无柄目Sessilia藤壶科Balanidae。

形态特征：个体呈圆锥形，峰吻径12mm，高6mm。壳表灰白色或灰褐色，受侵蚀后常呈暗灰色。壳内面紫色。壳光滑或不规则起肋，板缝清楚，壳口呈四边形。吻板两侧只有翼部被吻侧板覆盖。楯板横长三角形；关节脊突出，其长度不超背缘之半；闭壳肌窝深，闭壳肌脊短而强；侧压肌窝清楚。背板呈楔形，上部宽，下部窄。侧压肌脊2～4条。

习性与分布：分布于我国渤海和黄海。生活于岩岸的高潮带，能忍耐长时间周期性干燥环境。多群栖，常附着于岩石、船舶或其他动物与鱼、虾、贝的身上。

资源价值：本种资源量较大，其幼体是幼鱼良好的天然饵料。成体常常损坏船底或影响水产生产，是典型的污损生物。

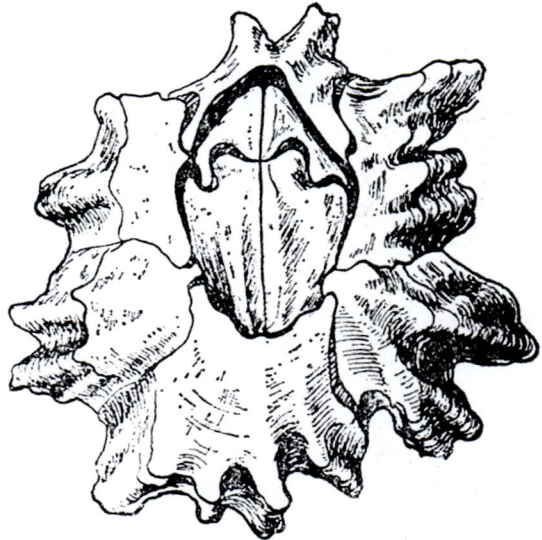

中国动物图谱数据库，http://www.zoology.csdb.cn/csdb/images/Upload_images/Animalia/Arthropoda/Crustacea/Cirripedia/Sessilia/Chthamalidae/Chthamalus/challengeri/0F70F5D7-2239-4B65-BA75-BF9C2D2B5DE1.jpg

白脊藤壶 *Fistulobalanus albicostatus* (Pilsbry，1916)

物种别名：马牙。

分类地位：颚足纲Maxillopoda无柄目Sessilia藤壶科Balanidae。

形态特征：壳呈圆锥形，壳口近五边形。壳板有许多粗细不等的纵肋，肋间呈暗紫色；壳板常因腐蚀而呈灰白色，纵肋也因此不清楚。年幼个体，肋多不明显。壳壁内部具有与纵肋对应的纵隔和管道。幅部稍宽，表面具平行横纹。蔓足6对，双肢型，蔓状，各节均被刚毛，第3蔓足刚毛呈锯齿状。雌雄同体，交接器长于第6蔓足。

分布与习性：广布于我国南北沿海。营固着生活，群栖于潮间带岩石、贝壳、码头、浮木、船底上，常形成白色的藤壶带。海水淹没时，蔓足节律性前后摆动以滤食水中的微生物，干露时紧闭壳板避免水分蒸发。

资源价值：肉和壳可入药，治酸止痛，解毒疗疮。成体常常损坏船底或影响水产生产，是典型的污损生物。

中国明对虾 *Penaeus chinensis* (Osbeck，1765)

物种别名：中国对虾、东方对虾、青虾、黄虾。

分类地位：软甲纲Malacostraca十足目Decapoda对虾科Penaeidae。

形态特征：个体大型，雌性体长可达20cm，雄性体长可达17cm，体形侧扁。甲壳薄，光滑透明。额角细长，平直前伸，其上缘基部具7～9齿，末端尖细部分无齿；下缘具3～5小齿。头胸甲额角后脊延伸至头胸甲中部。头胸甲具触角刺、肝刺和胃上刺。第1触角较长，其上鞭长度约为头胸甲的1.3倍。前3对步足皆呈钳状，后2对步足爪状。雄性第1对腹肢的内肢特化成钟形交接器；雌性在第4和第5步足基部之间具一圆盘状交接器。生活个体身体较透明，雌性呈青蓝色，腹部肢体略带红色，生殖腺成熟前呈绿色，成熟后呈黄绿色，一般常称为青虾；雄性体色较黄，故称为黄虾。

分布与习性：本种为中国和朝鲜特有种，主要分布于我国黄海、渤海，也少量见于东海及南海东北部。生活于泥沙底的浅海，以小型甲壳类、小型双壳类、多毛类，以及其他幼体为食。生活于黄海的群体有长距离洄游的习性。

资源价值：肉质鲜美，营养丰富，并可加工成虾干、虾米，为我国重要经济资源，是重要的出口水产品。近些年，因环境变化和人类捕捞加剧，资源量在黄海、渤海严重下降。本种在我国沿海有较长的养殖历史，且年产量曾超过自然海域捕捞量。

斑节对虾 *Penaeus monodon* Fabricius，1798

物种别名：草虾、花虾、竹节虾、斑节虾。

分类地位：软甲纲Malacostraca十足目Decapoda对虾科Penaeidae。

形态特征：个体大型，体长可达22.5～32cm。头胸甲厚实，体长而侧扁，略呈梭形，体色鲜亮。体表光滑，壳稍厚，额角上缘7～8齿，下缘2～3齿，以7/3者为多，额角尖端超过第1触角柄的末端，额角侧沟相当深，伸至目上刺后方，但额角侧脊较低且钝，额角后脊中央沟明显，有明显的肝脊，无额胃脊。体色由棕绿色、深棕色和浅黄色环状色带相间排列，其游泳足呈浅蓝色，步足、腹肢呈桃红色。

分布与习性：为广布种，分布于我国沿海；日本南部、韩国、菲律宾、印度尼西亚、澳大利亚、泰国、印度至非洲东部沿岸均有分布。喜栖息于沙泥或泥沙底质，白天多潜底不动，傍晚食欲最强并频繁觅食。我国沿海每年有2～4月和8～11月两个产卵期。

资源价值：本种为当前世界三大养殖对虾（斑节对虾、中国明对虾、凡纳滨对虾）中养殖面积和产量最大的养殖品种，具有极高的经济价值。肉质鲜美，生长快，适应性强，食性杂。我国南方沿海可以养两茬。

凡纳滨对虾 *Penaeus vannamei* Boone，1931

物种别名：南美白对虾、白肢虾、白对虾。

分类地位：软甲纲Malacostraca十足目Decapoda对虾科Penaeidae。

形态特征：个体大型，体长可达24cm。甲壳较薄，正常体色为浅青灰色，全身不具斑纹，步足常呈白垩状，故有白肢虾之称。额角略短，尖端不超出第1触角柄的第2节，其上缘具齿5～9枚，下缘具齿2～4枚。头胸甲较短，其上具明显的肝刺及鳃角刺。第1触角双鞭，柄结较长；内、外鞭皆短小。前3对步足螯状，第4～5对步足无上肢，第5对步足具雏形外肢；腹部第4～6节具背脊；尾节具中央沟，但不具缘侧刺。雌虾不具纳精囊。

分布与习性：原产于美洲太平洋沿岸水域，主要分布于秘鲁北部至墨西哥湾沿岸，以厄瓜多尔沿岸分布最为集中。我国于1988年引种成功，逐步开展大面积人工育苗和养殖。

资源价值：本种是世界三大养殖对虾（斑节对虾、中国明对虾、凡纳滨对虾）中单产最高的虾种，是一种重要的经济种类，已广泛开展人工养殖。目前未见报道该种是否已在我国海域形成自然繁殖种群。

周氏新对虾 *Metapenaeus joyneri* (Miers，1880)

物种别名：无。

分类地位：软甲纲Malacostraca十足目Decapoda对虾科Penaeidae。

形态特征：甲壳较薄，表面有许多下凹处，上生短毛。额角平直前伸，上缘基部2/3处具6～8小齿，末端1/3及下缘无齿。头胸甲不具眼上刺及颊刺，颈沟及肝沟明显。尾节稍长于腹部第6节，末端甚尖，不具侧刺。第1～3步足各具一底节刺。第5步足很细长，与第3步足末端等齐。雄性第3步足形态有变化，底节刺基部极其延长，呈棒状，顶端扁平宽大，边缘突出，具一尖刺。雄性交接器宽大坚硬，中叶末部宽扁而尖，呈树叶状。雌性交接器中央板前部细长，后部宽圆。生活个体体表遍布棕蓝色色斑，尾肢末棕褐色，边缘红色。

分布与习性：暖水性种类，分布于我国山东半岛以南沿

海各省。生活于泥沙底浅海。一般6～8月在浅水处产卵。

资源价值：本种为山东以南海域常见种，定置网及底拖网即可捕获。体肥肉嫩，可鲜食及制作虾米。

鹰爪虾 *Trachysalambria curvirostris* (Stimpson，1860)

物种别名：厚壳虾。

分类地位：软甲纲Malacostraca十足目Decapoda对虾科Penaeidae。

形态特征：体形较粗短，体长6～11cm，甲壳厚，表面粗糙不平。额角平直前伸，末端尖锐，稍向上弯，雌性额角略长于雄性；上缘具5～7枚齿，下缘无齿。头胸甲具触角刺、肝刺、上眼刺，触角刺上方有一较短纵缝，自前缘伸至肝刺上方。第1触角内外鞭等长，约为头胸甲长的1/2。第2触角鳞片窄长，伸至第1触角柄末端。5对步足皆具外肢。腹部第2～6节背面具纵脊。尾节较短，其后部两侧各具3个较小的活动刺。雄性交接器对称，略呈"T"形，基部较宽，侧缘直，末端向两侧伸出翼状突起。雌性交接器由前后两片组成，其前缘有"V"形缺刻。体棕红色，甲壳肉红色，腹部各节前缘白色，后缘为棕黄色，体弯曲时斑纹像鹰爪，故名"鹰爪虾"。

分布与习性：广布种，见于我国南北沿海。栖息于浅海泥沙海底，昼伏夜出，夏秋间在较浅处产卵，冬季向较深处移动。

资源价值：鹰爪虾在黄海、渤海具有一定的资源量，黄海、渤海鱼汛期为6～7月（夏汛）及10～11月（秋汛）。本种出肉率高，肉质鲜美，为重要的经济虾类。可鲜食及制虾米，以鹰爪虾制成的海米俗称金钩海米，色味俱佳。

细巧仿对虾 *Batepenaeopsis tenella* (Bate，1888)

物种别名：无。

分类地位：软甲纲Malacostraca十足目Decapoda对虾科Penaeidae。

形态特征：体形细长，体长40～60mm。甲壳薄，平滑。额角短直，上缘基部微突，其上具6～8个锯齿。头胸甲不具胃上刺。眼上刺小。触角刺上方有后伸的纵缝，其长度约为头胸甲的2/3。腹部第3～6节背面有弱的纵脊。第1及第2步足具基节刺，第5步足细长。雄性交接器略呈锚状。雌性交接器的前板宽大，中央有深的纵沟，前板与后板间有膜质的间隙，后板不覆于前板的上方。头胸甲及腹部各节散布有棕红色的斑点，头胸甲前、后缘及各腹节后缘颜色较深。

分布与习性：多分布于我国山东半岛以南各海区。生活于泥沙底浅海，多与鹰爪虾混杂于一起捕获。

资源价值：可鲜食或干制成虾米。

中国毛虾 *Acetes chinensis* Hansen，1919

物种别名：毛虾。

分类地位：软甲纲Malacostraca十足目Decapoda樱虾科Sergestidae。

形态特征：个体中等大小，体长25～42mm。体极侧扁，甲壳甚薄。额角短小，侧面呈三角形，侧缘具2齿。头胸甲具眼后刺及肝刺。眼圆形，眼柄细长。第1触角雌雄个体形态有差异：雌者柄的第3节较短，不足第2节长度的2倍；下鞭细小而直。雄者柄的第3节较长，约为第2节的2倍半；下鞭基部2节较粗。步足3对，末端细小钳状，第3对最长。雄性交接器头状部略呈弯曲的圆棒状，末部膨大。雌性第

3步足基部之间腹甲向后突出，称为生殖板，其后中缘中部向前方凹陷，两侧为圆形或三角形的2突起。雌性第1腹肢无内肢。体无色透明，仅口器部分及第2触鞭呈红色，尾肢内肢基部有一列2～10个红色小点。

分布与习性：广布种，我国南北沿海均有分布。近岸生活，多在海湾或河口附近。游泳能力较弱。冬季稍向深处移动。

资源价值：本种在我国沿海有较大的资源量，尤以渤海沿岸产量最大，年产可达10万t。由于个体小，少数鲜食，大多加工。加工制品有生干虾皮、熟虾皮、虾酱、虾油等，为重要的经济虾类。

细螯虾 *Leptochela gracilis* Stimpson，1860

物种别名：无。

分类地位：软甲纲Malacostraca十足目Decapoda玻璃虾科Pasiphaeidae。

形态特征：体中等大小，体长20～35mm。体表光滑，额角短小呈刺状，上下缘均无锯齿。头胸甲光滑不具刺或脊。腹部仅第4～5节背面中央有纵脊，第5节脊末端突出成1长刺，第6节前缘背面具隆起的横脊，腹缘后方两侧各具1大刺，其上方各具2小刺。尾节平扁，两侧具2对活动刺，末缘较宽，中央尖而突出，后侧角边缘具5对活动刺。尾肢略短于尾节，内外肢外缘均具毛和小刺。眼圆，眼柄短。第2触角鳞片长，末端刺状。第1、第2步足长，稍超出第2触角鳞片末端，钳细长。后3对步足指节末端圆形，不呈爪状。雄性第1腹肢的内肢宽大，第2腹肢内肢内缘具棒状的雄性附肢，自内附肢基部前方生出。卵小而圆，抱于第1、第2腹肢之间。生活个体半透明，具红色细斑，口器部分及腹部各节后缘红色。

分布与习性：广布种，我国沿海各省均有分布；朝鲜半岛、日本和新加坡都有分布。生活于泥沙底浅海。

资源价值：本种为近岸常见种，具有一定的资源量，由于个体小，少数鲜食，大多加工。加工制品有生干虾皮、熟虾皮、虾酱、虾油等，为重要的经济虾类。

鲜明鼓虾 *Alpheus digitalis* De Haan，1844

物种别名：嘎巴虾、卡搭虾、枪虾、乐队虾、共生虾。

分类地位：软甲纲Malacostraca十足目Decapoda鼓虾科Alpheidae。

形态特征：中等大小，体长40～60mm。体圆粗，甲壳光滑，头胸甲光滑无刺。额角细小，刺状，额角后脊伸至头胸甲中部。第1对步足为螯肢，特别强壮，左右两螯的大小及形状均不相同，雄性较雌性粗大。大螯的钳部完全超出第1触角柄末端，钳扁而宽，外缘厚；小螯短，指长，约为掌部长度的2倍左右，二指内缘弯曲，仅在末端合拢。体色鲜艳，具美丽的颜色和斑纹，头胸甲后部有3个棕黄色与白色纹相间，腹部各节背面有棕黄色纵斑。

分布与习性：温水性种类，分布于我国浙江以北沿海。生活于低潮线以下的泥沙中，多营穴居生活。本种在遇敌时常开闭大螯，发出咔吧声响，同时射出水流进行防卫。

资源价值：本种为黄海、渤海习见种，但产量不大。可以鲜食或制成海米。

日本鼓虾 *Alpheus japonicus* Miers，1879

物种别名：嘎巴虾、卡搭虾、枪虾、乐队虾、共生虾。

分类地位：软甲纲Malacostraca十足目Decapoda鼓虾科Alpheidae。

形态特征：个体中等大小，体圆粗，长30～55mm。头胸甲光滑无刺。额角稍长而尖细，额角后脊宽而短，不明显。第1对步足特别强大，钳状，左右不对称，大螯窄长，掌节的内外缘在可动指基部后方各具一极深的缺刻；小螯细长，长度等于或大于大螯；大、小螯掌节内侧末端各具一尖刺。第2

步足细小，钳状，腕节分5节，其中第1节长于第2节。末3对步足爪状。尾节背面圆滑，无纵沟，具2对较强的活动刺。生活个体身体背面为棕红色或绿褐色，腹部每节的前缘为白色。

分布与习性：广布种，见于我国南北沿海。生活于低潮线以下泥沙底的浅海中。日本鼓虾遇敌时开闭大螯之指发出声响，声如小鼓，故称鼓虾，俗名嘎巴虾。鼓虾的繁殖期在秋季，卵产出后抱于雌性腹肢间直到孵化。

资源价值：本种在我国黄海、渤海具有一定的资源量，渔获物中多有此种。可鲜食及制虾米。

葛氏长臂虾 *Palaemon gravieri* Yu，1930

物种别名：红虾、桃红虾。

分类地位：软甲纲Malacostraca十足目Decapoda长臂虾科Palaemonidae。

形态特征：体形较短，步足细长，体长40～65mm。眼柄粗短，眼发达，角膜与眼柄等长。额角长，上缘基部平直，末端细，微向上方弯曲，上缘具齿12～17枚，末端有1～2个小附加齿，下缘具齿5～7枚。头胸甲前侧圆形，无刺，触角刺及鳃甲刺大而明显，均伸出前缘之外，鳃甲沟明显。5对步足均细长，前2对步足钳状；末3对步足形状相似，均细长，掌节后缘不具小刺，指节细长。腹部第3～5节背面中央具纵脊，但不很明显。在第3和第4节间腹部弯曲。体透明，微带淡黄色，具棕红色斑纹。繁殖季节在4～5月，卵为棕绿色。

分布与习性：温水种，分布于我国浙江以北沿海。生活于泥沙底质浅海，河口附近也有。

资源价值：本种在黄海、渤海具有一定的资源量，是经济虾类之一。可鲜食及制虾米。

锯齿长臂虾 *Palaemon serrifer* (Stimpson，1860)

物种别名：无。

分类地位：软甲纲Malacostraca十足目Decapoda长臂虾科Palaemonidae。

形态特征：个体中等大小，体长30mm左右。额角短，约与头胸甲等长，末端平直，不上翘；上缘9～11齿，末端有1～2个小附加齿，下缘具3～4齿。头胸甲的触角刺及鳃甲刺较大，具鳃甲沟。腹部各节背面圆滑无脊，仅第3节末部中央稍隆起；尾节较短，略长于第6节，后侧缘刺较粗大。第1步足细小，腕节较长；第2步足较长。末3对步足较粗短。体透明，头胸甲有纵行棕褐色细纹，腹部各节也具横纹和纵纹，卵呈棕绿色。

分布与习性：广布种，分布于我国南北沿海；从南非至南西伯利亚广泛分布。生活于低潮线附近的沙或泥沙质浅海底。

资源价值：本种在黄海、渤海常见。可鲜食及制虾米。

脊尾白虾 *Exopalaemon carinicauda* (Holthuis，1950)

物种别名：无。

分类地位：软甲纲Malacostraca十足目Decapoda长臂虾科Palaemonidae。

形态特征：个体较大，体长50～90mm，额角细长，侧扁，其长度大于头胸甲，基部1/3呈鸡冠状突起，末端尖细，上扬；上缘隆起部分具6～9齿，尖端附近有1附加小齿，下缘3～6齿。头胸甲触角刺小，鳃甲刺大，无肝刺，鳃甲沟明显。腹部第3～6节背面中央具明显纵脊。第1步足短小。第2步足粗壮，掌部膨大，指节细长。末3对步足爪状，指节细长。第5步足掌节后缘末端附近具横向短毛刺。体色透明，微带红色或蓝色小斑点，腹部各节后缘颜色较深。

分布与习性：广布种，见于我国南北沿海；朝鲜半岛至新加坡都有分布。为近岸广盐广温种，多生活于泥沙底的浅海或河口附近，以及盐度不超过29‰的海域或近岸河口及半咸淡水域中。

资源价值：本种在我国沿海具有较大的资源量，尤其在渤海沿岸各大河口区产量很大。在我国北方每年产量达数千吨，仅次于中国明对虾和中国毛虾，为重要的经济虾类，已开展人工养殖。肉质细嫩，味道鲜美。除鲜食以外还可加工成虾米、虾干，其卵则可制成"虾子"。

安氏白虾 *Exopalaemon annandalei* Kemp，1917

物种别名：距腕长臂虾。

分类地位：软甲纲Malacostraca十足目Decapoda长臂虾科Palaemonidae。

形态特征：个体中等大小，体长30～50mm。额角细长，其长度约为头胸甲的1.5～2倍，末端超出第2触角鳞片后端，基部隆起较短，其上具4～6小齿，末端尖细，上扬，常具1附加小齿；下缘具4～6小齿。头胸甲触角刺极小，鳃甲刺大。腹部各节背面圆滑无纵脊。尾节长度为第6节的1.2～1.25倍，末端稍宽，后侧缘具2对活动刺。第1步足延伸至第2触角鳞片末端附近，腕节较长。第2步足指节细长，为掌部长度的2倍，腕节短。末3对步足细长，指节不呈爪状。第3步足掌节与指节等长，第5步足指节特别细长，长度约与掌节相等。体色透明，腹部每节后缘有淡粉色横斑，尾肢上有红色纵斑。

分布与习性：温水性种类，分布于我国浙江以北沿海；朝鲜也有分布。生活于淡水或半咸水中，在河流及河口附近较为常见。

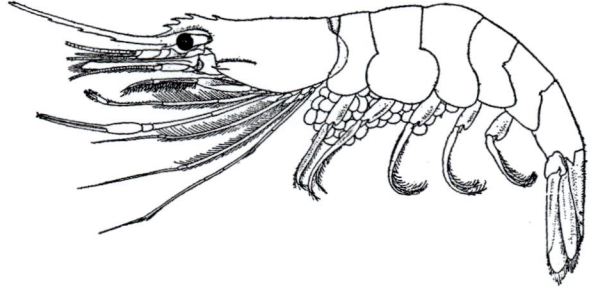

李新正等，2007b

资源价值：本种在我国浙江附近海域产量较大，北方各省较少。可食用，还可加工成虾米、虾干，其卵则可制成"虾子"。

秀丽白虾 *Exopalaemon mosestus* Heller，1862

物种别名：太湖白虾。

分类地位：软甲纲Malacostraca十足目Decapoda长臂虾科Palaemonidae。

形态特征：个体中等大小，体长30～50mm，额角较短，末端稍上扬，略超出第2触角鳞片后端；上缘基部的鸡冠状隆起长于末端尖细部长度；其上具7～11齿，末端无附加小齿，下缘中部多具2～4齿。头胸甲具有触角刺和鳃甲刺，不具肝刺，鳃甲刺稍大于触角刺，鳃甲沟明显且长。腹部各节背面圆滑无脊。第2步足指节长度约等长于掌部，腕节甚长，其长度2倍于指节。第3步足

指节长度为掌节的2/3，第5步足指节为掌节的2/5。末3对步足指节短于掌节，掌节腹缘皆具小刺。体透明，体表散布棕斑，卵呈浅棕绿色。

分布与习性：分布于我国福建以北海域；西伯利亚和朝鲜也有分布。生活于淡水湖泊及河流中，偶见于河口区。

资源价值：本种具有较大的资源量，为常见的经济虾类。可食用，还可加工成虾米、虾干，其卵则可制成"虾子"。

日本沼虾 *Macrobrachium nipponense* De Haan，1849

物种别名：青虾。

分类地位：软甲纲Malacostraca十足目Decapoda长臂虾科Palaemonidae。

形态特征：个体较大，体长40～90mm，体形粗短，头胸部粗大。额角侧扁，短于头胸甲，上缘平直具11～14齿，下缘具2～3齿。头胸甲具触角刺、肝刺及胃上刺，无鳃甲刺；前侧角钝圆，额角后脊延伸至头胸甲中部。尾节长度为第6节的1.5～1.8倍。尾节末端窄，末缘中央呈尖刺状，后侧缘各具2枚小刺，背面有2对短小的活动刺。第1步足短小，指节微短于掌部。雄性第2步足特别强大，长度可超过体长，遍生小刺；雌性第2步足较短，稍短于体长。后3对步足呈爪状，第3步足指节约为掌节长度的一半，与腕节等长。生活个体呈深青绿色，有棕色斑纹，故俗称青虾。

分布与习性：我国南北均产；也分布于日本、朝鲜和越南。多生活于淡水沼泽、湖泊、河流中，偶尔也发现于半咸水中，如黄河口和长江口。

资源价值：本种在我国南北各地具有较大的资源量，是我国产量最大的淡水虾，经济价值较高，可人工养殖。

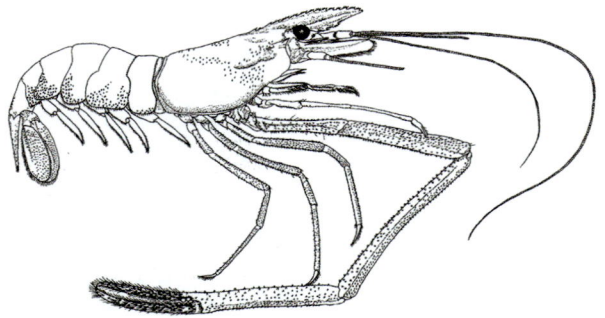

李新正等，2007b

日本褐虾 *Crangon hakodatei* Rathbun，1902

物种别名：桃花虾。

分类地位：软甲纲Malacostraca十足目Decapoda褐虾科Crangonidae。

形态特征：个体较大，体长可达63mm。体形细长，体表粗糙不平，具短毛。额角窄长，末端约与眼相齐。头胸甲背中线具1齿。腹部第3～6节背面中央有明显的纵脊。尾节长且尖细，约与头胸甲长度相等，背面下陷为纵沟。第1触角上鞭通常不能伸达第2触角鳞片末缘。第2触角鳞片窄长。第3颚足较短。第1步足掌部长约为宽的2.7倍，第2和第3步足较细。

分布与习性：温水性种类，常见于我国黄海、渤海和东海北部；西伯利亚、朝鲜半岛和日本也有分布。

资源价值：本种在我国黄海、渤海具有一定的资源量，尤其在渤海莱州湾春季采捕量较大。肉质鲜美，可鲜食及制虾米，卵可干制"虾子"。

圆腹褐虾 *Crangon cassiope* De Man，1906

物种别名：桃花虾。

分类地位：软甲纲Malacostraca十足目Decapoda褐虾科Crangonidae。

形态特征：体长30～55mm，头胸部较粗，腹部及尾部较细。额角平扁，稍短于头胸甲，约伸达眼的中部，末端钝圆，背面中央凹陷，略呈匙状。头胸甲宽圆，具胃上刺、肝刺、触角刺及颊刺。腹部各节背面圆滑无脊，腹部第6节腹面具1纵沟或浅凹。第1步足粗壮，螯甚宽扁。第2步足纤细，螯微小；末3对步足爪状。体表背面散布有黑、白和棕褐色斑点。

分布与习性：温水性种类，常见于我国浙江以北沿海。生活于沙质或泥沙质的浅海底。繁殖季节为4～5月。

资源价值：本种在我国黄海、渤海具有一定的资源量。肉质鲜美，可鲜食及制虾米，卵可干制"虾子"。

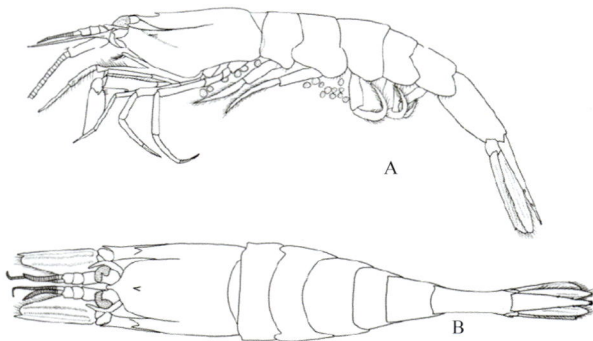

韩庆喜，2009

A. 头胸部和腹部，侧面观；B. 头胸部和腹部，背面观

脊腹褐虾 *Crangon affinis* De Haan，1849

物种别名：桃花虾。

分类地位：软甲纲Malacostraca十足目Decapoda褐虾科Crangonidae。

形态特征：个体较大，体长一般为40～70mm。体表面具短毛，粗糙不平。额角较长，末端与眼等齐。头胸甲及腹部均较细长。头胸甲微扁平，颊刺、肝刺和胃上刺均发达，触角刺略小。腹部第3～6节背面中央具有明显的纵脊。第6腹节背面纵脊中央及尾节背面中央均下陷形成纵沟。第6腹节腹面具纵沟，沟两侧具1列细毛。胸部第2步足间腹甲上具较粗大的刺，第3～5步足间的刺也比较明显。第3颚足较短，第2、3步足细。体表具棕褐色小点，体侧颜色加深。

分布与习性：温水性种类，常见于我国浙江以北沿海。生活于沙质或泥沙质的浅海底。

资源价值：本种在我国北方沿海产量较多，具有一定的资源量。肉质鲜美，可鲜食及制虾米，卵可干制"虾子"。

大蝼蛄虾 *Upogebia major* (De Haan，1841)

物种别名：无。

分类地位：软甲纲Malacostraca十足目Decapoda蝼蛄虾科Upogebiidae。

形态特征：个体大型，体长70～100mm。头胸部侧扁，腹部扁平。尾节及第6腹节稍向腹面弯曲。头胸甲背面前部较平，额角略呈三角形，其背面中央具一纵沟，纵沟周围有丛毛和小颗粒突起。额角两侧各具1短小侧叶，两侧叶与额角间有深沟，向后延伸至颈沟附近，额角腹缘光滑无刺。头胸甲前侧缘具1尖刺。腹部第1节较窄，后部各节较宽。眼小，眼柄呈棒状。第1步足呈半螯状，左右对称，雄性较粗壮。第2～4对步足都不呈螯状。第5对步足末端具很小的亚螯。第1腹肢雌虾为细小单肢，雄虾缺。第2～5腹肢为双肢，均呈宽叶片状。尾肢基肢末端具1尖刺，内外肢均宽大。身体背面呈浅棕蓝色，腹面

白色，卵呈黄色。

分布与习性：温水性种类，分布于我国河北、辽宁、山东和江苏；日本、朝鲜半岛和俄罗斯远东也有分布。常穴居于潮间带中下区附近的泥沙中。繁殖季节为夏季。

资源价值：本种在黄海、渤海潮间带具有一定的资源量，退潮时可挖掘。肉可食或作钓饵。

三疣梭子蟹 *Portunus trituberculatus* (Miers，1876)

物种别名：梭子蟹、枪蟹、海螃蟹、海蟹、水蟹、门蟹、小门子、三点蟹、童蟹、飞蟹。

分类地位：软甲纲Malacostraca十足目Decapoda梭子蟹科Portunidae。

形态特征：个体大型，头胸甲呈梭形，宽约为长的2倍，表面稍隆起，具分散的细小颗粒。雌性较雄性大，雄性长77～82mm，雌性长61～102mm。额具2锐刺，略小于内眼窝齿。胃区和鳃区各1对颗粒隆线，胃区有1个、心区有2个较显著的疣状突起。前侧缘有9个锯齿，最末1个长大，呈棘刺状，使头胸甲形成梭状，故称三疣梭子蟹。螯足粗壮，长于头胸甲宽度，长节呈棱柱形，前缘具4个锐刺，雄性的掌节比雌性长。步足3对，末2节侧扁。第4对胸足呈桨状，长节、腕节均宽短。腹部（蟹脐）扁平，雄蟹呈三角形，雌蟹呈圆形。生活个体雄蟹背面呈茶绿色，雌蟹紫色，腹面均灰白色，头胸甲及步足表面均有紫色或白色云状斑纹。

分布与习性：广布种，见于我国南北沿海；日本、朝鲜半岛、马来群岛和红海等海域也有分布。性凶猛好斗，生活于10～30m的沙质或泥沙底质的浅海，也会掘泥沙，常隐蔽在一些障碍物边或潜伏沙下，仅两眼外露以躲避敌害。退潮时，在沙滩上幼小者很多，遇刺激即钻入泥沙表层。繁殖季节为4～10月，可以在河口附近捕获大量抱卵母蟹，冬季迁居至较深的海区过冬。

资源价值：肉味鲜美，产量很高，是一种重要的大型经济蟹类，也是我国主要的出口畅销品之一；肉、壳可入药。

223

日本蟳 *Charybdis japonica* (A. Milne-Edwards，1861)

物种别名：赤甲红、石钳爬、石蟹。

分类地位：软甲纲Malacostraca十足目Decapoda梭子蟹科Portunidae。

形态特征：个体大型，雌性较大者头胸甲长约48mm；雄性头胸甲长约59.4mm；头胸甲略呈扇形，表面隆起，多具绒毛。额稍突，有6个齿，中央两齿稍突出，额形状在不同生长阶段多有变化，年幼个体齿较钝，成体则尖锐。头胸甲前侧缘呈弧状，有6个尖锐的锯齿。两螯足粗壮，光滑，不甚对称，长节前缘具3大刺，腕节内末角具1大刺，外侧面具3小刺，掌节厚，2指节长于掌节，表面有纵沟。步足3对，各节背、腹缘均有刚毛。第4对胸足掌节与指节均扁平呈桨状，适于游泳。生活个体头胸甲与螯足表面呈深绿色或棕红色，两指外侧呈紫色，步足上面呈棕紫色，下面较浅。

分布与习性：广布种，我国见于南北沿海；日本、泰国、马来西亚、红海等海域也有分布。生活于低潮线有水草或泥沙的海底，或潜伏石块下，为潮间带最常见的种类。

资源价值：本种在黄海、渤海资源量较大，是一种重要的经济蟹类。肉质鲜美，肉、壳均可入药。

变态蟳 *Charybdis variegata* (Fabricius，1798)

物种别名：无。

分类地位：软甲纲Malacostraca十足目Decapoda梭子蟹科Portunidae。

形态特征：个体中等大小，头胸甲长20.5mm，宽34mm。外形与日本蟳近似，主要区别为本种个体较小，心区具明显隆脊。头胸甲背面密具短绒毛，分区明显，中部略隆起，尤以鳃区显著。额区、前胃区各有1条颗粒脊，中胃区具1条较长的脊；前鳃区（两末侧齿之间）具1长而弯的脊，在颈沟中断；心区具2条并列的短脊；中鳃区有2条短脊，前、后排列，每条脊上有短绒毛。额分6齿，中央1对呈三角形。第1触角基节与额相触及，有1个齿状脊及颗粒，触鞭在眼窝处。前侧缘具6齿（包括外眼窝齿）。螯足稍不对称，表面有鳞片状颗粒及绒毛。

分布与习性：广布种，分布于我国南北沿海；日本、新加坡、马来群岛、澳大利亚、泰国、印度、埃塞俄比亚及波斯湾均有分布。栖息于水深7～85m的粗沙、泥质沙或软泥、碎壳浅海底。

资源价值：本种在我国沿海常见，具有一定的资源量。可食用。

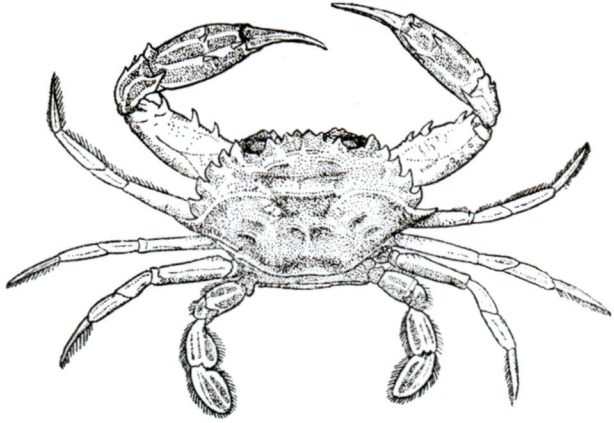

中国动物图谱数据库，http://www.zoology.csdb.cn/page/showTreeMap.vpage?uri=cnAtlas.tableTaxa&id=C6EA9C6F-9549CDC33FCD

双斑蟳 *Charybdis bimaculata* (Miers，1886)

物种别名：赤甲红。

分类地位：软甲纲Malacostraca十足目Decapoda梭子蟹科Portunidae。

形态特征：个体中等大小，密覆短绒毛。头胸甲背面微隆起，具分散的细颗粒。在前胃区、中胃区及后胃区各有1条明显的横行短颗粒脊。额区具2条横脊，前鳃区的1条横脊最长并稍弯，其他鳃区及心区无脊。在中鳃区各有1黑色斑点，双斑蟳由此得名。额前分4齿，呈钝圆形，中央1对较两侧的突出，低位。螯足稍不对称，长节前缘有3齿，后缘具1齿，背面末半部具鳞片颗粒。第4步足为游泳足，长节后缘外末角具1锐刺。甲壳淡青色，腹部白色。

分布与习性：广布种，分布于我国南北沿海；朝鲜、日本、菲律宾、澳大利亚、印度和马尔代夫及非洲东南岸均有分布。生活于水深9～439m的底质泥沙或碎壳的海底。

资源价值：可食用，肉、壳均可入药。

宽身大眼蟹 *Macrophthalmus abbreviatus* Manning & Holthuis，1981

物种别名：无。

分类地位：软甲纲Malacostraca十足目Decapoda大眼蟹科Macrophthalmidae。

形态特征：头胸甲甚宽，约为长度的2.3倍，背面具颗粒，雄性个体更明显。分区明显，各区之间有前沟隔开，胃区近方形，心区呈矩形。额窄且突出，背面具一倒"Y"形沟伸至胃区，眼窝宽，眼柄特别瘦长，侧缘密布长软毛。前侧缘共有3小齿，其中第1齿尖锐，第3齿小。雌性螯足小，雄性螯足大且长。雄性腹部呈钝三角形；雌性为扁圆形，几乎全覆盖胸部腹甲，表面光滑。体色呈黄绿色，腹面及螯足呈棕黄色。

分布与习性：广布种，分布于我国南北沿海；日本和朝鲜也有分布。栖息于潮间带低潮线附近的泥滩上。

资源价值：本种虽然个体较小，但在潮间带滩涂上具有较大的资源量，具有较大的生态意义。肉可食用，经济价值不大。

日本大眼蟹 *Macrophthalmus japonicus* (De Haan，1835)

物种别名：无。

分类地位：软甲纲Malacostraca十足目Decapoda大眼蟹科Macrophthalmidae。

形态特征：个体中等大小，头胸甲呈方形，宽度（23～39mm）约为长度（16～25mm）的1.5倍。背面中部光滑，两侧具密的细颗粒，表面有横、纵沟，分区明显。额较窄，稍向下弯，前缘截形，背面有一纵沟。眼柄细长，近1/2体长，眼窝宽，眼窝背腹缘均有细锯齿。头胸

甲侧缘有颗粒，前侧缘有3齿，第1、2齿有窄深的缺刻分开，第3齿小而明显。螯足对称，长节较粗而长，内侧面及腹面均密布短毛，两指间合拢时空隙很小。体色褐绿色。

分布与习性：分布于我国南北沿海；日本、朝鲜和新加坡等海域也有分布。穴居于潮间带中潮区或高潮区的泥沙质和软泥底。

资源价值：本种虽然个体较小，但在潮间带滩涂上具有较大的资源量，具有较大的生态意义。肉可食用，经济价值不大。

中华绒螯蟹 *Eriocheir sinensis* H. Milne-Edwards，1853

物种别名：河蟹、大闸蟹、毛蟹、清水蟹。

分类地位：软甲纲Malacostraca十足目Decapoda弓蟹科Varunidae。

形态特征：个体较大，头胸甲呈圆方形，宽稍大于长，边缘有细颗粒，前半部窄于后半部，背面隆起。胃前区有6枚突起。额分4齿，齿缘有锐颗粒。眼窝深，背眼窝缘具颗粒，腹内眼窝齿较锐。螯足粗壮，雄蟹螯足大于雌蟹，长节三菱形，背缘近末端处具1锐刺。步足扁平，第1～3步足腕节与前节的背缘均具刚毛，末对步足前节与指节基部的背缘与腹缘皆密具刚毛。雄性掌节、指节基半部的内、外面均密具绒毛，而雌性的绒毛仅着生于外侧，内侧无毛。

分布与习性：温水性种类，分布于我国福建以北沿海；朝鲜西岸及欧洲北部沿海等国也有分布。中华绒螯蟹又名河蟹，在淡水中生长，在河口附近的浅海中繁殖后代，幼蟹沿海的河口向内陆水系群集再溯江河而上，喜栖息于江河、湖泊的泥岸洞穴里和藏匿于石砾下或水草丛中。

资源价值：本种在我国分布范围较广，江河湖泊及河口区均有较大产量，其中江苏阳澄湖和上海淀山湖出产的河蟹最为肥大，产量也最高。肉肥味鲜，是重要的经济蟹类，已开展大面积人工养殖。

沈氏厚蟹 *Helice tridens sheni* Sakai，1939

物种别名：无。

分类地位：软甲纲Malacostraca十足目Decapoda弓蟹科Varunidae。

形态特征：个体中等大，雄性头胸甲长19mm，宽23.9mm。头胸甲矩形，表面隆起，有细颗粒，分区明显，胃区具"H"形沟。额弯，向下突出。前缘中部内陷，侧缘向前收敛，前侧缘具3齿(不包括外眼窝齿)，第1齿大，第2齿小而尖，第3齿最小。眼窝大，背缘斜，中部突出，腹缘有颗粒及软毛，雄性下眼窝脊有15～18个粗颗粒脊；雌性有1列较小的颗粒。螯足对称，雄性大于雌性，长节呈三角形，表面有分散短毛。腕节背面较光滑，内末角有2枚齿。掌节粗短而膨肿，内侧面两侧内陷，近中部隆起，外侧面有细颗粒，两指合拢时内缘基部空隙较大，且有钝齿，末端呈匙状。

分布与习性：广布种，分布于我国南北沿海；日本、朝鲜也有分布。栖息于潮间带上区的泥沙岸或软泥底，也能在潮上带穴居，洞穴深直。

资源价值：本种虽然个体不大，但在潮间带滩涂上具有较大的资源量，具有较大的生态意义。肉可食用，经济价值不高。

伍氏拟厚蟹 *Helicana wuana* (Rathbun，1931)

物种别名：无。

分类地位：软甲纲Malacostraca十足目Decapoda弓蟹科Varunidae。

形态特征：个体中等大，头胸甲长18mm，宽22.8mm。外形与沈氏厚蟹近似，主要区别之处有两点：①本种雄性下眼窝脊由11～14个长条形且相互连接的突起组成，雌性有13～16个颗粒。沈氏厚蟹两性下眼窝脊约由18个颗粒组成，雄性比雌性的大。

②本种前3对步足掌节及腕节有短绒毛，而沈氏厚蟹仅在前2对步足掌节及腕节有短绒毛。

分布与习性：分布于我国山东、浙江、福建及台湾等省沿海；朝鲜、日本也有分布。栖息于潮间带内海或河口的泥滩或芦苇泥岸。

资源价值：本种在潮间带滩涂常见，具有一定的资源量，可食用。

口虾蛄 *Oratosquilla oratoria* (De Haan，1844)

物种别名：爬虾、虾爬子、濑尿虾、皮皮虾。

分类地位：软甲纲Malacostraca十足目Decapoda虾蛄科Squillidae。

形态特征：个体大，体长约130mm。额板近梯形，前端钝圆，宽明显大于长。头胸甲短而狭，腹部节与节之间分界明显，且较头胸两部大而宽，背面具显著的脊。眼大，角膜双瓣，宽于眼柄，斜接于眼柄上。头部有5对附肢，第1对内肢顶端分为3个鞭状肢，第2对的外肢为鳞片状；胸肢8对，其中第2对为发达的掠足；腹肢6对，其中前5对为具鳃的游泳肢，第6对腹肢发达，与尾节组成尾扇。口虾蛄雌雄异体，雄性胸部末节有交接器。

分布与习性：广布种，见于我国南北沿海；日本、夏威夷和菲律宾等海域也有分布。分布深度多在30m以内。穴居于潮下带泥沙底，也常在海底游泳。以底栖动物如多毛类、小型双壳类及甲壳类为食。

资源价值：本种在我国黄海、渤海具有较大的资源量，是重要的经济种类。可供食用，尤其是每年春季的4月之后，口虾蛄生殖腺成熟时，味道极鲜美。它还有药用价值，能治小儿尿疾，因此又被称为"濑尿虾"。

阚氏口虾蛄 *Vossquilla kempi* (Schmitt，1931)

物种别名：爬虾、虾爬子、濑尿虾。

分类地位：软甲纲Malacostraca十足目Decapoda虾蛄科Squillidae。

形态特征：本种外形与口虾蛄相近，不同之处如下所述。胸部第5节前侧突末端向前伸；第6节前侧突较短，近三角形；第7节前侧突小，仅为一圆形突起。腹部第2、5节背面各具一大黑斑。掠肢长节前下角钝圆，不具刺或尖角；腕节背缘具2~3个突起或齿，有时只有高低不平的脊。

分布与习性：暖水性种类，分布于山东半岛以南的各省沿海。穴居于潮间带下区及低潮线附近，穴呈"U"形。

资源价值：可供食用，资源量不如口虾蛄。

第十章 棘皮动物

刺参 *Apostichopus japonicus* (Selenka，1867)

物种别名：海参。

分类地位：海参纲Holothuroidea盾手目Aspidochirotida刺参科Stichopodidae。

形态特征：体呈圆筒状，体长一般为20cm。背面具4～6行锥形和大小不一的肉刺或疣足。腹面如足底状，具多数管足，排列为不规则的三纵带。体壁内骨片为桌形体，其形状随年龄而变化：年幼个体桌形体塔部细而高，底盘较大，周缘平滑；老年个体桌形体塔部变低或消失，底盘变为穿孔板。体色有较大变化，常呈栗子褐色，具有深浅不一的斑纹，有些个体也呈绿色、赤褐色、紫褐色、灰白色或纯白色。

分布与习性：分布于我国辽宁、河北和山东沿岸；也分布于俄罗斯远东海域、日本和朝鲜。生活在无淡水注入、波流静稳、海藻繁茂的岩礁底，也见于大叶藻丛生的较硬泥沙底。繁殖季节为5月底至7月初。7～9月有夏眠习性。

资源价值：本种为我国北方沿海最重要的食用海参，是一种重要的经济种，已大面积开展人工育苗和养殖。

海棒槌 *Paracaudina chilensis* (Müller，1850)

物种别名：海老鼠。

分类地位：海参纲Holothuroidea芋参目Molpadida尻参科Caudinidae。

形态特征：个体中等大小，体长可达20cm，一般为10cm。体呈纺锤形，后端逐渐延长成尾状。体壁薄而光滑，略透明，常能透见其纵肌和内脏。触手15个，各有4个指状分支，上端两枝较大。肛周围有5组小疣，各组有3个小疣。石管和波里氏囊都是1个。呼吸树发达。石灰环各辐片后端有一叉状延长部；各间辐片前端有一突出部。骨片为皿状穿孔板，穿孔比较规则，周缘有伸向外方的棘状突起，凹面或开孔面有一规则或不规则的十字形梁。生活个体呈肉红色或带灰紫色，乙醇标本带白色。

分布与习性：分布于我国南北沿海；澳大利亚、印度尼西亚、日本和加利福尼亚等地也有分布。潜伏在低潮线附近的沙内生活。繁殖季节在5月中旬到6月中旬。

资源价值：我国北方沿岸极普通，辽宁、河北和山东沿岸的沙底都能采到，有时数量很多。可药用。

海地瓜 *Acaudina molpadioides* (Semper，1867)

物种别名：海瓜、海茄子、香参、白参。

分类地位：海参纲Holothuroidea芋参目Molpadida尻参科Caudinidae。

形态特征：个体较大，体长一般为10cm，体呈纺锤状，末端逐渐变细。体壁薄，光滑，稍透明，常能透见其纵肌和内脏。触手15个，无分支，但触手顶端常有2个小突起。肛门周围有5组小疣，每组有小疣5～6个。波里氏囊和石管均为1个。呼吸树发达。石灰环各辐片后端有一短小叉状延长部。体壁内骨片形态变化很大，数目的多少与底质粒度的大小有关。幼小个体常完全缺骨片。体色变化也很大，一般为赭色。小标本体为白色，半透明；中等大标本有细小的赭色斑点，故呈茄赭色；老年个体，体色深，为暗紫色。

分布与习性：为印度—马来西亚区特有的种类。我国各海域都有，但北方不及南方数量多；日本、菲律宾、印度尼西亚等海域亦有分布。穴居在潮间带到水深80m的软泥底，少数生活在泥沙、沙泥或沙底。

资源价值：我国南方沿岸极普通，有时数量较多。可药用。一般春秋季捕捞，捕后去内脏，用海水煮及加盐腌制，晒干备用。

砂海星 *Luidia quinaria* von Martens，1865

物种别名：海星。

分类地位：海星纲Asteroidea柱体目Paxillosida砂海星科Luidiidae。

形态特征：体型较大，腕长可达140mm。腕数多为5个，脆，易断。盘小，间辐角几乎为直角。反口面密生小柱体，盘中央和腕中部的小柱体较小，排列不规则。腕边缘有3～4行小柱体，较大，呈方形。下缘板宽，占据腕口面的大部分。腹侧板小而圆，单行排列，并延续到腕末端。生活个体腕中央有黑灰色或浅灰色纵带。

分布与习性：分布于黄海、渤海海域，栖息于潮间带至水深数十米的砂质和泥沙质海底。

资源价值：本种在黄海、渤海分布较普遍，资源量大。无食用价值，因数量较大，常为底栖动物群落的优势种，具有重要的生态学意义。

海燕 *Patiria pectinifera* (Müller & Troschel，1842)

物种别名：五角星、海五星。

分类地位：海星纲Asteroidea瓣棘海星目Valvatida海燕科Asterinidae。

形态特征：体扁平，呈五角星状；其中央部称为体盘，体盘背面向上部分，称为反口面，有覆瓦状排列的骨板。腹面向下的部分，称为口面，中央有口。体盘四周，有辐状排列的短腕5条，有时亦可见到4～9条者。各腕中央稍隆起如棱，边缘尖锐；腕的腹面有开放的步带沟，沟内列生管足2行，管足上具有吸盘。生活个体反口面为深蓝色，盘中央有丹红斑交错排列，口面为橘黄色，但有时变异很大。

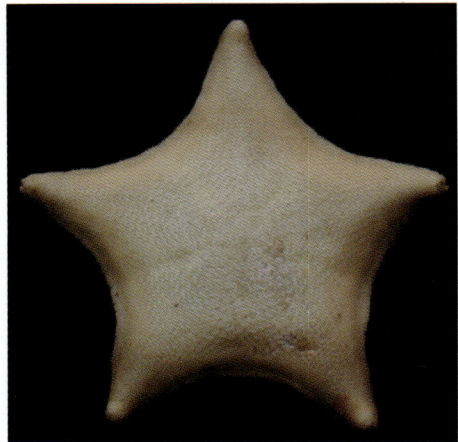

分布与习性：分布于我国辽宁、河北和山东等沿海；也见于日本、朝鲜和俄罗

斯远东海域。生活在沿岸浅海的沙底、碎贝壳或岩礁底。繁殖季节在6～7月。

资源价值：本种在黄海、渤海分布较普遍，资源量大。无食用价值，可作药材，有滋阴、壮阳、祛风湿之功效。

多棘海盘车 *Asterias amurensis* Lütken，1871

物种别名：海星。

分类地位：海星纲Asteroidea钳棘目Forcipulatida海盘车科Asteriidae。

形态特征：身体扁平，背面稍隆起，口面平。具5个腕，基本款，末端逐渐变细，边缘薄。背板结合成致密的网状，龙骨板不很显著。背棘短小，分布不密，且不规则。各棘末端稍宽扁，顶端带细锯齿。上缘板形成腕的边缘，各板有较多的上缘棘，多为5～6个。上缘棘多呈短柱状。下缘板在口面，各板一般有3棘。下缘棘比上缘棘略长而粗壮，末端钝。侧步带棘交互排列很不规则，各棘上带几个直行荐棘。

分布与习性：广布于西北太平洋和东北太平洋海域，我国主要分布于黄海、渤海；也见于俄罗斯、日本、朝鲜半岛、澳大利亚等海域。栖息于潮间带至水深数十米的砂质和泥沙质海底。

资源价值：本种在黄海、渤海资源量较大，且有聚集分布习性，常在个别区域达到极高的丰度，其种群数量的暴发对于滩涂和浅海贝类养殖危害极大，是一种生态灾害种。其生殖腺可食用。

哈氏刻肋海胆 *Temnopleurus hardwickii* (Gray，1855)

物种别名：海胆。

分类地位：海胆纲Echinoidea拱齿目Camarodonta刻肋海胆科Temnopleuridae。

形态特征：壳低平，呈半球形。直径一般约为40mm，高20mm。步带狭窄，比间步带稍隆起。步带的有孔带窄，管足孔很小。间步带宽，其水平缝合线上的凹痕大且明显。顶系隆起，生殖板和眼板上具颗粒。反口面大棘较短，呈黄褐色，无横斑，仅在各棘基部为黑褐色。口面大棘略扁平，颜色稍浅，基部带褐色。壳呈灰绿色或略带黄色。反口面各间步带中线和缝合线上的凹痕处呈灰白色。

分布与习性：本种为中国、日本和朝鲜特有种；分布于我国福建以北海域。生活于水深5～35m浅海沙砾、石块和碎贝壳、沙泥底浅海。

资源价值：本种为黄海优势种，具有较大的资源量，常大量出现在华北沿海各地的渔获物中。其生殖腺可食用，有强精、壮阳、益心、强骨的功效。

细雕刻肋海胆 *Temnopleurus toreumaticus* (Leske，1778)

物种别名：海胆。

分类地位：海胆纲Echinoidea拱齿目Camarodonta刻肋海胆科Temnopleuridae。

形态特征：个体中等大小，壳直径一般为4～5cm。壳形变化较大。从低半球形到高圆锥形。壳厚且坚固。步带稍隆起，宽度约为间步带的2/3。赤道部以上各步带板的水平缝合线上，有大而明显的三角形凹痕。管足孔每3对排列成弧形。赤道各步带板有1个大疣、1个中疣及多个小疣。间步带上的凹痕尤为明显。顶系稍隆起，眼板都不接触围肛部，围肛板裸出，肛门靠近中央。反口面大棘短小，口面大棘较长，略弯曲；赤道部大棘最长，末端宽扁，呈截形。壳为黄褐色、灰绿色等。大棘在灰绿色、墨绿色或浅黄色的底子上，有3～4条红紫色或紫褐色的横带。个别个体呈白色。

分布与习性：广布于印度—西太平洋区域，我国各海域均有分布。生活于沙泥底，以潮间带到水深45m，常成群栖息。产卵季节在6月下旬到7月下旬。

资源价值：本种为黄海优势种，具有较大的资源量，常大量出现在华北沿海各地的渔获物中。其生殖腺

可食用，有强精、壮阳、益心、强骨的功效。

马粪海胆 *Hemicentrotus pulcherrimus* (A. Agassiz，1864)

物种别名：海胆。

分类地位：海胆纲Echinoidea拱齿目Camarodonta球海胆科Strongylocentrotidae。

形态特征：个体中等大小，壳直径40～50mm，高度与壳半径近等。步带在赤道部与间步带近等宽。壳板矮，其上具密集的疣，各板界限不清。赤道部各步带板有1个大疣，内侧有2个，外侧具3～4个中疣且排列成不规则的横行。管足孔每4对排列成斜的弧形。间步带稍隆起，各间步带有1个大疣和5～6个中疣。顶系稍隆起。生殖板和眼板密布小疣。棘短而密，大棘长5～6mm。棘颜色多有变化，多呈暗绿色，有些个体带有紫色、灰红色、灰白色、褐色或赤褐色。壳为暗绿色或灰绿色。

分布与习性：本种为中日特有种，在我国华北沿海较普遍，向南可到福建沿海。栖息于潮间带有海藻丛生的岩礁底，常隐藏于石下或石缝内。摄食海藻，繁殖季节为3～4月。

资源价值：本种在我国华北沿海较常见，具有较大的资源量。其生殖腺可食用，有强精、壮阳、益心、强骨的功效。

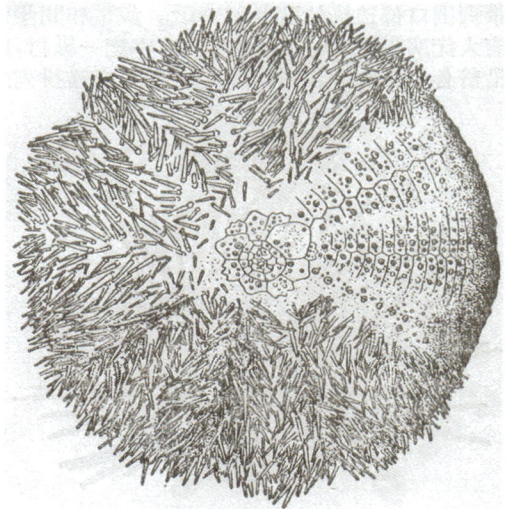

中国动物图谱数据库，http://www.zoology.csdb.cn/page/showTreeMap.vpage?uri=cnAtlas.tableTaxa&id=D3B5EA3E-6ED5937A673F

心形海胆 *Echinocardium cordatum* (Pennant，1777)

物种别名：海胆。

分类地位：海胆纲Echinoidea心形目Spatangoida拉文海胆科Loveniidae。

形态特征：胆壳一般长为30～50mm，前部1/3处为最宽。胆壳为不规则的心形，薄而脆，后端为截形。反口面间步带均隆起，向后的间步带隆起得更加显著。5个步带都呈凹槽状，向前的步带陷得更低，里边的管足孔小而密集，排列为不规则的双行。顶系略偏于前方，生殖孔4个。内带线很明显，其前部稍窄，并与步带凹槽会和。围肛部在壳后端上方，稍向内凹入。肛下带线向上延伸到围肛部的两侧，向下突出成喙状。围口部前方和两侧有裸出的步带区。反口面的棘很细，内带线范围内的大棘比较强大而弯曲，构成特殊的棘丛。胸板大而棘强大，且弯曲，末端呈匙状。生活个体棘呈淡黄色。

分布与习性：常见于我国华北沿海。栖息于潮间带到水深230m的沙底。以有机物碎屑、动物尸体等为食。

资源价值：不详。

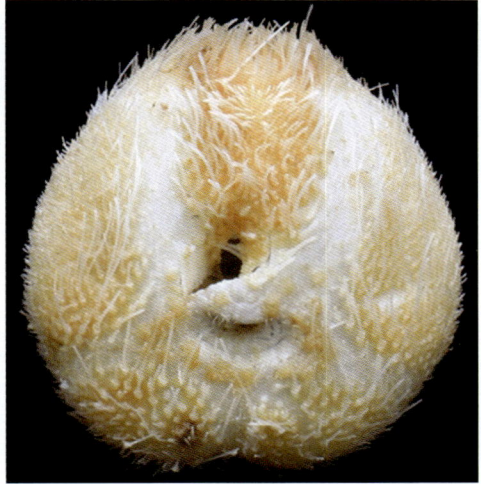

日本倍棘蛇尾 *Amphiporus japonicus* (Stimpson，1857)

物种别名：蛇尾。

分类地位：蛇尾纲Ophiuroidea真蛇尾目Ophiurida阳遂足科Amphiuridae。

形态特征：个体较小，盘直径一般为5mm。腕较长，约为盘直径的5倍。间腹部呈5叶状，向外扩张。背面具细小鳞片，盘缘具带细刺的边缘鳞片。辐楯半月形，长约为宽的2倍，完全相接。口楯菱形，长略大于宽。侧口板三角形，彼此相接。口棘4个，大小近等。背腕板宽大，略呈椭圆形，几乎占腕的整个背面。腕棘3个，等长。触手鳞2个，薄平。乙醇浸泡标本呈黄白色。

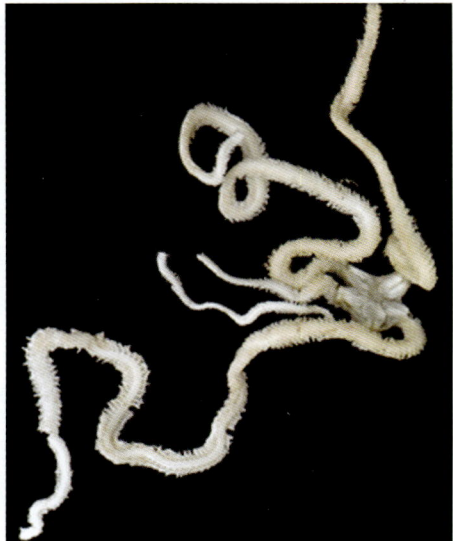

分布与习性：分布于我国北方海域，为黄海、渤海的优势种。栖息于潮间带至水深数十米的砂质和泥沙质海底。

资源价值：本种在北黄海具有极大的资源量，是底栖动物群落的优势种。无食用价值，但因丰度极高，具有重要的生态学意义。

光亮倍棘蛇尾 *Amphioplus lucidus* Koehler，1922

物种别名：蛇尾。

分类地位：蛇尾纲Ophiuroidea真蛇尾目Ophiurida阳遂足科Amphiuridae。

形态特征：盘直径约10mm，腕长为盘直径的10～12倍。盘背面盖有大小不等的覆瓦状鳞片。辐盾狭长，长为宽的4倍。腹面间辐部也盖有鳞片，但较背面者小。生殖裂口明显。口盾五角形，长大于宽。口棘4个。齿下口棘略大，明显成对排列。背腕板很大，呈椭圆形，彼此相接。第1腹腕板很小，长大于宽。以后的腹腕板五角形，长大于宽，外缘略凹进，彼此相接。腕棘7～8个，腹面第2和第3腕棘末端明显有钩，但钩小，不十分发达。触手鳞2个，小，呈卵圆形。

分布与习性：我国从北部湾到台湾海峡都有分布；也见于菲律宾和马达加斯加。

资源价值：无食用价值，但因丰度高，具有重要的生态学意义。

金氏真蛇尾 *Ophiura kinbergi* Ljungman，1866

物种别名：蛇尾。

分类地位：蛇尾纲Ophiuroidea真蛇尾目Ophiurida真蛇尾科Ophiuridae。

形态特征：盘直径一般为6～7mm，大者可达12mm。腕长20～40mm。盘扁而圆，背面覆有圆形、光滑和大小不等的鳞片，其中背板、辐板和基板大而明显可辨。间辐部边缘的几个鳞片也比较大。辐楯大，梨形。口盾大，五角形，长大于宽。侧口板狭长，彼此相接。口棘3～4个，短而尖锐。腕棘3个，背面者最长；腕末端者中央1个最短。触手鳞薄而圆，在

第2触手孔共有8～10个；第3触手孔4～6个，第4触手孔2～4个，第5触手孔以后减为1个。生活个体背面为黄褐色，常有黑褐色斑纹，腹面白色。

分布与习性：栖息于潮间带到水深约500m的沙质或沙泥质底，在东海某些海区为底栖生物群落优势种。为中国特有种。

资源价值：无食用价值，但因丰度高，具有重要的生态学意义。

第十一章　鱼　　类

何氏鳐 *Okamejei hollandi* (Jordan & Richardson，1909)

物种别名：鳐鱼。

分类地位：软骨鱼纲Chondrichthyes鳐形目Rajiformes鳐科Rajidae。

形态特征：个体较大，体形扁平，体盘前部斜方形，后部圆形。吻中长，尖突。尾颇细长，比头和躯干稍短，侧褶不发达。前鼻瓣宽大，伸达下颌外侧；后鼻瓣前部半环形，突出于外侧。口颇大，浅弧形。牙小，呈铺石状排列；上颌牙每行40～50纵行。喷水孔亚椭圆形。鳃裂5个。雌鱼背面除吻端具1群小刺外，其余均光滑；雄鱼成体背面吻端上具1群小刺，腹面仅吻的前部和两侧具小刺，胸鳍外角内具1长群大钩刺2或3纵行。背鳍2个，同形；胸鳍前延，伸达吻侧中部；尾鳍上叶低长，下叶几乎完全消失。体背面黄褐色，密布深褐色小斑点；腹面灰黑色，具很多暗色细斑。胸鳍里角上方具1眼状斑块。尾上隐具8～9条暗色横条。尾鳍上叶具2～4条暗色横纹。

分布与习性：分布于我国南北沿海；日本南部沿海也有分布。为暖温性底栖小型鳐类。栖息于沿海水深50～100m水域。

资源价值：可食用，也可用作养殖用的饲料。

海鳗 *Muraenesox cinereus* (Forsskål，1775)

物种别名：黄鳗、鳗鱼。

分类地位：辐鳍鱼纲Actinopterygii 鳗鲡目Anguilliformes海鳗科Muraenesocidae。

形态特征：体呈长圆筒形，尾部侧扁。头大，锥状。吻中长，尖突。眼大，长椭圆形。口大，前位，稍斜裂，口裂伸达眼后方。上颌突出。上、下颌均为3行，中间1行最强壮。鳃孔宽大。体无鳞，具侧线孔140～153个。背鳍、臀鳍和尾鳍均发达，并相连。胸鳍发达，尖长。体背棘两侧暗褐色或银灰色，腹部乳白色。背鳍、臀鳍和尾鳍边缘黑色，胸鳍浅褐色。

分布与习性：为暖水性近底层鱼类，广布于印度—西太平洋海域，我国见于南北沿海。多栖息于水深50～80m的泥沙底或岩礁底，河口区也有发现。性凶猛，肉食性。

资源价值：为我国东南沿海主要经济鱼类之一。肉质细嫩，是上等食用鱼类。同时鳔可制作鱼肚、鱼胶。肝可制作鱼肝油。

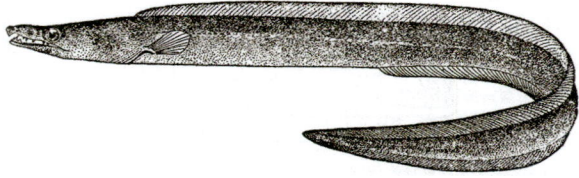

张春光，2010

鳓 *Llisha elongata* (Bennett，1830)

物种别名：鳓鱼、白鳞鱼、曹白鱼、鲙鱼、鲞鱼、克鳓鱼、火鳞鱼。

分类地位：辐鳍鱼纲Actinopterygii 鲱形目Clupeiformes锯腹鳓科Pristigasteridae。

形态特征：个体中等大小，体长225mm。各鳍和鳞片数目特征如下。背鳍17；臀鳍47；胸鳍16；腹鳍7；纵列鳞52～53；鳃耙12+22～24。体长形，极侧扁，腹缘较背缘更隆凸。头小，其上部常有2条隆起脊，由吻部连头后方。吻中等长。眼大，位于头的两侧，高位。眼间隔狭窄。鼻孔位于眼前方。口中等大，向上倾斜。下颌发达，前颌骨小而短。上颌骨大宽而短，后端连眼的中间。牙细小。无触须。鳃孔大。鳃膜分离，不与颊部相连。鳞薄，中等大，除头外全身均有鳞。无侧线。背鳍短，臀鳍长，基部长约为背鳍基部的3倍。胸鳍短于头长，末端几达腹鳍。腹鳍长度小于眼径。尾鳍深叉形。头体背缘呈灰褐色，侧上方微绿，两侧及下方为银白色。

分布与习性：为暖水性近海中上层洄游鱼类，广布于我国沿海。5～6月为产卵期，山东和辽宁的各个河口区均为产卵地区及捕捞场所。产卵后即散群，同幼鱼约于冬初游回深海。在连云港往北，鱼汛期较早，但不产卵。

资源价值：为我国沿海重要的经济鱼类，肉质肥美，可食用，主要用盐腌干出售。

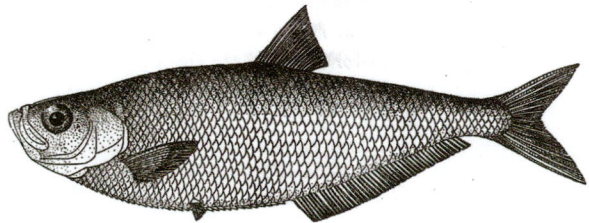

张世义，2001

鳀 *Engraulis japonicus* Temminck & Schlegel，1846

物种别名：鳀鱼、离水烂、抽条、鲅鱼食、片口、姑仔。

分类地位：辐鳍鱼纲Actinopterygii鲱形目Clupeiformes鳀科Engraulidae。

形态特征：个体中等大小，体长约110mm。各鳍和鳞片数目如下。背鳍14；臀鳍18；胸鳍17；腹鳍7。纵列鳞40～42；横列鳞8。前鳃弓下肢有鳃耙36。体细长，稍侧扁，腹部近圆形。头稍大，侧扁。吻圆且短，其长度小于眼径，前端超过下颌。眼大，侧位，有极薄脂膜。眼间隔隆凸，中间有一棱。鼻孔小，近眼前缘。口宽大，下位。前颌骨小，上颌骨长而不伸过鳃孔。牙小。上、下颌及舌均有牙。鳃耙细长。鳃孔大，有假鳃，腮盖膜不与颊部相连。鳞圆形，中等大，易脱落，无侧线。背鳍始点稍后于腹鳍始点，与吻端和尾鳍基等距。臀鳍始点于背鳍后，近腹鳍始点和尾鳍基。胸鳍低。腹鳍小于胸鳍。尾鳍深叉形。体色上部呈灰黑色，侧上方微绿，两侧及下方银白色。

分布与习性：为近海广温性中上层洄游性鱼类，分布于西太平洋海域，我国见于台湾以北海域；俄罗斯、朝鲜半岛和日本也有分布。喜在表层活动，也见于200m水深海域。以浮游动物及其他海洋生物的卵和小鱼为食。

资源价值：为近海习见的小型食用鱼类，具有较大的资源量，是鲅的主要食物来源，可食用，也可用于制作饲料。

斑鰶 *Konosirus punctatus* (Temminck & Schlegel，1846)

物种别名：扁鰶、气泡鱼、刺儿鱼、油鱼。

分类地位：辐鳍鱼纲Actinopterygii鲱形目Clupeiformes鲱科Clupeidae。

形态特征：个体中等大小，体长可达270mm。各鳍和鳞片数目如下。背鳍15；臀鳍18～20；胸鳍15～17；腹鳍7。纵列鳞48；横列鳞18。鳃耙135+150。身体呈长椭圆形，极侧扁，背腹缘均中间膨凸，向头尾两端逐渐减低。腹部极扁，自胸部至肛门有尖棱鳞。头和吻均短而尖。眼中等大，侧上位，眼间隔中等宽，稍隆凸。鼻孔较小，每侧2个，近吻端。口小，下位而稍斜。上颌较下颌为长。鳃孔大。前鳃盖骨及鳃盖骨无锯

刺。鳞圆形，很薄，除头部外全体均有鳞。无侧线。背鳍中等长，最后一鳍条延长为丝状。臀鳍基部较背鳍基部为长。胸鳍低，末端几达腹鳍始点。腹鳍较胸鳍为短，不达臀鳍。尾鳍深叉形。头体背面呈灰绿色，两侧下部银白色。鳃孔后上方具一明显的大黑斑。体侧上方有多行纵列的小黑点。

分布与习性：广布于印度—太平洋沿海和河口，见于我国南北沿海。喜群居于水深5～15m的近海港湾河口附近，以浮游生物为食。

资源价值：本种为近海习见的小型食用鱼，在黄海、渤海具有一定的资源量，常出现于渔获物中。肉细味美，富含脂肪，可食用。

青鳞小沙丁鱼 *Sardinella zunasi* (Bleeker，1854)

物种别名：柳叶鱼、青皮、青鳞、沙丁鱼、扁仔。

分类地位：辐鳍鱼纲Actinopterygii鲱形目Clupeiformes鲱科Clupeidae。

形态特征：个体小型，体长180mm。各鳍和鳞片数目特征如下。背鳍16；臀鳍20～22；胸鳍17；腹鳍8。纵列鳞42～44；横列鳞12～14。身体呈近长方形，极侧扁，背缘微隆，腹缘弯凸，棱鳞强大。头短小、侧扁。吻短于眼径。眼中等大，侧上位，有脂膜。每侧有2个小鼻孔，位于吻端与眼前缘中间。眼间隔窄平。口小，前上位。下颌稍长于上颌。前颌骨小。上颌骨宽，为长方形，其下缘具细锯齿。牙细长，上颌、下颌、腭骨及舌部均有牙。鳃孔大。鳃盖膜分离，不和颊部相连。鳃盖条6条。鳃耙细长。假鳃发达。鳞大而薄，圆形，除头部外，全体均有鳞。腹缘棱鳞18+14个。无侧线。背鳍始点在腹鳍始点的前上方。臀鳍中等长。胸鳍位低，末端不发达。腹鳍小于胸鳍。尾鳍深叉形。头体背侧呈灰黑色，侧上方微绿，两侧及下方银白色。各鳍均灰白色。

分布与习性：为近海中上层鱼类，我国主要分布于黄海、渤海，东海沿海也可见。栖息于沿海和港湾。杂食性，摄食浮游生物及其他小型无脊椎动物。

资源价值：为近海小型食用鱼类，在我国辽宁、河北和山东海域具有较大的资源量，是常见经济鱼类之一。肉质鲜美，可食用。

鲥 *Tenualosa reevesii* (Richardson，1846)

物种别名：鲥鱼、鲥刺、三黎。

分类地位：辐鳍鱼纲Actinopterygii鲱形目Clupeiformes鲱科Clupeidae。

形态特征：体呈长椭圆形，侧扁。头侧扁，前端钝。吻中等长，圆钝。眼小，侧前位，脂眼睑发达。口小，上、下颌等长。口无牙。鳃盖骨光滑。鳃孔大，假鳃发达，鳃耙细密。除头部外，体被圆鳞，易脱落。各鳍数目如下。背鳍17～18；臀鳍18～20；胸鳍14～15；腹鳍8。背鳍和臀鳍基部有低的鳞鞘；腹鳍基部具腋鳞，尾鳍具细鳞。生活个体体背部青绿色，体侧下方和腹部银白色。背鳍和尾鳍具灰黑色边缘。

分布与习性：广布于印度—太平洋海域，我国南北沿海均有分布。为暖水性中上层中小型鱼类，具生殖洄游习性，多栖息于近岸河口、半咸水区及浅海，成鱼在淡水或湖泊繁殖。以浮游生物为食。

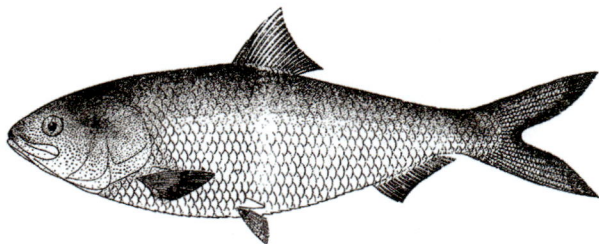

张世义，2001

资源价值：本种肉质鲜美，富含脂肪，为名贵经济鱼类，经济价值极高。

安氏新银鱼 *Neosalanx anderssoni* (Rendahl，1923)

物种别名：面条鱼、银鱼、面丈鱼。

分类地位：辐鳍鱼纲Actinopterygii胡瓜鱼目Osmeriformes银鱼科Salangidae。

形态特征：体细长，体长一般100mm左右。中等大小，近圆筒形，前部平扁，后部侧扁。头尖且平扁。吻短而圆钝。眼中等大，中侧位，眼间隔宽平。口中等大，前位，下颌略长于上颌。体表无鳞，仅雄性臀鳍基部上方具1行20～23枚鳞。无侧线。各鳍数目如下。背鳍15～19；臀鳍27～32；胸鳍27～34；腹鳍7；尾鳍19～20。背鳍1个，近体后部。脂鳍很小，近臀鳍后部鳍条上方。臀鳍始于背鳍末端后下方。胸鳍具发达肌肉基。腹鳍起点近体中部。尾鳍叉形。生活个体呈乳白色，半透明状。吻背部、鳃盖后缘及背部具明显黑色斑点，腹侧胸鳍和臀鳍间每侧具1行黑点。尾鳍后端呈浅灰黑色。

分布与习性：分布于我国和朝鲜半岛沿海，我国主要产于辽宁、鸭绿江、渤海和黄

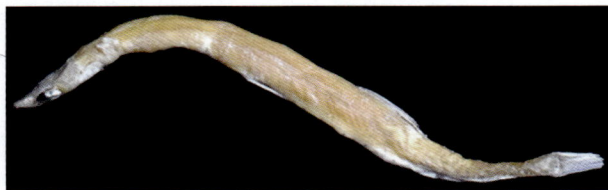

海沿岸至长江口区域。为近海洄游性小型经济鱼类，多栖息于河口及近岸沿海。产卵后亲体死亡，寿命1年。

资源价值：为我国北方重要经济鱼类之一，可食用。

中国大银鱼 *Salanx chinensis* (Osbeck，1765)

物种别名：面条鱼、银鱼、黄瓜鱼。

分类地位：辐鳍鱼纲Actinopterygii胡瓜鱼目Osmeriformes银鱼科Salangidae。

形态特征：个体小型，体狭长，前部长且平扁，后部侧扁。头部尖细；吻尖，呈扁三角形。眼中等大，中侧位。眼间隔宽平。口中等大，下颌稍长于上颌。各鳍数目如下。背鳍Ⅱ，15～17；臀鳍Ⅲ，29～31；胸鳍25～26；腹鳍7；尾鳍19～20。背鳍1个，脂鳍小，位于臀鳍后上方。臀鳍始于背鳍末端后下方。胸鳍具发达的肌肉基，雄性个体第1鳍条延长。尾鳍叉形。身体呈乳白色，生活个体略透明，在体侧上方和头背部密布小的黑色斑点，各鳍均呈灰白色，边缘灰黑色。

分布与习性：分布于我国渤海、黄海、东海沿岸，以及长江和淮河流域；朝鲜半岛、越南等海域也有分布。为溯河洄游性小型鱼类，肉食性，摄食枝角类、桡足类和小型鱼虾。寿命1年。

资源价值：为重要经济鱼类，尤其在长江中下游区域产量较高，可食用。

长蛇鲻 *Saurida elongata* (Temminck & Schlegel，1846)

物种别名：狗母鱼、狗母、长蜥鱼。

分类地位：辐鳍鱼纲Actinopterygii仙女鱼目Aulopiformes 狗母鱼科Synodontidae。

形态特征：体延长，前部呈亚圆筒形，后部稍侧扁。头中等大，吻尖，其长度大于眼径。眼中等大，脂眼睑发达。口大，上颌骨末端远超过眼后末端。上、下颌等长，密生细牙。鳃孔大。假鳃发达，鳃耙针尖状。体被圆鳞。侧线发达，平直，且侧线上的鳞片凸出，尤其在尾柄部更明显。各鳍数目如下。背鳍11～12；臀鳍10～11；胸鳍14～15；腹

鳍9；尾鳍19。体背部呈暗褐色，腹部为淡色，背鳍、胸鳍和尾鳍略呈青灰色；腹鳍及尾鳍无色。

分布与习性：分布于西太平洋海域，我国南北沿海均有分布；也见于日本和朝鲜半岛。多栖息于水深20～100m砂泥底质海域或珊瑚礁外缘砂质海底。肉食性，游泳迅速，性凶猛，主要摄食小型鱼类和幼鱼。

资源价值：本种为我国主要经济鱼类之一，具有较大的资源量。肉质鲜美，可食用。

大头鳕 *Gadus macrocephalus* Tilesius，1810

物种别名：鳕鱼、大头腥、大头鱼、明太鱼。

分类地位：辐鳍鱼纲Actinopterygii鳕形目Gadiformes鳕科Gadidae。

形态特征：个体大型，体长可达1.2m。体长纺锤形，稍侧扁，体后部渐细，尾柄细且侧扁。头大，吻前端圆钝，稍突出。眼中等大，侧上位。口大，口裂斜。唇厚，下唇下缘具绒状小突起。下颌短于上颌，其下方具1颏须。两颌及犁骨有尖牙。鳃孔较大，鳃盖膜互连。体表被椭圆形小圆鳞，具1完整侧线。各鳍数目特征如下。背鳍12～13、15～18、18～19；臀鳍19～21、19～20；胸鳍19～20；腹鳍6。背鳍3个，明显分离。臀鳍2个，分别与第2和第3背鳍相对。胸鳍侧中位。腹鳍喉位。尾鳍末端浅凹。头部和体侧呈淡褐绿色，散布暗褐色斑点，腹侧呈淡白色，各鳍蓝褐色，腹鳍和臀鳍色浅。

分布与习性：为冷水性近底层鱼类，分布于北太平洋海域；我国主要分布于渤海和黄海；白令海峡、朝鲜半岛、日本、美国阿拉斯加湾和洛杉矶沿海均有分布。多栖息于水深15～250m海域，喜群居，肉食性。

资源价值：本种是北太平洋海域重要的经济鱼类，个体大，肉味鲜美，经济价值高。

黄鮟鱇 *Lophius litulon* (Jordan，1902)

物种别名：蛤蟆鱼、老头鱼、丑鱼、大嘴鱼、海蛙。

分类地位：辐鳍鱼纲Actinopterygii鮟鱇目Lophiiformes鮟鱇科Lophiidae。

形态特征：个体大型，体前端平扁呈圆盘状，体中后部变尖细呈柱形。尾柄短。头极大，吻宽阔，平扁。眼小，位于头背方。眼间隔宽，略凸。鼻孔突出。口宽大，下颌长于上颌，上颌、下颌、犁骨、腭骨和舌上均有能倒伏的牙。鳃孔宽大，鳃丝发达，无鳃耙，具伪鳃。头部具多个棘突，顶骨棘长大。体表裸露无鳞，具有许多大小不等的皮质突起。具侧线。各鳍数目如下。背鳍Ⅵ，9～10；臀鳍8～11；胸鳍22～23；腹鳍5；尾鳍8。背鳍2个，第1背鳍的6个鳍棘分离，前3个鳍棘长，后3个短。胸鳍宽，侧位，圆形。腹鳍短小，喉位。尾鳍近截形。生活个体背面呈紫褐色，具不规则的深棕色网纹，腹面色浅，背鳍基底具深色斑。臀鳍和尾鳍黑色。口腔淡白色或微暗。

分布与习性：分布于西太平洋海域，我国分布于渤海、黄海和东海及台湾；日本和朝鲜半岛也有分布。为暖温性近海底层鱼类，活动缓慢，常匍匐于海底，以吻触手和饵球引诱猎物进行捕食。

资源价值：本种在我国环渤海具有一定的资源量，常在渔获物中出现，肉味美，可食用。

间下鱵 *Hyporhamphus intermedius* (Cantor，1842)

物种别名：单针鱼、针鱼、针良鱼、颌针鱼。

分类地位：辐鳍鱼纲Actinopterygii颌针鱼目Beloniformes鱵科Hemiramphidae。

形态特征：背鳍2+11～12；臀鳍2+13～14；胸鳍12～13；腹鳍Ⅰ，5。体延长，侧扁，扁柱形，背、腹缘平直；尾部颇侧扁。头中等大小，前方尖突，顶部及颊部平坦。吻较短，吻背面平坦。眼大，圆形，上侧位。口较小，平直。下颌突出，延长呈1扁平长喙。鳃孔宽阔。体被较大圆鳞。侧线下侧位，始于颊部后方，止于尾柄部下缘。背鳍基部长，位于背部远后方，边缘内凹。臀鳍和背鳍相对，边缘稍内凹。胸鳍较短，上侧位。腹鳍短小，位于腹部侧缘。尾鳍叉形，下叶稍长于上叶。体背部浅灰蓝色，腹部

白色，体侧中间有1条银白色纵带，无垂直暗斑。喙为黑色，前端为亮橘红色。

分布与习性：分布于西北太平洋，我国各沿海均产；也见于朝鲜半岛沿海。为近海暖水性中上层鱼类，主要栖息于沿岸水域表层，成群洄游，可进入河口区及河川下游。以水中浮游动物为食。

资源价值：肉可食用，个体小型，产量不高。

云纹亚海鲂 *Zenopsis nebulosa* (Temminck & Schlegel，1845)

物种别名：海鲂。

分类地位：辐鳍鱼纲Actinopterygii海鲂目Zeiformes海鲂科Zeidae。

形态特征：个体大型，体长可达700mm。背鳍Ⅸ，26；臀鳍Ⅲ，24～26；胸鳍12～13；腹鳍Ⅰ，5；尾鳍15。体呈卵圆形，高而侧扁，背缘在眼上方凹入，腹缘圆弧形。头高，头部至吻端斜直，呈斜方形。吻长。眼较大，上侧位。眼间隔窄，中央有棱嵴。口较大，口裂近垂直。上颌能收缩。下颌突出于上颌。牙发达，上颌前端具7或8枚向内弯的犬牙。鳃孔大。鳃盖膜与颊部不相连。鳃耙退化呈扁平状。体光滑无鳞。侧线明显，前半部弧形，后半部平直。体侧具棘状骨板。背鳍鳍棘部与鳍条部相连，鳍棘细长呈丝状延长。臀鳍鳍棘发达。胸鳍位较低，鳍条较短。背鳍、臀鳍和胸鳍鳍条均不分支。腹鳍起点位于胸鳍基部稍前，鳍条长，后端超过臀鳍起点。尾鳍后缘截形或微凸，上、下缘各具1弱棘状鳍条。体银灰色，背部具蓝色光泽。体侧散布一些暗褐色圆斑。背鳍鳍棘部、腹鳍及尾鳍后半部黑色。

分布与习性：分布于太平洋海域，中国产于黄海和东海，偶见于渤海；日本、澳大利亚、新西兰、美国夏威夷和加利福尼亚沿岸也有分布。为底层鱼类。生活于大陆棚斜坡，栖息深度为30～800m。

资源价值：有一定食用价值，但不常见。

日本海马 *Hippocampus mohnikei* Bleeker，1853

物种别名：海马。

分类地位：辐鳍鱼纲Actinopterygii海龙鱼目Syngnathiformes海龙科Syngnathidae。

形态特征：体型小，侧扁，腹部凸出。头部与体轴呈直角，其上具发达的小刺和棱棘。体冠矮小，具不突出的钝棘。吻管状，短。眼中等大，位于两侧，较高位。鼻孔小，每侧2个，相距较近。口小，前位；无牙。肛门位于臀鳍稍近前方。雄性尾部前方腹面具育儿袋。体无鳞，覆盖以骨环。无侧线。背鳍发达，臀鳍小，胸鳍宽短呈扇形，无腹鳍和尾鳍。各鳍数目如下：背鳍16～17；臀鳍4；胸鳍12～13。体呈黑色或暗褐色，吻部和体侧具斑纹。

分布与习性：为西太平洋海域广布种，我国南部沿海均有分布；也见于日本和越南等海域。为暖温性近海小型鱼类，多栖息于沿海和内湾低潮线海藻中。直立游泳，以尾部卷曲握附在海藻上。

资源价值：本种为珍贵中药材，具镇静安神、散结消肿和补肾壮阳之功效。某些海域已开展人工养殖。

尖海龙 *Syngnathus acus* Linnaeus，1758

物种别名：海龙、鞋底索。

分类地位：辐鳍鱼纲Actinopterygii海龙鱼目Syngnathiformes海龙科Syngnathidae。

形态特征：体细长，呈鞭状。头部长而细尖；吻细长呈管状。眼较大，圆形。口小，前位。上、下颌短小，稍能伸缩。无牙。鳃孔小，位于头侧背方。体无鳞，覆盖以骨环。背鳍较长；臀鳍短小，位于肛门后方；胸鳍较高，呈扇形；尾鳍长，后缘圆形。各鳍数目如下：背鳍35～41；臀鳍3～4；胸鳍12～13；尾鳍10。体背部呈黄绿色，腹部淡黄色，体侧具数条不规则深色横带。尾鳍黑褐色，其余各鳍淡色。

分布与习性：广布种，见于

印度洋非洲东岸至太平洋的印度尼西亚，以及地中海和东大西洋。我国南部沿海均有分布。为暖水性近海小型鱼类，多栖息于水质清澈、风平浪静的沿海及内湾，附于海藻上。游泳缓慢，吸食小型浮游甲壳动物。

资源价值：本种为重要中药用鱼，经济价值较高，具散结消肿、治疗跌打损伤、止血和催产等功效。

许氏平鲉 *Sebastes schlegelii* Hilgendorf，1880

物种别名：黑鲪、黑头。

分类地位：辐鳍鱼纲Actinopterygii鲉形目Scorpaeniformes平鲉科Sebastidae。

形态特征：体侧扁，头大，吻尖突。眼大，突出，上侧位。口大，斜裂。下颌长于上颌，外侧具3小孔，上颌骨后端抵达眼后缘下方。鳃孔大，鳃耙细长。身体各部鳞片不同，上、下颌和鳃盖骨处无鳞，眼下方、胸鳍基部及体腹侧具圆鳞，其余部位具栉鳞。侧线略弯曲。背鳍连续，具发达鳍棘；胸鳍发达；腹鳍胸位；尾鳍近截形。各鳍数目如下。背鳍Ⅻ，12；臀鳍Ⅲ，9；胸鳍18；腹鳍Ⅰ，5。体背部呈灰褐色，腹面灰白色，体侧具多个不规则小黑斑；身体不同部位具有暗色横纹，各鳍灰黑色。

分布与习性：分布于西太平洋和北部海域，我国产于黄海、渤海；朝鲜半岛、日本和鄂霍次克海南部也有分布。为冷水性近海底层鱼类，多栖息于近海岩礁和泥沙海底。卵胎生。

资源价值：本种在我国黄海、渤海具有一定的资源量，为常见食用鱼类，经济价值较高。已开展人工养殖。

汤氏平鲉 *Sebastes thompsoni* (Jordan & Hubbs，1925)

物种别名：五带平鲉。

分类地位：辐鳍鱼纲Actinopterygii鲉形目Scorpaeniformes平鲉科Sebastidae。

形态特征：背鳍ⅩⅢ，14～15；臀鳍Ⅲ，7；胸鳍15～17；腹鳍Ⅰ，5；尾鳍20。体长椭圆形，侧扁，背缘弧形，腹缘浅弧形。头中等大，侧扁。眼中等大，上侧位。眼间隔宽圆。口中等大，亚前位。下颌明显突出，前端具1向下骨突。上颌骨伸达眼中部下方。上颌、下颌、犁骨、腭骨具绒毛状细牙。鳃孔宽大。鳃盖膜不连于颊部。鳃耙尖长。体被栉鳞，覆瓦状排列，鳞间具细小副鳞。侧线明显。背鳍连续，鳍棘部与鳍条部具1浅缺刻，鳍棘发达。臀鳍起点位于背鳍第2鳍条下方。胸鳍中等大，下侧位，下部鳍条不粗厚。腹鳍胸位。尾鳍后缘浅凹。体呈褐色，体侧具褐色斑纹。背侧有5条暗色横带。头部斑纹伸达鳃盖上部，体侧横纹向下伸越侧线。

分布与习性：分布于西北太平洋海域，我国产于渤海和黄海；朝鲜半岛和日本北部也有分布。为冷温性底层鱼类，栖息于近海底层岩礁和泥沙底质水域。幼小个体偏于近岸活动，大型个体偏于深水急流处活动。摄食甲壳类和小鱼。卵胎生。为刺毒鱼类。

资源价值：可食用，肉鲜美，为近海增殖和人工养殖对象。

鲬 *Platycephalus indicus* (Linnaeus，1758)

物种别名：拐子、百甲鱼、牛尾鱼、辫子鱼。

分类地位：辐鳍鱼纲Actinopterygii鲉形目Scorpaeniformes鲬科Platycephalidae。

形态特征：体长形，平扁，向后稍尖。头甚扁平。吻背面近半圆形，亦平扁。眼中等大，侧上位。眼间隔宽，中间微凹。鼻孔2个。口中等大，前位。下颌较上颌长。前鳃盖骨后角，有2大尖棘。鳃孔宽大。鳃盖膜分离。鳃盖条7。假鳃发达。体被小栉鳞。侧线1条，侧位，近直线形。各鳍数目特征如下。背鳍X，13；臀鳍13；胸鳍18；腹鳍 I，5；尾鳍21。背鳍2个。臀鳍与第2背鳍相对称。胸鳍短圆形。腹鳍位于胸鳍基的后下方附近。尾鳍截形。体黄褐色，头及体均具黑褐色斑点，体下淡黄白色。背鳍棘及背鳍条上具黑褐色小点。胸鳍灰黑色，后缘常为黄色。尾鳍具灰黑色横斑，黑色纵带状斑及黄色间隙腹鳍及臀鳍淡黄白色。

分布与习性：广布于印度—太平洋海域，我国见于南北沿海。为暖水性底栖鱼类，多栖息于沿岸沙泥底，也生活于河

口区。利用体色隐匿于泥沙中，躲避天敌和捕食猎物。

资源价值：本种在黄海、渤海很常见，产量亦大。肉质鲜美。

短鳍红娘鱼 *Lepidotrigla microptera* Günther，1873

物种别名：红娘鱼、角鱼。

分类地位：辐鳍鱼纲Actinopterygii鲉形目Scorpaeniformes鲂鮄科Triglidae。

形态特征：尾鳍Ⅷ～Ⅸ、Ⅰ，15～16；臀鳍15～17；胸鳍11+iii；腹鳍Ⅰ，5；尾鳍22。体中等长，稍侧扁，躯干前部粗大，向后渐细小。头中等大，长方形，背面和侧面均被骨板，骨板密列线状棱。吻较长，向前下方倾斜，具几个小棘。眼中等大小，上侧位。眼间隔宽凹。口中等大，前下位。上颌较下颌突出，中间具1缺刻。上颌、下颌、犁骨均有绒毛状牙群。鳃孔宽大。体被中大栉鳞。侧线上侧位。背鳍2个，靠近；第1背鳍始于鳃孔后上方。臀鳍与第2背鳍相对。胸鳍长大，圆形，下侧位，下方具3条指状游离鳍条。腹鳍胸位。尾鳍后端微凹。体呈红色，腹面白色。第1背鳍第4～7鳍棘之间的鳍膜上部具一黑色大斑。胸鳍内侧红色。

分布与习性：分布于西北太平洋海域，我国产于渤海、黄海和东海；朝鲜半岛、日本沿海也有分布。为冷温性底层洄游鱼类，群栖于近海泥底质，有短距离洄游习性。可利用指状鳍条掘土觅食，亦可利用宽大的胸鳍翔游。鳔发达，可发声。

资源价值：为东海和黄海底拖网主要捕捞对象之一，具有一定的经济价值。

大泷六线鱼 *Hexagrammos otakii* Jordan & Starks，1895

物种别名：黄鱼、六线鱼。

分类地位：辐鳍鱼纲Actinopterygii鲉形目Scorpaeniformes六线鱼科Hexagrammidae。

形态特征：体长形，侧扁。头中等大，亦侧扁。吻稍尖，吻长较眼径稍长；吻背侧中央微凹。眼中等大，侧高位，距吻端较距鳃孔近。眼间隔宽平，中央微凹。头背侧无棘和棱。鼻孔1个，距眼较近。口中等大，前位。上颌较下颌稍长。下颌后端到眼前缘的下方。鳃孔大。有假鳃。鳃耙短小。体被小栉鳞；头的顶枕部及胸部的腹侧被小圆鳞。侧线5条。各鳍数目特征如下。背鳍XIX～XX，21～23；臀鳍21～22；胸鳍18～19；尾鳍分支鳍条12。背鳍1个，很长。臀鳍位于背鳍鳍条部的下方。胸鳍圆形，侧低位，后端与腹鳍相平行。腹鳍位于胸鳍基的后下方。尾鳍截形，后缘微凹。体黄褐色、赤褐色或紫褐色，腹侧灰白色。体侧具不规则云状斑点。背鳍凹刻前缘有1个显著的黑斑。臀鳍鳍条灰褐色，末端黄白色。

分布与习性：分布于西北太平洋海域，我国产于黄海、渤海和东海；朝鲜半岛和日本也有分布。为冷温性近海底层鱼类。栖息于沿岸或岛屿的岩礁区。卵生，黏性卵。

资源价值：本种在我国辽宁及山东沿海较常见，具有一定的资源量和经济价值。

鲅 *Planiliza haematocheila* (Temminck & Schlegel，1845)

物种别名：梭鱼、红目鲢、红眼。

分类地位：辐鳍鱼纲Actinopterygii鲈形目Perciformes鲻科Mugilidae。

形态特征：体中等大小，梭形，前部亚圆筒形，后部侧扁；背缘平直，腹缘弧形。头中等大，稍平扁。吻短。眼较小，前侧位，脂眼睑不发达，眼间隔宽且平坦。鼻孔每侧2个，位于眼的前上方。口小，口裂横平。鳃孔宽大，假鳃发达，鳃耙细密。头部被圆鳞，第2背鳍、臀鳍、腹鳍和尾鳍被小圆鳞，其余部位被弱栉鳞。无侧线。各鳍数目如下。背鳍IV、I，8；臀鳍III，9；胸鳍18；腹鳍I，5；尾鳍14。体青灰色，腹部呈银白色，体侧上部具数条黑色条纹，各鳍呈浅灰色。

分布与习性：为西北太平洋广布种，我国沿海均有分布；日本和朝鲜半岛等海域也有分布。近海暖水性鱼类，多栖息于浅海和河口区，常跳跃逆流游动。捕食水底泥中有机物。春季3月、4月于河口附近产卵，幼鱼有时随潮溯河生活于近河口处。以桡足类、多毛类等为食。

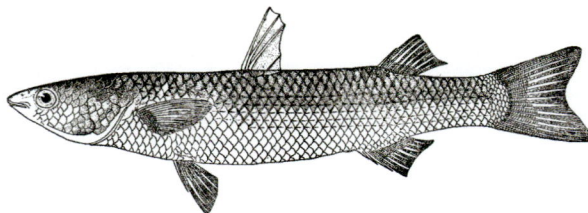

刘静等，2015

资源价值：本种在我国黄海、渤海具有较大的资源量，经济价值较高，肉质鲜美。为海港主要养殖对象之一。

鲻 *Mugil cephalus* Linnaeus，1758

物种别名：青头、乌鱼、鲻鱼、乌仔鱼。

分类地位：辐鳍鱼纲Actinopterygii鲈形目Perciformes鲻科Mugilidae。

形态特征：个体中等大小，体延长，前端近圆筒形，后部侧扁。头短，侧扁，两侧略隆起。眼中等大小，脂眼睑发达，眼间隔宽平。口下，亚腹位。上、下颌牙细弱。鳃孔宽大，鳃耙细密。体被大的弱栉鳞，头部被圆鳞。侧线发达。背鳍2个。臀鳍较大，始于第2背鳍前方。胸鳍宽大，上侧位。腹鳍短于胸鳍。尾鳍叉形。生活个体背部呈青灰色，体侧呈银白色，腹部白色。腹鳍暗黄色，其余各鳍呈浅灰色，具黑色小点。胸鳍基部上方有1黑斑。

分布与习性：广布于温带至热带各大洋沿岸水域，见于我国南北沿海。为广温广盐性鱼类，多栖息于泥沙底的近海和河口区。性活泼，生长迅速。

资源价值：本种在我国南北沿海均具有一定的资源量，经济价值较高。已开展人工养殖。

花鲈 *Lateolabrax japonicus* (Cuvier，1828)

物种别名：鲈板、寨花、鲈子鱼。

分类地位：辐鳍鱼纲Actinopterygii鲈形目Perciformes花鲈科Lateolabracidae。

形态特征：个体大型，体长214～288mm。体延长，侧扁。背腹面皆钝圆。头中等大，前端尖锐。吻尖。眼中等大，前位。眼间隔微凹，其间有4条隆起线。鼻孔小，圆形，每侧2个。口大，倾斜。下颌长于上颌。牙细小，舌平滑无牙。鳃孔大，鳃耙细长。体被小栉鳞。吻端、两颌骨无鳞。侧线连续。背鳍连续，鳍棘发达；臀鳍以第2鳍棘最强大；胸鳍短；腹缘稍长于胸鳍；尾鳍分叉。背鳍Ⅶ，

13；臀鳍Ⅲ，7～8；胸鳍16～18；腹鳍Ⅰ，5；尾鳍17。体上部呈灰绿色，下部灰白色；体侧及背鳍鳍棘部散有若干黑色斑点。背鳍及尾鳍灰色，有淡黑色边缘。背鳍鳍条部中间有黑色条纹。

分布与习性：广布于西北太平洋海域，我国南部沿海均有分布；也见于朝鲜半岛和日本。为暖温性中下层鱼类，多栖息于河口盐淡水区。在秋末初冬至河口处产卵，大者可达十余斤。性凶猛，摄食小鱼和甲壳类动物。

资源价值：本种在我国沿海具有一定的资源量，经济价值较高，肉质鲜美，为上等食用鱼类，已开展人工养殖。

少鳞鱚 *Sillago japonica* Temminck & Schlegel，1843

物种别名：沙钻、沙鲅、沙丁鱼。

分类地位：辐鳍鱼纲Actinopterygii鲈形目Perciformes鱚科Sillaginidae。

形态特征：背鳍Ⅺ、Ⅰ，23～24；臀鳍Ⅱ，23～24；胸鳍16；腹鳍Ⅰ，5；尾鳍17。体细长，呈圆柱形，稍侧扁，背腹面均钝圆；尾柄短而侧扁。头中等大。吻较长。眼中等大。眼间隔狭窄。口小。上颌骨完全被于眶前骨下。下颌较上颌稍短。两颌牙细尖呈带状。前鳃盖骨边缘平滑；鳃盖骨上有1扁棘。体被薄栉鳞，极易脱落，颊部具3行鳞。侧线完全。背鳍2个，基部微相连；臀鳍长，与第2背鳍同形。胸鳍短，位低。腹鳍位于胸鳍稍后下方。尾鳍浅凹。生活个体背部呈灰黄色，腹部色浅，有银色光泽。

分布与习性：分布于西太平洋海域，我国产于渤海、黄海、东海、台湾和南海；印度尼西亚、朝鲜半岛、日本、菲律宾、澳大利亚等海域也有分布。为近岸暖温性小型鱼类，栖息于沙质近海环境，一旦受到惊吓，喜钻进沙丘中。主要捕食泥沙中的多毛类和甲壳动物。

资源价值：为小型食用经济鱼类，肉质鲜美。

多鳞鱚 *Sillago sihama* (Forsskål，1775)

物种别名：无。

分类地位：辐鳍鱼纲Actinopterygii鲈形目Perciformes鱚科Sillaginidae。

形态特征：背鳍XI、I，21～22；臀鳍II，22；胸鳍16；腹鳍I，5；尾鳍17。体细长，呈圆柱形，稍侧扁。尾柄短而侧扁。头中等大。吻较长。眼中等大。眼间隔狭窄。口小，端位。上颌稍能伸出，上颌骨被眶前骨遮盖。两颌牙尖细，排列不规则，呈带状。前鳃盖骨边缘具弱细锯齿或平滑；鳃盖骨具1钝棘。体被弱栉鳞，颊部、鳃盖部及后头部具小鳞。侧线完全，几乎平直。背鳍2个，基部微相连；臀鳍长，基底与第2背鳍相对。胸鳍短。腹鳍位于胸鳍下。尾鳍浅凹形，生活个体乳白色，略带浅黄色，有银色光泽。各鳍灰白色。

分布与习性：广布种，我国产于黄海、渤海、东海、台湾和南海；红海、印度、印度尼西亚、朝鲜半岛、日本、菲律宾、澳大利亚等海域也有分布。近岸小型鱼类，栖息于沙质近海环境。以小型无脊椎动物为食。

资源价值：为食用经济鱼类，肉质鲜美。

真鲷 *Pagrus major* (Temminck & Schlegel，1843)

物种别名：加吉鱼、红加吉、红立。

分类地位：辐鳍鱼纲Actinopterygii鲈形目Perciformes鲷科Sparidae。

形态特征：体呈长椭圆形，侧扁。背面狭窄，棱状，弯曲度大，腹面圆钝微凸。头大，前端钝尖，两则平坦，腹面微宽于背面。眼中等大，位于偏背方。鼻孔2，紧位于眼前方。口较小，前位，微斜。上、下颌等长。鳃孔宽，鳃盖条6。鳃盖膜分离，不与颊部相连。鳞片中等大，栉状齿微弱。头全部、鳃盖及头顶后部皆被鳞。胸鳍、腹鳍及尾鳍基部被细鳞。侧线位高，呈弧形，与背缘并行。背鳍XII，9～10；臀鳍III，8；胸鳍15；尾鳍17。背鳍鳍棘部与鳍条部相连，鳍棘部强大。臀鳍短。胸鳍位较低。腹鳍较小，位于胸鳍基下，略厚。尾鳍分叉。生活个体呈红褐色，带金属光泽。头呈红色，有稀疏的蓝绿色斑点。尾鳍有淡黑色边缘。

分布与习性：分布于印度洋—西太平洋海域，我国见于南北沿海。为暖温性中下层鱼类。多栖息于泥沙或砂砾的近岸海域。有集群习性，生殖季节近岸洄游。

资源价值：本种为黄海、渤

海名贵经济鱼类，肉质鲜美，经济价值极高。已开展人工网箱养殖。

黑棘鲷 *Acanthopagrus schlegelii schlegelii* (Bleeker，1854)

物种别名：黑加吉、黑鲷、黑立。

分类地位：辐鳍鱼纲Actinopterygii鲈形目Perciformes鲷科Sparidae。

形态特征：体呈椭圆形，侧扁，背缘隆起，腹缘钝圆。头较大。眼中等大，侧上位。眼间隔凸起。吻钝尖，口较小，倾斜。上、下颌前端各有圆锥牙4～6枚。前鳃盖骨边缘光滑，鳃耙短小。体被栉鳞。各鳍数目特征为：背鳍XI，11～12；臀鳍III，8；胸鳍15；腹鳍 I，5；尾鳍17。背鳍1个，鳍棘强壮，鳍棘部连接鳍条部。臀鳍位于背鳍鳍条部相对位置。胸鳍比腹鳍长。尾鳍叉形。生活个体呈灰黑色，具银色光泽。体侧具6～7条暗色横带。胸鳍肉色或橘红色，其余各鳍呈灰褐色。

分布与习性：分布于西北太平洋区域。我国南北沿海均有分布；俄罗斯、日本和朝鲜半岛也有分布。为暖温性底层鱼类，多栖息于泥沙或沙砾近海海底，生殖季节游向近岸和河口区。喜集群，雌雄同体，具有性逆转现象，3～4龄前为雄性，之后转变为雌性。杂食性。

资源价值：本种为名贵经济鱼类，肉质鲜美，经济价值极高。已开展人工网箱养殖。

大黄鱼 *Larimichthys crocea* (Richardson，1846)

物种别名：黄花鱼、黄鱼、大鲜、黄瓜。

分类地位：辐鳍鱼纲Actinopterygii鲈形目Perciformes石首鱼科Sciaenidae。

形态特征：个体大型，体近长方形而侧扁。尾柄细长。头大而侧扁。吻圆钝。眼中等大，侧上位。眼间隔宽阔而稍隆凸。鼻孔每侧2个。口前位，宽阔而斜。上、下颌相等。无辅上颌骨。唇薄。前鳃盖骨边缘有细锯齿。鳃盖骨后端有一扁棘。鳃孔大。鳃盖膜与颊部相连。有假鳃。鳃耙细长。体被栉鳞，头部除上、下颌及腹面外均有鳞。侧线下鳞较侧线上鳞大。侧线发达，前部较弯曲，在体后部较直。各鳍数目特征如下。背鳍VIII～X，31；臀鳍II，9；胸鳍15；腹鳍5。背鳍起点在胸鳍起点的上方，背鳍鳍棘部和鳍条部间有一深凹。臀鳍始点约与背鳍鳍条部的中部相对。胸鳍起点在鳃盖后，末端超过腹鳍的末端。腹鳍小于胸鳍，起点稍后于胸鳍的起点。尾鳍楔形。体背侧灰黄色，下侧金黄色。背鳍及尾鳍灰黄色；胸鳍、腹鳍及臀鳍为黄色。

分布与习性：分布于西北太平洋海域，我国见于黄海、东海、台湾和南海；日本和越南也有分布。为暖水性中下层鱼类，多栖息于水深60m以浅的软泥和泥沙底，生殖季节时向近岸内湾和河口洄游。喜集群，食性广。

资源价值：本种曾是我国传统四大海产渔业之一，是名贵经济鱼类。但由于捕捞过度及环境污染问题，资源量严重下降，个体小型化趋势明显。目前已开展人工养殖。

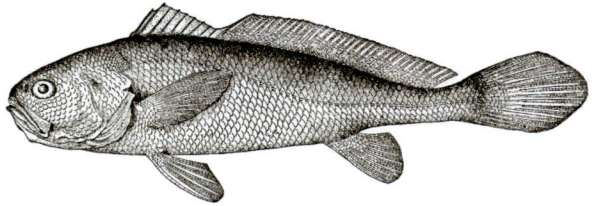

刘静等，2015

小黄鱼 *Larimichthys polyactis* (Bleeker，1877)

物种别名：黄花鱼、黄鱼、小鲜、小黄瓜。

分类地位：辐鳍鱼纲Actinopterygii鲈形目Perciformes石首鱼科Sciaenidae。

形态特征：身体侧扁，稍高，近纺锤形。头大而侧扁。口大而倾斜。上、下颌约相等，上颌后端达于眼的边缘。吻短而钝。眼中等大，侧位。眼间隔宽阔而隆凸。上、下颌有细牙，上颌外侧及下颌内侧的牙较大。鳃耙细长。除头部腹面无鳞外，其余部位均被栉鳞。背鳍及臀鳍的鳍条部2/3以上有小圆鳞。侧线在体前部向上弯曲，后部直。各鳍数目特征如下。背鳍IX，34～36；臀鳍II，9；胸鳍19；腹鳍I，5。背鳍起点与胸鳍的起点相对，背鳍鳍棘部与鳍条部间有一凹刻，鳍棘细弱，第3鳍棘最长。臀鳍起点稍后于背鳍鳍条部的中部。胸鳍长尖，末端稍超过腹鳍的末端。腹鳍稍短于胸鳍，起点后于胸鳍的起点。尾鳍楔形。体背侧灰褐色，两侧及腹侧为黄色。背鳍边缘灰褐色。

分布与习性：分布于西北太平洋海域，我国产于渤海、黄海、东海和台湾。日本和朝鲜半岛也有分布。为温水性中下层洄游鱼类，多栖息

于水深100m以浅近海砂泥底水域。春夏生殖季节洄游至河口和内湾。鳔能发出类似鼓声的声音。

资源价值： 为黄海、渤海主要经济鱼类的一种。本种曾是我国传统四大海产渔业之一，是名贵经济鱼类。但由于捕捞过度及环境污染问题，资源量严重下降，个体小型化趋势明显。

黄姑鱼 *Nibea albiflora* (Richardson，1846)

物种别名： 铜萝鱼、黄婆、铜鱼、黄姑子。

分类地位： 辐鳍鱼纲Actinopterygii鲈形目Perciformes石首鱼科Sciaenidae。

形态特征： 体长而侧扁，背部略呈弯弓形，尾柄长大而高。头中等大，尖形，背部隆起，腹部宽圆。吻短而钝，宽而圆。眼中等大，侧位而高。眼间隔宽而稍凸。口大而斜。上颌稍长于下颌。鳃孔大，鳃耙粗短。体被栉鳞。侧线在体前部向上呈弯弓形，至尾部呈直线形。各鳍数目特征如下。背鳍 X～XI，28～31；臀鳍 II，5～6；胸鳍 I，5。背鳍始鳍棘部短，在鳍条部中间有一深凹刻。臀鳍基很短。胸鳍侧位，稍低，尖刀形。腹鳍胸位。尾鳍短楔形。体后背缘淡灰色。两侧淡黄色，有黑褐色波状细纹斜向前下方。胸侧为淡黄色。背鳍灰褐色，鳍棘部上方为黑色，鳍条部的基部有一灰白色纵纹。其他鳍为淡黄白色。

分布与习性： 分布于西太平洋海域，我国产于南北沿海；日本和朝鲜半岛也有分布。为暖温性中下层鱼类，多栖息于砂泥底质，生殖季节洄游至河口和内湾。

资源价值： 为我国沿海常见鱼类，具有较大的资源量。肉质鲜美，经济价值较高。

青䲁 *Xenocephalus elongatus* (Temminck & Schlegel，1843)

物种别名： 腊延巴、高丽延巴。

分类地位： 辐鳍鱼纲Actinopterygii鲈形目Perciformes䲁科Uranoscopidae。

形态特征： 背鳍12～13；臀鳍17；胸鳍18～19；腹鳍I，5；尾鳍12。体延长，长柱形，前端平扁，后部侧扁。头大，粗短而平扁。吻短钝，吻长略长于眼径。眼小，背侧位，后缘距吻端较距鳃盖要远。眼间隔宽，中央凹入。口中等大，口裂几乎与体轴垂直。上颌、犁骨、腭骨牙细小；上颌牙较大，有2行。唇发达，口缘有1短行短毛状皮突。鳃盖部无棘。具肱棘。鳃盖膜相连，与颊部不相连。背部具鳞。侧线1条。背鳍1个，无鳍棘。臀鳍基底长于背鳍基底。胸鳍宽，近半圆形。腹鳍喉位，始于眼后下方。尾鳍截形。背部呈灰青绿色，腹侧淡青灰色，体背部两侧具许多不规则浓绿色小斑。背鳍淡黄色，臀鳍、胸鳍及腹鳍淡棕褐色。尾鳍灰青色。

分布与习性：分布于西太平洋海域，我国产于渤海、黄海、东海和南海；日本、朝鲜半岛、印度尼西亚等沿海也有分布。为近海暖温性底层鱼类，常喜隐伏于海底，捕食其他动物。肉食性，以小型底栖动物为食。

资源价值：可食用，但常作杂鱼处理。

日本带鱼 *Trichiurus lepturus* Linnaeus，1758

物种别名：刀鱼、游刀鱼、白带鱼、鳞刀鱼。

分类地位：辐鳍鱼纲Actinopterygii鲈形目Perciformes带鱼科Trichiuridae。

形态特征：体延长呈带状，侧扁，背腹缘近水平。尾极长，向后渐变细，末端形成细长鞭状。头窄长，前端尖锐，背面以眼间隔处为最宽，侧面平坦，腹面狭窄。吻长而尖。眼中等大，位高。眼间隔平坦，中央微凹。鼻孔小，每侧1个。口大。鳃孔宽。鳃盖条7。鳃盖膜分离，不与颊部相连。鳃耙细短，不发达，大小不规则。体光滑无鳞，侧线在胸鳍上方，显著弯曲，折向腹面，沿腹缘向后近呈一直线。各鳍数目特征如下。背鳍130～144；臀鳍107～113；胸鳍11～12。背鳍长，起点在鳃孔后上角的前方，几沿背缘的全长。鳍

条在中部者较高，两端较低。臀鳍仅刺尖端露于皮肤外。胸鳍短小，位较低。无腹鳍。尾呈鞭状。体银白色，背鳍及胸鳍浅灰色，具细小黑点。尾呈黑色。

分布与习性：广布于印度—西太平洋海域。我国产于南北沿海。为暖温性中下层鱼类。性极贪食，游动迅速，常于黄昏或清晨游近水面索食，渔场范围甚广，山东半岛、河北及辽宁沿海均有分布。主要渔期在春汛立夏至夏至间。

资源价值：在黄海、渤海具有较大的资源量，为中国传统四大海产渔业之一，除供鲜食外还可腌制。经济价值较高。

鲐 *Scomber japonicus* Houttuyn，1782

物种别名：青花鱼、台巴鱼、日本鲭。

分类地位：辐鳍鱼纲Actinopterygii鲈形目Perciformes鲭科Scombridae。

形态特征：体呈纺锤形，稍侧扁，背、腹缘钝圆。尾柄短细，尾鳍基部两侧各有2个隆起嵴。头大，近圆锥形，略侧扁。眼大，上侧位，具发达的脂眼睑。眼间隔宽平。口大，倾斜。上、下颌等长。两颌牙各1行，细小，鳃孔大。前鳃盖骨及后缘圆滑无锯齿。体被细小圆鳞，在胸鳍附近稍大。头部仅后头、颊部和鳃盖被鳞。侧线完全。各鳍数目特征如下。背鳍IX、I-11，小鳍5；臀鳍I、I-11，小鳍5；胸鳍19；腹鳍I-5；尾鳍17。背鳍2个，距离远。胸鳍短。腹鳍位于胸鳍后下方。尾鳍分叉。生活个体体背部呈青蓝色，腹部银白色或淡黄色，体侧上方具不规则蓝褐色斑纹。背鳍、胸鳍和尾鳍呈灰褐色。

分布与习性：广布于西太平洋海域，我国产于南北沿海；俄罗斯远东、日本、朝鲜半岛和菲律宾等沿海也有分布。为暖温性中上层洄游性鱼类，喜集群，具趋光性和垂直移动现象。春季向黄海近岸产卵洄游，5月、6月鱼群密集于近海，产卵完毕，返回深水。

资源价值：本种在我国各沿海有较大的资源量，为黄海、渤海主要食用经济鱼类之一，为重要食用经济鱼类。

蓝点马鲛 *Scomberomorus niphonius* (Cuvier，1832)

物种别名：鲛鱼、燕鱼。

分类地位：辐鳍鱼纲Actinopterygii鲈形目Perciformes鲭科Scombridae。

形态特征：体长，侧扁。背缘及腹缘微曲。尾柄细，每侧有3隆起脊。头中等大，头长大于体高。吻长。眼小，眼间隔宽凸起。鼻孔2，分离。口大，微斜。上、下颌等长。牙强大，侧扁，尖锐排列疏松。鳃孔大。鳃盖膜分离，不与颊部相连。鳞细小，无栉状齿，在胸鳍基上方鳞片较大。头除后眼部有埋于皮下的较大鳞片外，其余部分皆裸露。侧线位高，有不规则的波状纹。各鳍数目特征如下。背鳍Ⅺ～Ⅹ，15～17；小鳍8～9；臀鳍17～18；小鳍8～9；胸鳍20～22；腹鳍Ⅰ，5；尾鳍31～38。侧线鳞166～195。鳃耙3+9～10。背鳍2。胸鳍短。腹鳍短小，位于胸鳍基下微后。尾鳍大，分叉深。体背部蓝黑色，腹部银灰色。沿体侧中央有数列黑色圆形斑点。第1背鳍及第2背鳍黑色。腹鳍、臀鳍黄色。胸鳍浅黄色，有黑色边缘。尾鳍灰褐色。

分布与习性：分布于印度—西太平洋海域。我国产于渤海、黄海、东海和台湾。为暖温性近海中上层鱼类。性贪食，游动敏捷。5月向黄海北部游来，一部分入渤海湾产卵。秋汛常成群索饵于沿岸岛礁及岩礁附近。

资源价值：本种在我国各沿海具有一定的资源量，为重要食用鱼类，经济价值较高。

日本𩾃 *Sphyraena japonica* Bloch & Schneider，1801

物种别名：日本金梭鱼、大眼梭子鱼、竹尖。

分类地位：辐鳍鱼纲Actinopterygii鲈形目Perciformes金梭鱼科Sphyraenidae。

形态特征：背鳍Ⅴ、Ⅰ，9；臀鳍Ⅱ，8；胸鳍13～14；腹鳍Ⅰ，5。体延长，近圆筒形，背后微凸，腹部圆形。头尖长，背视三角形。吻长而尖突。眼大，高位，眼径小于吻长；眼间隔宽，约等于眼径。鼻孔2个，前鼻孔小，圆形；后鼻孔较大，具一薄膜。口前位。口裂大，略倾斜。下颌突出。两颌及腭骨均有牙。鳃孔大；鳃盖膜不连于颊部。鳃盖条7。体被小圆鳞。侧线发达。背鳍2个，臀鳍具2鳍棘，8鳍条。胸鳍短小，鳍端不达腹鳍。腹

鳍腹位。尾鳍分叉。背侧部呈暗黑色，腹部银白；背鳍和胸鳍淡灰色，尾鳍暗褐色。

分布与习性： 分布于我国南海、东海；南非、印度尼西亚、朝鲜、日本也有分布。

资源价值： 可食用，但常作杂鱼处理。

褐牙鲆 *Paralichthys olivaceus* (Temminck & Schlegel，1846)

物种别名： 偏口、牙片鱼、牙鲆。

分类地位： 辐鳍鱼纲Actinopterygii鲽形目Pleuronectiformes牙鲆科Paralichthyidae。

形态特征： 体侧扁，呈长卵圆形。头大，头高大于头长；尾柄窄长。两眼略小，位于头部左侧，眼间隔小。口大，前位，斜裂。牙尖锐，锥状；上、下颌各具1行牙。鳃耙细长且扁。体有眼一侧被小栉鳞，无眼一侧被圆鳞。侧线在胸鳍上方弯曲，中后部平直。各鳍数目特征如下。背鳍74～85；臀鳍59～63；胸鳍12～13；腹鳍6；尾鳍17。背鳍起始于无眼侧，延伸整个背部；臀鳍与背鳍相对。胸鳍有眼侧略大。尾鳍后缘呈双截形。生活个体有眼侧呈灰褐色或暗褐色，无眼侧呈白色。各鳍淡黄色，在侧线中部及前端上下各有一瞳孔大的亮黑斑，其余部位散布有暗色环纹或斑点。背鳍、臀鳍和尾鳍均具有暗色斑纹，胸鳍具黄褐色横条纹。

分布与习性： 分布于西北太平洋海域，我国产于南北沿海；俄罗斯、日本和朝鲜半岛也有分布。为暖温性底层鱼类，多栖息于近海泥沙底，昼伏夜出，以小型贝类、甲壳类和鱼类为食。

资源价值： 本种为我国南北沿海重要经济鱼类，肉质鲜美，具有重要的经济价值，目前已开展人工养殖。

钝吻黄盖鲽 *Pseudopleuronectes yokohamae* (Günther，1877)

物种别名： 黄盖、小嘴、沙板。

分类地位： 辐鳍鱼纲Actinopterygii鲽形目Pleuronectiformes鲽科Pleuronectidae。

形态特征： 个体中小型，体长可达385mm。背鳍72～73；臀鳍53；胸鳍11；腹鳍

6；尾鳍20。呈长卵圆形；尾柄长。头短小。头背缘在眼上前方无凹刻。吻短，略尖。眼小，均位于头部右侧。眼间隔颇窄。口小，前位，斜裂。牙小，粗锥状，顶端呈截形，排列紧密，左右侧不对称。舌短。唇厚。鳃耙宽钝。一般有眼侧被栉鳞。无眼侧被圆鳞。眼间隔被小栉鳞。各鳍鳍条被小鳞。左右侧线均发达，在胸鳍上方呈弯弓状。背鳍鳍条不分支；胸鳍有眼侧略长，有眼侧小刀状，中部4～6鳍条分支；腹鳍短小，略对称。尾鳍后缘略呈双截形。有眼侧体呈深褐色，散具暗色斑点，背鳍与臀鳍上也散有暗斑。尾鳍后部黑色。无眼侧体呈白色。

分布与习性：分布于西太平洋海域。我国产于渤海、黄海和东海；朝鲜半岛、日本北海道南部及俄罗斯等沿海也有分布。为近海冷温性底层鱼类，喜栖息于泥沙底质的海域。仔鱼经变态后，左眼转至右侧。主要以小型甲壳类、贝类和头足类等为食。

资源价值：为黄海及渤海经济鱼类之一。肉质好，味鲜美。

半滑舌鳎 *Cynoglossus semilaevis* Günther，1873

物种别名：舌头鱼、牛舌、鳎米鱼、鳎板、鞋底鱼。

分类地位：辐鳍鱼纲Actinopterygii鲽形目Pleuronectiformes舌鳎科Cynoglossidae。

形态特征：个体大型，体长可达600mm。体甚延长，侧扁，呈长舌状。背腹缘凸度相似。头部颇短，长度短于高度。眼颇小，均在左侧。鳞小；有眼侧被栉鳞；无眼侧被圆鳞，头前部鳞片变形为绒毛状小突起。有眼侧有侧线3条，背缘基底至上侧线间有鳞9～10行，上中侧线间有24～33行，下侧线至臀鳍基底间有10～12行；无眼侧无侧线。各鳍数目特征如下。背鳍124～127；臀鳍95～99；腹鳍4；尾鳍9。背鳍及臀鳍均与尾鳍相连续，无胸鳍。鳍条均不分支。有眼侧腹鳍与臀鳍相连，无眼侧无腹鳍。尾鳍后缘

尖细。有眼侧呈暗褐色，无眼侧灰白色。

分布与习性：分布于西北太平洋海域，我国见于南北沿海；日本和朝鲜半岛也有分布。为暖温性近海底层鱼类。行动缓慢。

资源价值：本种为我国黄海、渤海常见的大型舌鳎，曾具有较高的资源量，但近些年来资源衰退。目前已开始人工繁育和养殖。

莱氏舌鳎 *Cynoglossus lighti* Norman，1925

物种别名：牛舌、鳎目。

分类地位：辐鳍鱼纲Actinopterygii鲽形目Pleuronectiformes舌鳎科Cynoglossidae。

形态特征：背鳍110～117；臀鳍82～87；腹鳍4；尾鳍10。体甚为延长，侧扁，呈舌形的扁片状。头部颇短，稍低。吻部颇长，前端钝尖。眼颇小，均在左侧。眼间隔窄，短于眼径。口弯曲呈弓形，左右不对称。牙细小呈绒毛状，有眼侧无牙，无眼侧的牙排列成带状。两侧均被以栉鳞，无眼侧头前部的鳞变形为绒毛状突起。有眼侧有侧线3条；无眼侧无侧线。背鳍及臀鳍均与尾鳍相连，鳍条均不分支。背鳍起点在吻部近前端的上方。臀鳍起始于鳃盖的后下方。有眼侧有腹鳍臀鳍相连。尾鳍尖形。有眼侧为褐色；鳍的颜色较暗，边缘色淡。

分布与习性：分布于西印度洋、红海至莫桑比克海域，我国产于渤海、黄海和东海；日本和朝鲜半岛也有分布。为暖温性近海底层鱼类。

资源价值：本种为我国黄海、渤海常见的小型舌鳎，在底拖网中常有发现，肉质鲜美。

绿鳍马面鲀 *Thamnaconus modestus* (Günther，1877)

物种别名：马面鱼、橡皮鱼、扒皮鱼、猪鱼、皮匠鱼。

分类地位：辐鳍鱼纲Actinopterygii鲀形目Tetraodontiformes单角鲀科Monacanthidae。

形态特征：个体中等大小，体长一般120～290mm。背鳍Ⅱ，37～38；臀鳍35～36；胸鳍15～16；尾鳍1+10+1。体稍延长，侧扁，长椭圆形；尾柄稍细长，侧扁。头偏大，侧扁。吻长尖突。口小，端位。上、下颌约等长。两颌牙楔形。唇厚。鳃孔稍大，缝状，斜裂，位于眼下方。头和体均被细小的鳞，鳞面基板上有很多鳞棘而显粗糙。背鳍2个；胸鳍短圆，位于鳃裂后下方；尾鳍圆形。

无侧线。体蓝灰色，幼鱼体侧具灰蓝绿色斑纹，成鱼斑纹不明显，第1背鳍灰褐色，第2背鳍、臀鳍、胸鳍及尾鳍绿色。

分布与习性：分布于西北太平洋海域，我国产于渤海、黄海、东海和台湾；朝鲜、日本、印度洋、非洲东岸也有分布。为外海暖温性中下层鱼类，常栖息于水深50～120m泥沙底质水域。喜集群。杂食性，捕食桡足类、介形类、端足类等浮游生物和小型底栖动物。

资源价值：为黄海和东海主要捕捞对象之一，尤其在东海产量高，是我国重要的海产经济鱼类之一，其年产量仅次于带鱼。肉质鲜美。肝能加工成鱼肝油、明胶等药物。

红鳍东方鲀 *Takifugu rubripes* (Temminck & Schlegel，1850)

物种别名：河豚、廷巴鱼、黑廷巴、气泡鱼。

分类地位：辐鳍鱼纲Actinopterygii鲀形目Tetraodontiformes鲀科Tetraodontidae。

形态特征：体中等大小，呈亚圆筒形，头胸部较粗圆，略侧扁。头中等大，钝圆。吻圆钝。眼小，上侧位。口小。上、下颌牙呈喙状。唇发达，细裂，下唇较长，两端上弯。鳃孔中等大，呈浅弧形，鳃盖膜白色。头部及背腹面被较强小刺，吻侧、鳃孔后部体侧面及尾柄光滑。侧线发达。各鳍数目特征如下。背鳍17；臀鳍15；胸鳍15～16；尾鳍1+8+2。背鳍和臀鳍各1个，后位，近镰刀形。胸鳍中侧位，宽短，近方形。无腹鳍。尾鳍宽大，后缘近平截形。体背及上侧面呈青黑色，腹面白色。体背具多个不规则浅灰色小圆点。胸鳍后上方具1白边黑色大斑点，胸鳍前后体侧具多个不规则小黑斑。胸鳍呈浅灰色，臀鳍白色，其基部为浅红色，其余各鳍黑色。

分布与习性：分布于西北太平洋海域，我国见于渤海、黄海、东海和台湾；俄罗斯、朝鲜半岛和日本也有分布。为暖温性近海中大型底层鱼类，多栖息于沿海近岸海藻丛生区，幼鱼生活于河口内湾咸淡水区域。卵巢、肝和血液有剧毒，皮肤、精

巢和肌肉无毒。

资源价值： 本种为河豚中的上品，肉质鲜美，经济价值较高。是我国北方重要的养殖对象，亦可提炼河鲀毒素。

假睛东方鲀 *Takifugu pseudommus* (Chu，1935)

物种别名： 河豚、廷巴鱼、黑廷巴、气泡鱼。

分类地位： 辐鳍鱼纲Actinopterygii鲀形目Tetraodontiformes鲀科Tetraodontidae。

形态特征： 个体大型，体长可达240mm。背鳍16～17；臀鳍15～17；胸鳍16～18；尾鳍1+8+2。体呈亚圆筒形，头胸部较粗圆，微侧扁。头中等大，钝圆。眼小，上侧位。眼间隔宽，稍圆突。口小，前位。上、下颌牙呈喙状，上、下颌骨与牙愈合，形成4个大牙板，中央骨缝显著。唇发达。鳃孔中等大，浅弧形，位于胸鳍基底前方。体背面被较小刺。侧线发达。体侧皮褶发达。背鳍1个，后位，镰刀状；臀鳍与背鳍相对；胸鳍宽短，后缘近圆形；尾鳍宽大，后缘平截形。生活个体背面呈青黑色，腹面乳白色。体侧胸斑大，黑色，白色边缘明显，胸斑后方常有1列较小黑斑，不规则散布。背鳍基底具1黑色大斑。胸鳍、臀鳍、背鳍末端灰褐色，尾鳍黑色。体色花纹变异大。

分布与习性： 分布于西北太平洋海域，我国产于渤海、黄海、东海及长江和黄河的河口及流域；朝鲜半岛、日本沿海也有分布。为近海暖温性下层鱼类，栖息于近海及咸淡水中，有时进入江河。主要以软体动物、甲壳类、小鱼等为食。

资源价值： 肉味极美，为河豚中的上品，经济价值高，为我国北方沿海重要养殖对象。有毒鱼类，卵巢和肝有剧毒，皮肤、精巢和肌肉无毒。

第十二章　其　他　门　类

腔肠动物门 Coelenterata

海月水母 *Aurelia aurita* (Linnaeus)，1758

物种别名：水母。

分类地位：钵水母纲Scyphozoa旗口水母目Semaeostomeae洋须水母科Ulmaridae。

形态特征：伞部低于半球形，中胶层较厚，伞径可达400mm。8个缘垂，每个缘垂上有许多条短的中空触手，上面有环状的刺细胞。口十字形，口腕4条，长度约为伞径的1/2。口腕上长着1排细小的触手。生殖腺4个，多皱褶，呈马蹄形，位于胃腔中，胃丝位于生殖腺的基部。生殖腺下穴圆形，不与胃腔相通。体呈乳白色，有时稍带粉色，雄性生殖腺呈粉红色，雌性为紫褐色。

分布与习性：分布于我国沿海；世界各海区均有分布。7～8月成群浮游海面，退潮时常搁浅于沙滩上。

资源价值：经济意义不明。少数人接触可出现过敏现象。

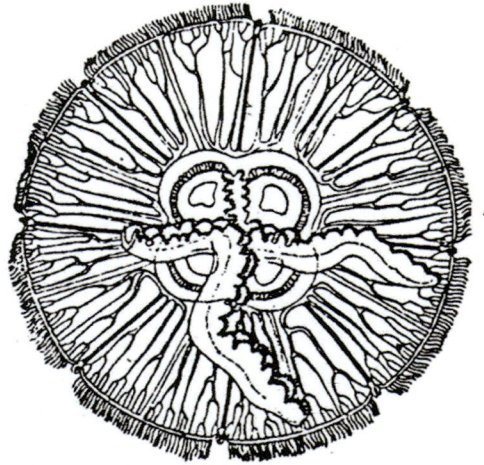

高尚武等，2002

海蜇 *Rhopilema esculentum* Kishinouye，1891

物种别名：水母、石镜、蜡、樗、蒲鱼、水母鲜。

分类地位：钵水母纲Scyphozoa根口水母目Rhizostomeae根口水母科Rhizostomatidae。

形态特征：伞半球形，中胶层厚，伞径可达1000mm以上。外伞表面光滑，伞缘有8个感觉器。口腕8条，每条口腕分成3翼，各翼的边缘上具有小吸口、小触手及丝状附器或棒状物。辐管16条，在主辐管和从辐管部位都有1条辐管从胃发出，除从辐管不分支外，所有辐管在环管内侧分支，彼此构成网状。内伞还有发达的环肌。成体颜色多样，多数为褐红色、乳白色和青蓝色，少数为黄褐色或金黄色。

分布与习性：分布于我国南北沿海；朝鲜、日本也有分布。刺细胞有毒，人被蜇伤后皮肤红肿痛痒。

资源价值：本种在黄海、渤海具有较大的资源量，且已开展多年的渤海人工放流增加资源量。是一种重要经济种类，其伞部和口腕用明矾处理，洗净后以盐浸制，制成海蜇皮和海蜇头，可供食用。

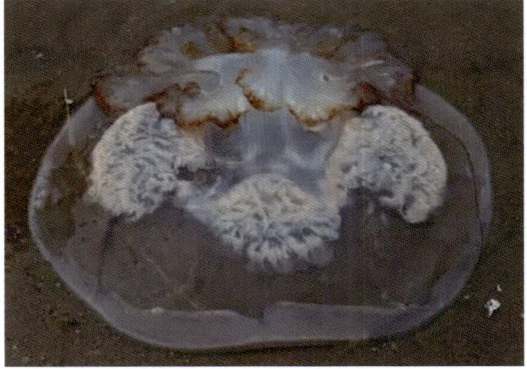

黄海葵 *Anthopleura xanthogra mmica* (Brandt，1835)

物种别名：海葵。

分类地位：珊瑚纲Anthozoa海葵目Actiniaria海葵科Actiniidae。

形态特征：体呈圆柱形，体柱宽度大于高度。体柱上部疣状突起多，下部平滑少疣突，常吸附有沙粒，在口盘附近有数圈不明显的小疣突。口盘大，中央为口，呈裂缝状，周围有触手成圈排列。触手总数96个，一般排成4圈，其数目分别为12、12、24、48。触手形状一般为长圆锥形。生活个体体壁上方灰绿色，下方黄褐色或肉色，触手鲜绿色。

分布与习性：为北太平洋沿岸种，我国北方海域常见。多在潮间带细泥沙中营埋栖生活，常固着于泥沙中的贝壳或小石块上。潮水淹没时，体伸展如菊花状；受刺激后缩入沙内。较容易采集。

资源价值：可入药，具收敛固涩、祛湿杀虫之功效。主治痔疮、脱肛、带下、中气下陷、蛲虫病。

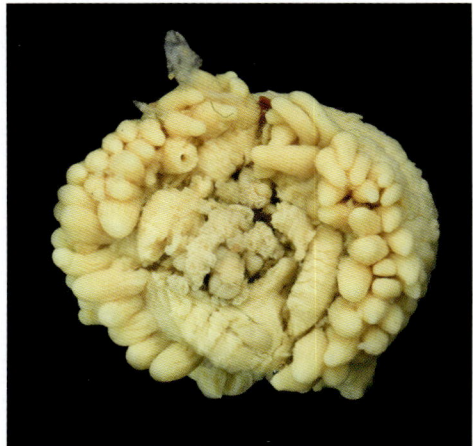

星虫动物门 Sipuncula

裸体方格星虫 *Sipunculus* (*Sipunculus*) *nudus* Linnaeus，1766

物种别名：沙虫。

分类地位：方格星虫纲Sipunculidea戈芬星虫目Golfingiida方格星虫科Sipunculidae。

形态特征：躯干长150～200mm，体壁厚，不透明，呈橘黄色或棕黄色。吻长20～30mm，覆盖大而钝的三角形乳突，呈鳞状排列。环肌成束，通常27～28条，体表面由于纵环肌束交叉，形成了整齐的小方块。收吻肌2对，背对稍低，始于8～14纵肌束；腹对始于1～6对纵肌束。纺锤肌始于肛门前3mm的体壁上，下行进入肠螺旋，逐次分出多个分支连于肠壁。固肠肌多始自体腔壁，使整个消化道固着。翼状肌连接直肠末端。肠螺旋约30转。普利氏管着生于食道的背腹两侧，背支长于腹支。直肠盲囊长管状。肾管1对，褐色，只前端1/4附于体壁，肾孔位于肛门前4～5纵肌束间。簇腺1对，由系膜连接着直肠和背收吻肌的基部。脑神经节前沿有指状突起。

分布与习性：世界性暖水种，见于三大洋沿岸，我国沿海均有分布。栖息于浅海至深海泥沙质或沙质海滩。

资源价值：我国沿海皆可采获，在北部沿岸多分布于低潮区。味道鲜美，可食用。目前已尝试开展人工养殖。

半索动物门 Hemichordata

黄岛长吻虫 *Saccoglossus hwangtauensis* Tchang & Koo，1935

物种别名：无。

分类地位：肠鳃纲Enteropneusta玉钩虫科Harrimaniidae。

形态特征：体柔软而细长，呈蠕虫状，体长约290mm。吻长为领长的3.37～8.5倍，所以得名长吻虫。躯干部躯干伸直，表面平滑，可分为前、中、后三部分。

吻部为浅橘黄色，背腹侧扁，呈扁圆锥形。在背部和腹部两条中线上，各具有一条或深或浅的纵沟，从吻的基部直达吻端，将吻分隔为左右两部分。领部表面较光滑，中部具有1条浅而宽的沟线，后部则有1条非常清晰的深沟。雌性为淡黄褐色，雄性淡黄色或橘黄色。后躯干部为黄色，扁平呈管状，内部充满沙粒。腹部具有2条纵走的肌肉索。

分布与习性：主要分布于我国山东省的胶州湾附近海域。穴居于中潮区和低潮区的细沙滩和泥沙滩中，穴居的深度通常为20～50cm。行动缓慢，以沙泥中的有机质及微小生物为食。

资源价值：被列为国家一级保护野生动物。致危原因主要是栖地消失和环境污染。

三崎柱头虫 *Balanoglossus misakiensis* Kuwano，1902

物种别名：柱头虫、玉钩虫。

分类地位：肠鳃纲Enteropneusta殖翼柱头虫科Ptychoderidae。

形态特征：个体较大，体长200～580mm。吻圆锥形，背中线具纵沟，以短柄与领部相接。领部短圆柱形，长宽近等，长约14mm，腹面具口。躯干部明显分为鳃生殖区、肝盲囊区和腹尾区。生殖翼间具2纵行很小的鳃孔。肝盲囊褶叠状排列。尾区圆筒状，表面具环状横纹，肛门位于其后端。雌雄异体，性腺成熟的雄性生殖翼金黄色，雌性灰褐色。肝盲囊多呈褐色、黄绿色。余为黄色。

分布与习性：广布性肠鳃类，世界各地潮间带几乎都有分布，但数量甚少，我国黄海到南海的沿岸均有分布；也见于日本。栖息于中潮带沙滩或泥沙滩。穴道呈不规则的"U"形。采掘时可嗅到刺鼻的碘味。虫体易断，以水冲洗采集标本。

资源价值：不详。因受到污染，近几年很难寻其踪迹。

腕足动物门 Brachiopoda

鸭嘴海豆芽 *Lingula anatina* Lamarck，1801

物种别名：海豆芽。

分类地位：海豆芽纲Lingulata海豆芽目Lingulida海豆芽科Lingulidae。

形态特征：由贝壳和腹壳包被的躯体部及细长的肉茎构成。背腹两壳宽而扁，铲形或鸭嘴形，带绿色，表面光滑，生长线明显。贝壳小，基部较圆，腹壳大，基部较尖，壳周外套膜上皆有细密的刚毛。柄状肉茎圆筒状，外层为角质层，半透明，内层为肌肉层，富有收缩力。动物体绿色，表面光滑。外层的角质层半透明，具环纹。肌肉层肌肉丰富，收缩能力强。壳质为磷酸钙。

分布与习性：分布于温带和热带海域。生活于潮间带细砂质或泥沙质基底内，借肌肉收缩挖掘泥沙，营穴居生活。

资源价值：本种是世界上已发现生物中历史最悠久的腕足类海洋生物。可食用，亦作药用。

脊索动物门 Chordata

日本文昌鱼 *Branchiostoma japonicum* (Willey，1897)

物种别名：蛞蝓鱼。

分类地位：狭心纲Leptocardii双尖文昌鱼目Amphioxiformes文昌鱼科Branchio-stomidae。

形态特征：个体较小，体长约55mm。体呈纺锤形，略似小鱼，身体侧扁，两端尖细。身体分为头部、躯干部和尾部。头部不明显，前端有眼点，腹面有一漏斗状凹陷，称为口前庭，周围生有口须33~59条。身体背中线有一背鳍，腹面自口向后有2条平行且对称的腹褶，腹褶延伸到腹孔前汇合，末端为尾鳍；腹孔即排泄腔的开口。身体两侧肌节明显，65～69节。脊索贯穿全身。体色为半透明肉色。

分布与习性： 分布于我国河北，山东青岛、烟台，福建厦门，广西合浦县沿海。栖息于疏松沙质海底，常钻入沙内，仅露出前端，滤食硅藻及小型浮游生物。

资源价值： 本种为国家二级保护动物，是无脊椎动物进化至脊椎动物的过渡类型，也是研究脊索动物演化和系统发育的优良科学实验材料，具有重要的科研价值。在我国沿海曾分布较广，资源量也较大，但近些年由于栖息环境遭到破坏等，资源量逐年下降，分布区域变得越来越狭窄。

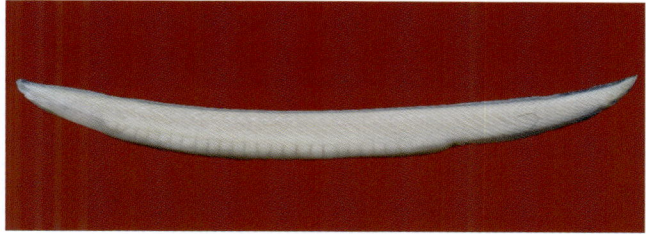

主要参考文献

安鑫龙, 张海莲, 闫莹. 2005. 中国海岸带研究(I) 海岸带概况及中国海岸带研究的十大热点问题. 河北渔业, (4): 17.

蔡立哲. 2003a. 大型底栖动物污染指数(MPI). 环境科学学报, 23(5): 265-269.

蔡立哲. 2003b. 河口港湾沉积环境质量的底栖生物评价新方法研究. 厦门: 厦门大学博士学位论文.

蔡立哲. 2006. 海洋底栖生物生态学和生物多样性研究进展. 厦门大学学报(自然科学版), 45(2): 83-89.

蔡立哲, 陈昕群, 吴辰, 等. 2011. 深圳湾潮间带1995—2010年大型底栖动物群落的时空变化. 生物多样性, 19(6): 702-709.

蔡立哲, 高阳, 林炜明. 2006. 外来物种沙筛贝对厦门马銮湾大型底栖动物的影响. 海洋学报, 28(5): 83-89.

蔡立哲, 李新正, 王金宝, 等. 2012a. 东海底栖动物//孙松. 中国区域海洋学——生物海洋学. 北京: 海洋出版社: 269-285.

蔡立哲, 李新正, 王金宝, 等. 2012b. 南海底栖动物//孙松. 中国区域海洋学——生物海洋学. 北京: 海洋出版社: 400-426.

蔡立哲, 马丽, 高阳, 等. 2002. 海洋底栖动物多样性指数污染程度评价标准的分析. 厦门大学学报(自然科学版), 41(5): 641-646.

蔡文倩, 林岿璇, 朱延忠, 等. 2016. 基于大型底栖动物摄食群上的生态质量评价. 中国环境科学, 36(9): 2865-2873.

蔡文倩, 刘录三, 孟伟, 等. 2012. AMBI 方法评价环渤海潮间带底栖生态质量的适用性. 环境科学学报, 32(4): 992-1000.

蔡文倩, 朱延忠, 刘静, 等. 2015. 海洋生物环境指示作用的研究进展. 广西科学, (5): 532-539.

蔡学廉. 2005. 我国休闲渔业的现状与前景. 渔业现代化, (1): 46-48.

陈宝红, 杨圣云, 周秋麟. 2001. 试论我国海岸带综合管理中的边界问题. 海洋开发与管理, (5): 27-32.

陈彬. 2012. 基于海岸带综合管理的海洋生物多样性保护和管理技术. 北京: 海洋出版社.

陈吉余, 陈沈良. 2002. 中国河口海岸面临的挑战. 海洋底质动态, 18(1): 1-5.

陈琳琳, 王全超, 李晓静, 等. 2016. 渤海南部海域大型底栖动物群落演变特征及原因探讨. 中国科学, 46(9): 1121-1134.

陈清潮. 1997. 中国海洋生物多样性的现状和展望. 生物多样性, 5(2): 142-146.

陈亚瞿, 徐兆礼, 王云龙, 等. 1995. 长江口河口锋区浮游动物生态研究 I 生物量及优势种的平面分布. 中国水产科学, 2(1): 49-58.

陈雨生, 房瑞景, 乔娟. 2012. 中国海水养殖业发展研究. 农业经济问题, (6): 72-77.

陈月, 栾维新, 程海燕. 2007. 我国海洋生物制药与保健品业开发战略. 海洋开发与管理, 24(6): 63-71.

戴纪翠, 倪晋仁. 2008. 底栖动物在水生生态系统健康评价中的作用分析. 生态环境, 17(6): 2107-2111.

邓景耀, 赵传絪, 等. 1991. 海洋渔业生物学. 北京: 农业出版社.

东方科技论坛. 2005. 海洋生物多样性的保护及其研究策略. 上海: 第63次学术研讨会.

东秀雄, 裴国奎, 董定锦. 1964. 水产品的营养价值. 国外水产, (4): 6-10, 28.

杜建国, 陈彬, 周秋麟, 等. 2011. 以海岸带综合管理为工具开展海洋生物多样性保护管理. 海洋通报, 30(4): 456-462.

杜晓蕾. 2011. 辽东湾葫芦岛与营口近海近百年来沉积物中有孔虫群及其对人为活动的响应. 青岛: 中国海洋大学硕士学位论文.

范航清, 何斌源, 韦受庆. 2000. 海岸红树林地沙丘移动对林内大型底栖动物的影响. 生态学报, 20(5): 722-727.

方圆, 倪晋仁, 蔡立哲. 2000. 湿地泥沙环境动态评估方法及其应用研究——(II)应用. 环境科学学报, 20(6): 570-675.

房成义. 1996. 划分海岸带管理范围的探讨. 海洋开发与管理, (3): 12-15.

房艳. 2008. 《生物多样性公约》与中国海洋生物多样性保护. 青岛: 中国海洋大学硕士学位论文.

傅秀梅. 2008. 中国近海生物资源保护性开发与可持续利用研究. 青岛: 中国海洋大学博士学位论文.

傅秀梅, 王长云. 2008. 海洋生物资源保护与管理. 北京: 科学出版社.

傅秀梅, 王长云, 邵长伦, 等. 2009. 中国海洋药用生物濒危珍稀物种及其保护. 中国海洋大学学报(自然科学版), 39(4): 719-728, 734.

高建明. 2015. 我国海洋药物应用的历史进展. 中国保健营养, (5): 28.

高尚武, 洪惠馨, 张士美. 2002. 中国动物志 无脊椎动物 第二十七卷 刺胞动物门 水螅虫纲 管水母亚纲 钵水母纲. 北京: 科学出版社.

古丽亚诺娃ЕΤ, 刘瑞玉, 斯卡拉脱OA, 等. 1958. 黄海潮间带生态学研究. 中国科学院海洋生物研究所丛刊, 1(2): 1-41.

郭玉洁, 陈亚瞿. 1996. 初级生产力与浮游生物//刘瑞玉. 中国海岸带生物. 北京: 海洋出版社: 89-135.

郭跃伟. 2009. 海洋天然产物和海洋药物研究的历史、现状和未来. 自然杂志, 31(1): 27-32.

国家海洋局. 2007. 中国2006年海洋经济统计公报.

国家海洋局海洋发展战略研究所课题组. 2010. 中国海洋发展报告. 北京: 海洋出版社.

韩洁, 张志南, 于子山. 2003. 渤海中、南部大型底栖动物物种多样性的研究. 生物多样性, 11(1): 20-27.

韩庆喜. 2009. 中国及相关海域褐虾总科系统分类学和动物地理学研究. 青岛: 中国科学院海洋研究所博士学位论文.

韩秋影, 黄小平, 施平. 2007. 生态补偿在海洋生态资源管理中的应用. 生态学杂志, 26(1): 126-130.

胡德生, 陈勇. 2010. 维护国家海洋权益 建设和谐海洋环境. 武汉航海职业技术学院学报, 5(1): 1-4.

胡颢琰, 黄备, 唐静亮, 等. 2000. 渤、黄海近岸海域底栖生物生态研究. 东海海洋, 18(4): 39-46.

胡笑波, 骆乐. 2001. 渔业经济学. 北京: 中国农业出版社.

黄金森, 吕柄全. 1987. 中国大百科全书: 大气科学·海洋科学·水分科学-珊瑚礁. 北京: 中国大百科全书出版社.

江海声, 欧春晓, 李加儿. 2006. 雷州珍稀水生动物自然保护区生物多样性及其保育. 广州: 广东科技出版社.

姜海平. 1990. 中国的海岸带调查和管理现状. 海洋地质与第四纪地质, (1): 81-82.

金显仕, 邓景耀. 2000. 莱州湾渔业资源群落结构和生物多样性的变化. 生物多样性, 8(1): 65-72.

金显仕, 邱盛尧, 柳学周, 等. 2014. 黄渤海渔业资源增殖基础与前景. 北京: 科学出版社.

雷霁霖. 1997. 我国海产鱼类养殖发展历史、现状与展望. 海洋信息, (9): 13-15.

冷龙龙. 2016. 大型底栖动物快速生物评价指数在河流健康评价中的比较与应用. 泰安: 山东农业大学硕士学位论文.

李宝泉, 李晓静, 周政权, 等. 2015. 生物扰动对沉积物侵蚀和沉积的影响. 广西科学, 22(5): 527-531.

李宝泉, 李新正, 王洪法, 等. 2006. 胶州湾大型底栖软体动物物种多样性研究. 生物多样性, 14(2): 136-144.

李宝泉, 李新正, 王洪法, 等. 2007. 长江口附近海域大型底栖动物群落特征. 动物学报, 53(1): 76-82.

李宝泉, 李新正, 于海燕, 等. 2005. 胶州湾底栖软体动物与环境因子的关系. 海洋与湖沼, 36(3): 193-198.

李勃生, 刘世禄, 王耀业, 等. 2001. 关于加快发展我国海水养殖业的探讨. 海洋科学, 25(12): 20-22.

李崇德. 1998. 人类的蛋白库——海洋生物资源. 华东科技, (9): 14.

李纯厚, 贾晓平, 杜飞雁, 等. 2005. 南海北部生物多样性保护现状与研究进展. 海洋水产研究, 26(03): 73-79.

李静兰, 张帆, 商睿, 等. 2014. 悠久的海洋药物应用历史. 人与自然, (6): 44-61.

李荣冠. 2003. 中国海陆架及邻近海域大型底栖生物. 北京: 海洋出版社.

李荣冠, 江锦祥. 1992. 应用丰度生物量比较法监测海洋污染对底栖生物群落的影响. 海洋学报, 14(1): 108-114.

李晓静, 周政权, 陈琳琳, 等. 2016. 烟台大沽夹河口及邻近海域大型底栖动物群落特征. 生物多样性, 24(2): 157-165.

李晓静, 周政权, 陈琳琳, 等. 2017. 渤海湾曹妃甸围填海工程对大型底栖动物群落的影响. 海洋与湖沼, 48(3): 617-627.

李新正. 2000. 浅谈我国海洋生物多样性现状及其保护. 武汉: 第四届全国生物多样性保护与持续利用研讨会: 7.

李新正. 2011. 我国海洋大型底栖生物多样性研究及展望: 以黄海为例. 生物多样性, 19(6): 676-684.

李新正, 李宝泉, 王洪法, 等. 2006. 胶州湾潮间带大型底栖动物的群落生态. 动物学报, 53(2): 612-618.

李新正, 李宝泉, 王洪法, 等. 2007a. 南沙群岛渚碧礁大型底栖动物群落特征. 动物学报, 53(1): 83-97.

李新正, 刘录三, 李宝泉, 等. 2010. 中国海洋大型底栖生物: 研究与实践. 北京: 海洋出版社: 1-378.

李新正, 刘瑞玉, 梁象秋, 等. 2007b. 中国动物志 无脊椎动物 第四十四卷 甲壳动物亚门 十足目 长臂虾总科. 北京: 科学出版社.

李新正, 王洪发, 王金宝, 等. 2005. 不同孔径底层筛对胶州湾大型底栖动物取样结果的影响. 海洋科学, 29(12): 68-74.

李新正, 王洪法, 于海燕, 等. 2004. 胶州湾棘皮动物的数量变化及与环境因子的关系. 应用与环境生物学报, 10(5): 618-622.

李新正, 王金宝, 寇琦. 2012a. 黄海底栖动物//孙松. 中国区域海洋学——生物海洋学. 北京: 海洋出版社: 151-170.

李新正, 王金宝, 寇琦, 等. 2012b. 渤海底栖生物//孙松. 中国区域海洋学——生物海洋学. 北京: 海洋出版社: 53-63.

李雍容. 2009. 基于博弈论的海洋捕捞业政府规制研究. 厦门: 厦门大学硕士学位论文.

李永祺, 丁美丽. 1991. 海洋污染生物学. 北京: 海洋出版社.

梁玉波, 王斌. 2001. 中国外来海洋生物及其影响. 生物多样性, 9(4): 458-465.

林景星, 张静, 史世云, 等. 2001. 大连湾60多年来生态环境地质演化. 地质学报, 75(4): 527-536.

林炜, 陈洪强. 2002. 可持续发展理论与我国海洋生物资源的开发利用. 生物学通报, 37(9): 20-23.

凌申. 1993. 江苏沿海经济开发史略. 海洋开发与管理, (4): 80-85.

刘承初. 2006. 海洋生物资源综合利用. 北京: 化学工业出版社.

刘劲科, 卢伙胜. 2005. 我国海洋捕捞业可持续发展的问题与对策. 中国水产, (6): 74-77.

刘静, 陈咏霞, 马琳. 2015. 黄渤海鱼类图志. 北京: 科学出版社.

刘录三, 郑丙辉, 李宝泉, 等. 2012. 长江口大型底栖动物群落的演变过程及原因探讨. 海洋学报, 34(3): 134-145.

刘锐, 陈洁. 2010. 我国水产品加工业发展现状及潜力分析. 农业展望, 6(4): 33-35.

刘瑞玉. 2004. 关于我国海洋生物资源的可持续利用. 科技导报, (11): 28-31.

刘瑞玉, 徐凤山. 1963. 黄东海底栖动物区系的特点. 海洋与湖沼, 5(4): 306-321.

刘雅丹. 2006. 休闲渔业的发展与管理. 世界农业, (1): 13-16.

卢布, 杨瑞珍, 陈印军, 等. 2006. 我国海洋渔业的发展、问题与前景. 中国农业信息, (9): 10-11.

鹿守本. 2003. 海洋经济可持续发展的几个问题——在河北省海洋经济可持续发展座谈会上的讲话. 海洋开发与管理, (2): 44-47.

罗先香, 杨建强. 2009. 海洋生态系统健康评价的底栖生物指数法研究进展. 海洋通报, 28(3): 106-112.

骆永明. 2016. 中国海岸带可持续发展中的生态环境问题与海岸科学发展. 中国科学院院刊, 31(10): 1133-1142.

马藏允, 刘海. 1997. 底栖生物群落结构变化多元变量统计分析. 中国环境科学, 17(4): 297-300.

孟伟, 刘征涛, 范薇. 2004. 渤海主要河口污染特征研究. 环境科学研究, 17(6): 66-69.

缪雨溪. 2016. 富含高营养的海洋生物. 首都食品与医药, 23(17): 34-35.

慕永通. 2005. 我国海洋捕捞业的困境与出路. 中国海洋大学学报(社会科学版), (2): 1-5.

农业部. 2004. 中国农业统计资料2003. 北京: 中国农业出版社.

农业部渔业局. 2005. 中国渔业年鉴2004. 北京: 中国农业出版社: 9-256.

齐钟彦, 马绣同, 王祯瑞, 等. 1989. 黄渤海的软体动物. 北京: 农业出版社.

尚玉昌. 2014. 动物行为学. 北京: 北京大学出版社.

沈国英, 黄凌风, 郭丰, 等. 2010. 海洋生态学. 3版. 北京: 科学出版社.

石秋艳, 宁凌. 2014. 我国海洋生物医药产业发展现状分析及对策研究. 宜春学院学报, 36(6): 1-4.

时建伟. 2007. 贯彻落实《中国水生生物资源养护行动纲要》的思考. 天津水产, 376(Z1): 74-75.

史同广. 1995. 论海洋渔业资源的保护问题. 国土与自然资源研究, (1): 38-42.

宋大祥. 1964. 动物的孤雌生殖. 生物学通报, (6): 15-19.

宋大祥. 2004. 无脊椎动物的生殖和发育. 生物学通报, 39(3): 1-4.

孙道元, 刘银城. 1991. 渤海底栖动物种类组成和数量分布. 黄渤海海洋, (1): 42-50.

孙国钧, 冯虎元. 1998. 白水江自然保护区植被区系特征分析. 兰州大学学报(自然科学版), 34(2): 92-97.

孙荣生. 1983. 青岛地区海岸带开发利用简史. 海岸工程, (1): 105-107.

孙瑞平, 杨德渐. 2004. 中国动物志 无脊椎动物 第三十三卷 环节动物门 多毛纲(二) 沙蚕目. 北京: 科学出版社.

孙瑞平, 杨德渐. 2014. 中国动物志 无脊椎动物 第五十四卷 环节动物门 多毛纲(三) 缨鳃虫目. 北京: 科学出版社.

孙松. 2012. 中国区域海洋学——生物海洋学. 北京: 海洋出版社: 367-399.

孙松. 2013. 我国海洋资源的合理开发与保护. 中国科学院院刊, 28(2): 264-268.

孙松. 2016. 海洋渔业3.0. 中国科学院院刊, 31(12): 1332-1338.

孙松, 李超伦, 张武昌. 2012. 渤海浮游动物//孙松. 中国区域海洋学——生物海洋学. 北京: 海洋出版社: 39-52.

孙彦华, 陈青山. 1982. 从淡水藻类评价白洋淀几个水域的污染. 河北大学学报(自然科学版), (2): 24-31.

唐启升. 2006. 中国专属经济区海洋生物资源与栖息环境. 北京: 科学出版社.

唐启升. 2012. 中国区域海洋学——渔业海洋学. 北京: 海洋出版社.

唐启升, 叶懋忠, 等. 1990. 山东近海渔业资源开发与保护. 北京: 农业出版社.

田胜艳, 于子山, 刘晓收, 等. 2006. 丰度/生物量比较曲线法监测大型底栖动物群落受污染扰动的研究. 海洋通报, 25(1): 92-96.

田胜艳, 张文亮, 张锐. 2009. 大型底栖动物在海洋生态系统中的作用. 盐业与化工, 38(2): 50-54.

王备新, 杨莲芳, 胡本进, 等. 2005. 应用底栖动物完整性指数B-IBI评价溪流健康. 生态学报, 25(6): 1481-1490.

王斌. 2006. 中国海洋环境现状及保护对策. 环境保护, (20): 24-29.

王东石, 高锦宇. 2015. 我国海水养殖业的发展与现状. 中国水产, (4): 39-42.

王栋, 买合木提, 玉永雄, 等. 2007. 我国海岸带生态现状研究进展. 河北渔业, (9): 10-13+17.

王芳. 2003. 中国海洋资源态势与问题分析. 国土资源, (8): 27-29.

王豪巍, 郑松林, 黄建虾. 2012. 海岸带资源的可持续利用与管理. 中国造船, (s2): 561-566.

王恒, 李锐铮, 邢娟娟. 2011. 国外国家海洋公园研究进展与启示. 经济地理, 31(4): 673-679.

王洪法, 李宝泉, 张宝琳, 等. 2006. 胶州湾红石崖潮间带底栖动物群落生态学研究. 海洋科学, 30(9): 52-57.

王金宝, 李新正, 王洪法, 等. 2006. 胶州湾多毛类环节动物数量分布与环境因子的关系. 应用与环境生物学报, 12(6): 798-803.

王金宝, 李新正, 王洪法, 等. 2007. 黄海特定断面夏秋季大型底栖动物生态学特征. 生态学报, 27(10): 4349-4358.

王全超, 韩庆喜, 李宝泉. 2013. 辽宁獐子岛马牙滩潮间带及近岸海区大型底栖动物群落特征. 生物多样性, 21(1): 11-18.

王全超, 李宝泉. 2013. 烟台近海大型底栖动物群落特征. 海洋与湖沼, (6): 1667-1676.

王晓红, 张恒庆. 2003. 人类活动对海洋生物多样性的影响. 水产科学, 22(1): 39-41.

王祯瑞. 2002. 中国动物志 无脊椎动物 第三十一卷 软体动物门 双壳纲 珍珠贝亚目. 北京: 科学出版社.

吴耀泉. 1983. 关于浅海底栖动物的生态分布和底质环境关系的概述. 海洋科学, 7(6): 58-61.

相建海. 2002. 中国海情. 北京: 开明出版社.

徐凤山. 2012. 中国动物志 无脊椎动物 第四十八卷 软体动物门 双壳纲. 北京: 科学出版社.

徐质斌, 牛增福. 2003. 海洋经济学教程. 北京: 经济科学出版社.

许昆灿. 1987. IOC全球海洋污染监测工作委员会第六次会议概要. 应用海洋学学报, (2): 100-105.

严恺, 梁其荀. 1990. 中国海岸带综合调查初步成果. 水道港口, (1): 1-9.

阎启仑, 马德毅. 1996. 贻贝监测的作用及其监测技术和方法. 海洋通报, (4): 86-92.

阎铁, 吕海晶. 1987. 海洋环境污染生物监测规划的制定. 海洋环境科学, (3): 59-63.

阎铁, 吕海晶. 1988. 海洋环境污染生物监测概况及其在我国开展此项工作的设想. 环境科学研究, 1(2): 50-54.

杨德渐, 孙瑞平. 1988a. 中国近海多毛环节动物. 北京: 农业出版社.

杨德渐, 王永良, 等. 1996. 中国北部海洋无脊椎动物. 北京: 高等教育出版社.

杨红生. 2016. 我国海洋牧场建设回顾与展望. 水产学报, 40(7): 1133-1140.

杨红生. 2017. 海洋牧场构建原理与实践. 北京: 科学出版社.

杨红生, 霍达, 许强. 2016. 现代海洋牧场建设之我见. 海洋与湖沼, 47(6): 1069-1074.

杨小玲, 杨瑞强, 江桂斌. 2006. 用贻贝、牡蛎作为生物指示物监测渤海近岸水体中的丁基锡污染物. 环境化学, 25(1): 88-91.

于海燕, 李新正, 李宝泉, 等. 2005. 胶州湾大型底栖甲壳动物数量动态变化. 海洋与湖沼, 36(4): 289-295.

于子山, 王诗红. 1999. 紫彩血蛤的生物扰动对沉积物颗粒垂直分布的影响. 青岛海洋大学学报(自然科学版), 29(2): 279-282.

余勉余, 梁超愉, 李茂照. 1990. 广东浅海滩涂增养殖业环境及资源. 北京: 科学出版社.

曾江宁. 2013. 中国海洋保护区. 北京: 海洋出版社.

曾江宁, 徐晓群, 张华国, 等. 2013. 中国海洋保护区. 北京: 海洋出版社: 11-429.

查竹生. 1989. 海生贝壳的传奇——中国货币文化漫笔之一. 武汉金融, (7): 40-41.

张宝琳, 王洪法, 李宝泉, 等. 2007. 胶州湾辛岛潮间带大型底栖动物生态学调查. 海洋科学, 31(1): 60-64.

张偲, 金显仕, 杨红生. 2016. 海洋生物资源评价与保护. 北京: 科学出版社.

张春光. 2010. 中国动物志 硬骨鱼纲 鳗鲡目 背棘鱼目. 北京: 科学出版社.

张世义. 2001. 中国动物志 硬骨鱼纲 鲟形目 海鲢目 鲱形目 鼠鱚目. 北京: 科学出版社.

张武昌, 张光涛. 2012. 黄海浮游动物//孙松. 中国区域海洋学——生物海洋学. 北京: 海洋出版社: 133-150.

张玺, 齐钟彦, 张福绥, 等. 1963. 中国海软体动物区系区划的初步研究. 海洋与湖沼, 5(2): 124-138.

张志南. 2000. 水层—底栖耦合生态动力学研究的某些进展. 青岛海洋大学学报(自然科学版), 30(1): 115-122.

张志南, 图立红, 于子山. 1990a. 黄河口及其邻近海域大型底栖动物的初步研究——(一)生物量. 青岛海洋大学学报, 20(1): 37-45.

张志南, 图立红, 于子山. 1990b. 黄河口及其邻近海域大型底栖动物的初步研究——(二)生物与沉积环境的关系. 青岛海洋大学学报, 20(2): 45-52.

张志南, 周宇, 韩洁, 等. 1999. 生物扰动实验系统(AFS)的基本结构和工作原理. 海洋科学, 23(6): 28-30.

赵焕庭. 1990. 华南海岸带自然资源的开发研究——Ⅰ. 资源开发的历史及其经验. 热带海洋学报, (2): 48-55.

赵焕庭, 王丽荣. 2000. 中国海岸湿地的类型. 海洋通报, 19(6): 72-82.

赵锐, 赵鹏. 2014. 海岸带概念与范围的国际比较及界定研究. 海洋经济, 4(1): 58-64.

赵淑江, 吴常文, 梁冰, 等. 2005. 大海洋生态渔业理论与海洋渔业的持续发展. 海洋开发与管理, (3): 75-78.

赵怡本. 2009. 三都澳海岸带区域经济发展研究. 杭州: 浙江大学出版社.

赵永强. 2014. 大型底栖动物在近岸海域环境质量评价的应用. 环境影响评价, (5): 39-41.

赵苑, 肖天. 2012. 东海浮游动物//孙松. 中国区域海洋学——生物海洋学. 北京: 海洋出版社: 239-268.

郑凤英, 邱广龙, 范航清, 等. 2013. 中国海草的多样性、分布及保护. 生物多样性, 21(5): 517-526.

郑铁民, 徐凤山. 1982. 东海大陆架晚更新世底栖贝类遗壳及其古地理环境的探讨//中国科学院海洋研究所海洋地质研究室. 黄东海地质. 北京: 科学出版社: 198-207.

郑元甲, 陈雪忠, 程家骅, 等. 2003. 东海大陆架生物资源与环境. 上海: 上海科学技术出版社.

中国自然资源丛书编辑委员会. 1995. 中国自然资源丛书. 北京: 中国环境科学出版社.

周红, 张志南. 2003. 大型多元统计软件PRIMER的方法原理及其在底栖群落生态学中的应用. 青岛海洋大学学报(自然科学版), 33(1): 58-64.

周进, 李新正, 李宝泉. 2008. 黄海中华哲水蚤度夏区大型底栖动物的次级生产力. 动物学报, 54(3): 436-441.

周晓蔚, 王丽萍, 郑丙辉, 等. 2009. 基于底栖动物完整性指数的河口健康评价. 环境科学, 30(1): 242-247.

周祖光. 2004. 海南珊瑚礁的现状与保护对策. 海洋开发与管理, 21(6): 48-51.

朱晓东. 1994. 连云港港区沉积物中畸形底栖有孔虫的发现及其环境指示意义. 海洋学报, 16(4): 91-95.

朱延忠, 周娟, 林岿璇, 等. 2015. 基于MCI的厦门湾大型底栖动物群落健康状况评价. 广西科学, (5): 549-557.

Andersen T. 2001. Seasonal variation in erodibility of two temperate, microtidal mudflats. Estuarine, Coastal and Shelf Science, 53(1): 1-12.

Andersen T J, Jensen K T, Lund-Hansen L, et al. 2002. Enhanced erodibility of fine-grained marine sediments by *Hydrobia ulvae*. Journal of Sea Research, 48(1): 51-58.

Andresen M, Kristensen E. 2002. The importance of bacteria and microalgae in the diet of the deposit-feeding polychaete *Arenicola marina*. Ophelia, 56(3): 179-196.

Bald J, Borja A, Muxika I, et al. 2005. Assessing reference conditions and physic-chemical status according to the European Water Framework Directive: a case-study from the Basque country (Northern Spain). Marine Pollution Bulletin, 50(12): 1508-1522.

Barbour M T, Gerritsen J, Snyder B D, et al. 1999. Rapid Bioassessment Protocols for Use in Streams and Wadeable Rivers: Periphyton, Benthic Macroinvertebrates and Fish. 2nd. Washington DC: U. S. Environmental Protection Agency, Office of Water: 1-10.

Borja A, Bald J, Franco J, et al. 2009a. Using multiple ecosystem components, in assessing ecological status in Spanish (Basque Country) Atlantic marine waters. Marine Pollution Bulletin, 59(1): 54-64.

Borja A, Dauer D M, Diaz R, et al. 2008. Assessing estuarine benthic quality conditions in Chesapeake Bay: a comparison of three indices. Ecological Indicators, 8(4): 395-403.

Borja A, Dauer D M, Grémare A. 2012. The importance of setting targets and reference conditions in assessing marine ecosystem quality. Ecological Indicators, 12(1): 1-7.

Borja A, Franco J, Pérez V. 2000. A marine biotic index to establish the ecological quality of soft-bottom benthos within European estuarine and coastal environments. Marine Pollution Bulletin, 40(12): 1100-1114.

Borja A, Galparsoro I, Irigoien X, et al. 2011. Implementation of the European marine strategy framework directive: a methodological approach for the assessment of environmental status, from the Basque Country (Bay of Biscay). Marine Pollution Bulletin, 62(5): 889-904.

Borja A, Muxika I. 2005. Guidelines for the use of AMBI (AZTI's marine biotic index) in the assessment of the benthic ecological quality. Marine Pollution Bulletin, 50(7): 787-789.

Borja A, Ranasinghe A, Weisberg S B. 2009b. Assessing ecological integrity in marine waters, using multiple indices and ecosystem components: challenges for the future. Marine Pollution Bulletin, 59(1-3): 1-4.

Borja A, Rodríguez J G. 2010. Problems associated with the 'one-out, all-out' principle, when using multiple ecosystem components in assessing the ecological status of marine waters. Marine Pollution Bulletin, 60(8): 1143-1146.

Borja A, Tunberg B G. 2011. Assessing benthic health in stressed subtropical estuaries, eastern Florida, USA using AMBI and M-AMBI. Ecological Indicators, 11(2): 295-303.

Borja A, Valencia V, Franco J, et al. 2004. The water framework directive: water alone, or in association with sediment and biota, in determining quality standards? Marine Pollution Bulletin, 49(1): 8-11.

Borsje B W, Vries M B D, Hulscher S J M H, et al. 2008. Modeling large-scale cohesive sediment transport affected by small-scale biological activity. Estuarine, Coastal and Shelf Science, 78(3): 468-480.

Brey T. 1990. Estimation productivity of macrobenthic invertebrates from biomass and mean individual weight. Meeresforsch, 32(4): 329-343.

Bruschetti M, Bazterrica C, Fanjul E, et al. 2011. Effect of biodeposition of an invasive polychaete on organic matter content and productivity of the sediment in a coastal lagoon. Journal of Sea Research, 66(1): 20-28.

Cao W Z, Wong M H. 2007. Current status of coastal zone issues and management in China: a review. Environment International, 33(7): 985-992.

Casazza G, Silvestri C, Spada E, et al. 2002. The use of bio-indicators for quality assessments of the marine environment: examples from the Mediterranean Sea. Journal of Coastal Conservation, 8(2): 147-156.

Ciutat A, Widdows J, Readman J. 2006. Influence of cockle (Cerastoderma edule) bioturbation and tidal-current cycles on sediment resuspension of sediment and polycyclic aromatic hydrocarbons remobilisation. Marine Ecology Progress Series, 328: 51 -64.

Clarke K R, Gorly R N. 2001. PRIMER v5: User Manual Tutorial. Plymouth: Primer-E Ltd: 91.

Clarke K R, Warwick R M. 2001. Change in marine communities: an approach to statistical analysis and interpretation. Mount Sinai Journal of Medicine New York, 40(5): 689-692.

Crisp D J. 1984. Energy flow measurements. In: Holme N A, Mclntyre A D. Methods for the Study of Marine Benthos. 2nd. Oxford: Blackwell: 284-372.

Currie D R, Small K J. 2005. Macrobenthic community responses to long-term environmental change in an east Australian sub-tropical estuary. Estuar Coast Shelf Science, 63(1-2): 315-331.

Dauer D M. 1993. Biological criteria, environmental health and estuarine macrobenthic community structure. Marine Pollution Bulletin, 26(5): 249-257.

Dauer D M, Alden R W. 1995. Long-term trends in the macrobenthos and water quality of the lower Chesapeake Bay (1985-1991). Marine Pollution Bulletin, 30 (12): 840-850.

Dolbeth M, Cardoso P G, Grilo T F, et al. 2011. Long-term changes in the production by estuarine macrobenthos affected by multiple stressors. Estuarine Coastak and Shelf Science, 92(1): 10-18.

Ehrlich P R, Wilson E O. 1991. Biodiversity studies: science and policy. Science, 253(5021): 758-762.

Eleftheriou A. 2013. Methods for the Study of Marine Benthos. 4th ed. Chichester: John Wiley and Sons.

FAO Yearbook. 2008-2011. Fisheries and Aquaculture Statistics.

Farrington J W. 1983. Bivalves as sentinels of coastal chemical pollution: the mussel (and oyster) watch. Oceanus, 26(2): 18-29.

Frid C L J, Buchanan J B, Garwood P R. 1996. Variability and stability in benthos: twenty-two years of monitoring off Northumberland. Ices Journal of Marine Science, 53: 978-980.

Friedrichs M, Graf G, Springer B. 2000. Skimming flow induced over a simulated polychaete tube lawn at low population densities. Marine Ecology Progress Series, 192(1): 219-228.

Frontalini F, Buosi C, Da Pelo S, et al. 2009. Benthic foraminifera as bio-indicators of trace element pollution in the heavily contaminated Santa Gilla lagoon (Cagliari, Italy). Marine Pollution Bulletin, 58(6): 858-877.

Goldberg E D, Koide M, Hodge V, et al. 1983. U. S. mussel watch: 1977-1978 results on trace metals and radionuclides. Estuarine Coastal and Shelf Science, 16(1): 69-93.

Gray J S. 1981. Detecting pollution-induced changes in communities using the log-normal distribution of individuals among species. Marine Pollution Bulletin, 12(5): 173-176.

Gremare A, Amouroux J M, Vetion G. 1998. Long-term comparison of macrobenthos within the soft bottoms of the Bay of Banyuls-sur-Mer (northwestern Mediterranean Sea). Journal of Sea Research, 40(3-4): 281-302.

Grey J, Jones R I, Sleep D. 2000. Stable isotope analysis of the origins of zooplankton carbon in lakes of differing trophic state. Oecologia, 123(2): 232-240.

Holme N A, Mclntyre A D. 1984. Methods for the Study of Marine Benthos. Oxford: Blackwell Scientific Publications.

IMIS V. 1992. Report of the ICES Advisory Committee on Marine Pollution. Copenhagen, Denmark: Ices Cooperative Research Report.

Jackson J B C. 1994. Community unity? Science, 264: 1412-1413.

Jensen K T. 1992. Macrozoobenthos on an intetidal mudflat in the Danish Wadden Sea: comparisons of surveys made in the 1930s, 1940s and 1980s. Helgolander Meeresunters, 46: 363-376.

Labrune C, Gremare A, Guizien K, et al., 2007. Long-term comparison of soft bottom macrobenthos in the Bay of Banyuls-sur-Mer (northwestern Mediterranean Sea): a reappraisal. Journal of Sea Research, 58(2): 125-143.

Leonard D R P, Clarke K R, Somerfield P J, et al. 2006. The application of an indicator based on taxonomic distinctness for UK marine biodiversity assessments. Journal of Environmental Management, 78(1): 52-62.

Li B Q, Keesing J K, Liu D, et al. 2013a. Anthropogenic impacts on hyperbenthos in the coastal waters of Sishili Bay, Yellow Sea. Chinese Journal of Oceanology and Limnology, 31 (6): 1257-1267.

Li B Q, Wang Q C, Li B J. 2013b. Assessing the benthic ecological status in the stressed coastal waters of Yantai, Yellow Sea, using AMBI and M-AMBI. Marine Pollution Bulletin, 75 (1-2): 53-61.

Li B Q, Cozzolib F, Soissons L M, et al. 2017. Effects of bioturbation on the erodibility of cohesive versus non-cohesive sediments along a current-velocity gradient: a case study on cockles. Journal of Experimental Marine Biology and Ecology, (496): 84-90.

Lohrer A M, Chiaroni L D, Hewitt J E, et al. 2008. Biogenic disturbance determines invasion success in a subtidal soft-sediment system. Ecology, 89 (5): 1299-1307.

Lohrer A M, Thrush S F, Gibbs M M. 2004. Bioturbators enhance ecosystem function through complex biogeochemical interactions. Nature, 431 (7012): 1092-1095.

Lohrer A M, Thrush S F, Hunt L, et al. 2005. Rapid reworking of subtidal sediments by burrowing spatangoid urchins. Journal of Experimental Marine Biology and Ecology, 321 (2): 155-169.

López J E, Francesch O, Dorrio A V, et al. 1995. Long-term variation of the infaunal benthos of La Coruna Bay (NW Spain): results from a 12-year study (1982-1993). Scientia Marina, 59 (Suppl.1): 49-61.

Margalef R. 1968. Perspectives in Ecological Theory. Chicago: Chicago University Press.

Margalef R. 1975. External factors and ecosystem stability. Schweizerische Zeitschrift für Hydrologie, 37 (1): 102-117.

Martin R E. 2000. Environmental Micropaleontology. New York: Kluwer Academic/Plenum Publishers.

Montserrat F, van Colen C, van Degraer S, et al. 2008. Benthic community-mediated sediment dynamics. Marine Ecology Progress Series, 372 (1): 43-59.

Muxika I, Borja A, Bald J. 2007. Using historical data, expert judgment and multivariate analysis in assessing reference conditions and benthic ecological status, according to the European Water Framework Directive. Marine Pollution Bulletin, 55 (1): 16-29.

Muxika I, Borja, Bonne W. 2005. The suitability of the marine biotic index (AMBI) to new impact sources along European coasts. Ecological Indicators, 5 (1): 19-31.

Nakhlé K F, Cossa D, Khalaf G, et al. 2006. Brachidontes variabilis and *Patella* sp. as quantitative biological indicators for cadmium, lead and mercury in the Lebanese coastal waters. Environmental Pollution, 142 (1): 73-82.

Paine R T. 1995. Marine rocky shore and community ecology: an experimentalist's perspective. Journal of Animal Ecology, 64 (3): 425.

Paterson D M. 1989. Short-term changes in the erodibility of intertidal cohesive sediments related to the migratory behavior of epipelic diatoms. Limnology and Oceanography, 34 (1): 223-234.

Paterson D M. 1997. Biological mediation of sediment erodibility: ecology and physical dynamics. *In*: Burt N, Parker R, Watts J. Cohesive Sediments. Chichester: Wiley and Sons: 215-229.

Pearson T H, Josefson A B, Rosenberg R. 1985. Petersen's benthic stations revisited. I. Is the Kattegat becoming eutrophic? Journal of Experimental Marine Biology and Ecology, 92 (2): 157-206.

Pearson T, Rosenberg R. 1978. Macrobenthic succession in relation to organic enrichment and pollution of the marine environment. Oceanography and Marine Biology, an Annual Review, 16: 229-311.

Pielou E C. 1966. Species-diversity and pattern-diversity in the study of ecological succession. Journal of Theoretical Biology, 10(2): 370-383.

Polovodova I, Schonfeld J. 2008. Foraminiferal test abnormalities in the Western Baltic Sea. Journal of Foraminiferal Research, 38(4): 318-336.

Reise K, Sehubert A. 1987. Macrobenthos turnover in the subtidal Wadden Sea: the Norderaue revisited after 60 years. Helgolander Meeresunters, 41: 69-82.

Riisgard H U, Banta G T. 1998. Irrigation and deposit feeding by the lugworm *Arenicola marina*, characteristics and secondary effects on the environment, a review of current knowledge. Vie Milieu -Life and Environment, 48(4): 243-257.

Rosenberg R, Grya J S, Josefson A B, et al. 1987. Petersen's benthic stations revisited. II. Is the Oslofjord and eastern Skagerrak enriched? Exp Mar Biol Ecol, 105(2-3): 219-251.

Sanders H L. 1956. Oceanography of long island sound, 1952-1954. X. The biology of marine bottom communities. Bull Bingham Oceanogr Coll, 15: 245-258.

Sarda F J E, Cartes, J B. 1994. Spatio-temporal variations in megabenthos abundance in three different habitats of the Catalan deep-sea (Western Mediterranean). Marine Biology, 120(2): 211-219.

Schaff T, Levin L, Blair N, et al. 1992. Spatial heterogeneity of benthos on the Carolina continental slope: large (100km)-scale variation. Marine Ecology Progress Series, 88(2-3): 143-160.

Service S K, Feller R J. 1992. Long-term trends of subtidal macrobenthos in north inlet, South-Carolina. Hydrobiologia, 231(1): 13-40.

Shannon C E, Weaver W. 1949. The Mathematical Theory of Communication. Urbana: University of Illinois Press.

Silveira M P, Baptista D F, Buss D F, et al. 2005. Applications of biological measures for stream integrity assessment in south-east Brazil. Environmental Monitoring and Assessment, 101(1-3): 117-208.

Stal L J. 2003. Microphytobenthos, their extracellular polymeric substances, and the morphogenesis of intertidal sediments. Geomicrobiology Journal, 20(5): 463-478.

Stark J S, Riddle M J. 2003. Human impacts in marine benthic communities at Casey Station: description, determination and demonstration of impacts. 8th SCAR International Biology Symposium: 278-284.

Tagliapietra D, Pavan M, Wager C. 1998. Macrobenthic community changes related to Eutrophication in Palude della Rosa (Benetian Venetian Lagoon, Italy). Estuarine, Coastal and Shelf Science, 47(2): 217-226.

Thompson B, Lowe S. 2004. Assessment of macrobenthos response to sediment contamination in the San Francisco Estuary, California, USA. Environmental Toxicology and Chemistry, 23(9): 2178-2187.

Tueros I, Rodríguez J G, Borja A, et al. 2008. Maximum likelihood mixture estimation to determine metal background values in estuarine and coastal sediments within the European Water Framework Directive. Science of the Total Environment, 370: 278-293.

Underwood G J C, Paterson D M, Parkes R J. 1995. The measurement of microbial carbohydrate exopolymers from intertidal sediments. Limnology and Oceanography, 40(7): 1243-1253.

Varfolomeeva M, Naumov A. 2013. Long-term temporal and spatial variation of macrobenthos in the intertidal soft-bottom flats of two small bights (Chupa Inlet, Kandalaksha Bay, White Sea). Hydrobiologia, 706(1): 175-189.

Volkenborn N, Hedtkamp S I C, Beusekom J E E V, et al. 2007. Effects of bioturbation and bioirrigation by lugworms (*Arenicola marina*) on physical and chemical sediment properties and implications for intertidal habitat succession. Estuarine, Coastal and Shelf Science, 74(1): 331-343.

Walker B H. 1992. Biodiversity and ecological redundancy. Conservation Biodiversity, 6: 18-23.

Wang H Y, Guo X M, Zhang G F, et al. 2004. Classification of jinjiang oysters *Crassostrea rivularis* (Gould, 1861) from China, based on morphology and phylogenetic analysis. Aquaculture, 242(1): 137-155.

Warwick R M. 1986. A new method for detecting pollution effects on marine macrobenthic communities. Marine Biology, 92(4): 557-562.

Warwick R M. 1997. Biodiversity and production on the sea floor. *In*: Hempel G. The Ocean and the Poles, Grand Challenges for European Cooperation. Fischer: Stuttgart: 217-226.

Warwick R M, Clarke K R. 1994. Relearning the ABC: Faxonomic taxonomic changes and abundance/biomass relationship in disturbed benthic communities. Marine Biology, 118(4): 739-744.

Warwick R M, Ruswahyuni. 1987. Comparative study of the structure of some tropical and temperate marine soft-bottom macrobenthic communities. Marine Biology, 95(4): 641-649.

Washburn T, Sanger D. 2010. Land use effects on macrobenthic communities in southeastern United States tidal creeks. Environmental Monitoring and Assessment, 180(1-4): 177-188.

Weisberg S B, Ranasinghe J A, Dauer D M, et al. 1997. An estuarine benthic index of biotic integrity (B-IBI) for Chesapeake Bay. Estuaries, 20(1): 149-158.

Whittaker R H. 1972. Evolution and measurement of species diversity. Taxon, 21(2/3): 213-251.

Widdows J, Brinsley M. 2002. Impact of biotic and abiotic processes on sediment dynamics and the consequences to the structure and functioning of the intertidal zone. Journal of Sea Research, 48(2): 143-156.

Widdows J, Blauw A, Heip C H R, et al. 2004. Role of physical and biological processes in sediment dynamics of a tidal flat in Westerschelde Estuary, SW Netherlands. Marine Ecology Progress Series, 274(1): 41-56.

Widdows J, Brinsley M D, Elliot M. 1998. Use of in situ flume to quantify particle flux (biodeposition rates and sediment erosion) for an intertidal mudflat in relation to changes in current velocity and benthic macrofauna. *In*: Black K S, Paterson D M, Cramp A. Sedimentary Processes in the Intertidal Zone. London: Geological Society, 139: 85-97.

Wildsmith M D, Rose T H, Potter I C, et al. 2011. Benthic macroinvertebrates as indicators of environmental deterioration in a large microtidal estuary. Marine Pollution Bulletin, 62(3): 525-538.

Willows R I, Widdows J, Wood R G. 1998. Influence of and infaunal bivalve on the erosion of an intertidal cohesive sediment: a flume and modeling study. Limnology and Oceanography, 43(6): 1332-1343.

Yokoyama H, Nishimura A, Inoue M. 2007. Macrobenthos as biological indicators to assess the influence of aquaculture on Japanese coastal environments. *In*: Theresa M B. Ecological and Genetic Implications of Aquaculture Activities. Methods and Technologies in Fish Biology and Fisheries. Dordrecht: Springer, 6: 407-423.

Zenkevich L A. 1963. Biology of the Seas of the U. S. S. R. London: George Allen & Unwin Ltd: 955.

中文名索引

A

安氏白虾　218
安氏新银鱼　244
澳洲鳞沙蚕　114

B

巴西沙蠋　122
白脊藤壶　209
斑鰶　242
斑节对虾　211
斑玉螺　134
半滑舌鳎　264
背蚓虫　121
扁玉螺　133
变态蟳　224
波纹巴非蛤　191
渤海格鳞虫　115
渤海鸭嘴蛤　194
薄荚蛏　180
薄壳绿螂　193
薄壳索足蛤　160
薄片镜蛤　190
不倒翁虫　122

C

彩虹明樱蛤　171
长砗磲　163
长肋日月贝　156
长牡蛎　158
长偏顶蛤　147
长蛸　207
长蛇鲻　245
长吻沙蚕　112
长叶索沙蚕　116
长竹蛏　178

长锥虫　119
碎石豪　163
船蛆　200
刺参　231
粗纹樱蛤　169

D

大沽全海笋　199
大黄鱼　257
大泷六线鱼　252
大蝼蛄虾　222
大马蹄螺　128
大獭蛤　167
大头鳕　246
大珠母贝　152
大竹蛏　177
单环刺螠　125
等边浅蛤　184
地纹芋螺　139
帝汶樱蛤　170
东方小藤壶　209
豆形胡桃蛤　141
豆形凯利蛤　161
独齿围沙蚕　105
短滨螺　130
短鳍红娘鱼　252
短蛸　207
短叶索沙蚕　117
短竹蛏　178
对生塑蛤　175
钝吻黄盖鲽　263
多齿沙蚕　103
多齿围沙蚕　106
多棘海盘车　234
多棘裂江珧　151
多鳞鱚　255

多鳃齿吻沙蚕　112

E

额刺裂虫　109
耳鲍　127

F

凡纳滨对虾　211
菲律宾蛤仔　180
菲律宾偏顶蛤　148
菲律宾獭蛤　168
翡翠贻贝　144

G

葛氏长臂虾　217
隔贻贝　146
古氏滩栖螺　132
光滑河篮蛤　197
光亮倍棘蛇尾　238

H

哈氏刻肋海胆　234
海棒槌　231
海地瓜　232
海鳗　240
海湾扇贝　154
海燕　233
海月　157
海月水母　268
海蜇　268
何氏鳐　240
褐牙鲆　263
黑棘鲷　257
黑龙江篮蛤　198
红鳍东方鲀　266
红肉河篮蛤　197
厚壳贻贝　144
花刀蛏　179
花鲈　254
华贵栉孔扇贝　154
华美盘管虫　123
滑顶薄壳鸟蛤　161

环肋弧樱蛤　169
黄鮟鱇　246
黄岛长吻虫　270
黄姑鱼　259
黄海葵　269
黄口荔枝螺　137
火枪乌贼　204

J

吉村马特海笋　200
脊腹褐虾　222
脊尾白虾　218
加州扁鸟蛤　162
假晴东方鲀　267
尖海龙　249
间下鱵　247
剑尖枪乌贼　203
江户布目蛤　187
江户明樱蛤　172
胶管虫　123
金氏真蛇尾　238
金乌贼　205
金星蝶铰蛤　201
近江牡蛎　158
锯齿巴非蛤　192
锯齿长臂虾　217

K

阚氏口虾蛄　229
口虾蛄　229
宽壳全海笋　199
宽身大眼蟹　226
魁蚶　143

L

莱氏舌鳎　265
蓝点马鲛　261
鲡　241
理蛤　173
丽文蛤　182
磷虫　118
鳞杓拿蛤　187

龙介虫　124
绿螂　193
绿鳍马面鲀　265
裸体方格星虫　270

M

马粪海胆　236
马氏珠母贝　152
马蹄螺　129
脉红螺　136
满月无齿蛤　160
曼氏无针乌贼　205
毛蚶　142
矛毛虫　120
美女蛤　188
密鳞牡蛎　159

N

内刺盘管虫　124
内肋蛤　173
泥蚶　143
泥螺　140
拟特须虫　111
拟紫口玉螺　134

P

皮氏蛾螺　139
偏顶蛤　147
平蛤蜊　166
平濑掌扇贝　156
剖刀鸭嘴蛤　195

Q

歧脊加夫蛤　189
嵌条扇贝　155
强肋锥螺　135
巧言虫　110
鞘偏顶蛤　148
青膳　259
青蛤　183
青蚶　142
青鳞小沙丁鱼　243

全刺沙蚕　102

R

日本倍棘蛇尾　237
日本刺沙蚕　099
日本大眼蟹　226
日本带鱼　260
日本鼓虾　216
日本海马　248
日本褐虾　220
日本肌蛤　149
日本角吻沙蚕　114
日本镜蛤　189
日本枪乌贼　203
日本文昌鱼　272
日本蟳　224
日本舒　262
日本沼虾　220
软背鳞虫　115
软疣沙蚕　108

S

三崎柱头虫　271
三疣梭子蟹　223
砂海螂　196
砂海星　233
少鳞鱚　255
沈氏厚蟹　227
鲥　243
双斑蟳　225
双齿围沙蚕　104
双管阔沙蚕　107
双喙耳乌贼　206
双线紫蛤　175
丝异须虫　121
四角蛤蜊　165
鲛　253

T

鲐　261
太平洋褶柔鱼　202
汤氏平鲉　250

鳀 242
条纹隔贻贝 146
凸壳肌蛤 149

W

弯齿围沙蚕 105
微黄镰玉螺 133
尾刺沙蚕 100
文蛤 181
伍氏拟厚蟹 228

X

西施舌 167
溪沙蚕 099
细螯虾 215
细雕刻肋海胆 235
细巧仿对虾 213
虾夷扇贝 155
鲜明鼓虾 216
腺带刺沙蚕 101
香港巨牡蛎 159
香螺 138
小刀蛏 178
小黄鱼 258
小头虫 120
心形海胆 236
醒目云母蛤 141
秀丽白虾 219
秀丽波纹蛤 164
锈凹螺 130
许氏平鲉 250

Y

鸭嘴蛤 194
鸭嘴海豆芽 272
雅异篮蛤 196
岩虫 118
羊鲍 128
异白樱蛤 171
异须沙蚕 102
异足索沙蚕 116

缢蛏 176
鹰爪虾 213
鲬 251
疣荔枝螺 137
疣吻沙蚕 108
圆腹褐虾 221
云纹亚海鲂 248

Z

杂色鲍 126
杂色蛤仔 181
真鲷 256
真蛸 208
栉江珧 150
栉孔扇贝 153
中国不等蛤 157
中国大银鱼 245
中国蛤蜊 165
中国毛虾 214
中国明对虾 210
中国枪乌贼 202
中国仙女蛤 185
中华内卷齿蚕 111
中华鸟蛤 162
中华绒螯蟹 227
中日立蛤 168
周氏新对虾 212
皱纹蛤 186
皱纹盘鲍 126
珠带拟蟹守螺 131
锥唇吻沙蚕 113
缀锦蛤 191
鲻 254
紫彩血蛤 174
紫裂江珧 151
紫石房蛤 183
紫血蛤 174
紫贻贝 145
棕带仙女蛤 185
总角截蛏 176
纵带滩栖螺 132
纵肋织纹螺 135

拉丁学名索引

A

Acanthopagrus schlegelii schlegelii　257

Acaudina molpadioides　232

Acetes chinensis　214

Aglaophamus sinensis　111

Alpheus digitalis　216

Alpheus japonicus　216

Amphioctopus fangsiao　207

Amphioplus lucidus　238

Amphiporus japonicus　237

Amusium pleuronectes　156

Anadara broughtonii　143

Anodontia stearnsiana　160

Anomalodiscus squamosus　187

Anomia chinensis　157

Anthopleura xanthogra mmica　269

Aphrodita australis　114

Apostichopus japonicus　231

Arcuatula japonica　149

Arcuatula senhousia　149

Arenicola brasiliensis　122

Arenifodiens vagina　148

Argopecten irradians irradians　154

Asaphis violascens　175

Asterias amurensis　234

Atrina pectinata　150

Aurelia aurita　268

B

Balanoglossus misakiensis　271

Barbatia virescens　142

Barnea davidi　199

Barnea dilatata　199

Batepenaeopsis tenella　213

Batillaria cumingii　132

Batillaria zonalis　132

Branchiostoma japonicum　272

Bullacta exarata　140

C

Callista chinensis　185

Callista erycina　185

Capitella capitata　120

Chaetopterus variopedatus　118

Charybdis bimaculata　225

Charybdis japonica　224

Charybdis variegata　224

Chlamys farreri　153

Chlamys nobilis　154

Chthamalus challengeri　209

Circe scripta　188

Conus geographus　139

Corbula venusta　196

Crangon affinis　222

Crangon cassiope　221

Crangon hakodatei　220

Cryptonatica andoi　134

Cultellus attenuatus　178

Cyclina sinensis　183

Cyclotellina remies　169

Cynoglossus lighti　265

Cynoglossus semilaevis　264

D

Dosinia corrugata　190

Dosinia japonica　189

E

Echinocardium cordatum　236

Endopleura lubrica　173

Engraulis japonicus　242

Ennucula faba　141

Ensiculus cultellus　179
Eriocheir sinensis　227
Eulalia viridis　110
Euspira gilva　133
Exopalaemon annandalei　218
Exopalaemon carinicauda　218
Exopalaemon mosestus　219

F

Fistulobalanus albicostatus　209
Fulvia mutica　161

G

Gadus macrocephalus　246
Gafrarium divaricatum　189
Gari elongata　174
Gattyana pohaiensis　115
Glauconome angulata　193
Glauconome chinensis　193
Glycera chirori　112
Glycera onomichiensis　113
Goniada japonica　114

H

Haliotis asinina　127
Haliotis discus hannai　126
Haliotis diversicolor　126
Haliotis ovina　128
Hediste japonica　099
Helicana wuana　228
Helice tridens sheni　227
Hemicentrotus pulcherrimus　236
Heteromastus filiformis　121
Hexagrammos otakii　252
Hiatula diphos　175
Hippocampus mohnikei　248
Hippopus hippopus　163
Hydroides elegans　123
Hydroides ezoensis　124
Hyporhamphus intermedius　247

I

Iridona iridescens　171

J

Jolya elongata　147

K

Keenocardium californiense　162
Kellia porculus　161
Konosirus punctatus　242
Kuwaita heteropoda　116

L

Larimichthys crocea　257
Larimichthys polyactis　258
Lateolabrax japonicus　254
Laternula anatina　194
Laternula boschasina　195
Laternula gracilis　194
Leitoscoloplos pugettensis　119
Lepidonotus helotypus　115
Lepidotrigla microptera　252
Leptochela gracilis　215
Leukoma jedoensis　187
Lingula anatina　272
Littorina brevicula　130
Llisha elongata　241
Loliolus beka　204
Loliolus japonica　203
Lophius litulon　246
Luidia quinaria　233
Lumbrineris latreilli　117
Lumbrineris longifolia　116
Lutraria maxima　167
Lutraria rhynchaena　168

M

Macoma incongrua　171
Macridiscus aequilatera　184
Macrobrachium nipponense　220
Macrophthalmus abbreviatus　226
Macrophthalmus japonicus　226
Mactra antiquata　167
Mactra chinensis　165
Mactra grandis　166

Mactra quadrangularis　165

Magallana ariakensis　158

Magallana gigas　158

Magallana hongkongensis　159

Marphysa sanguinea　118

Martesia yoshimurai　200

Meretrix lusoria　182

Meretrix meretrix　181

Meropesta sinojaponica　168

Metapenaeus joyneri　212

Mizuhopecten yessoensis　155

Modiolus modiolus　147

Modiolus philippinarum　148

Moerella hilaris　172

Mugil cephalus　254

Muraenesox cinereus　240

Mya arenaria　196

Mytilisepta virgata　146

Mytilus galloprovincialis　145

Mytilus unguiculatus　144

Myxicola infundibulum　123

N

Namalycastis abiuma　099

Nassarius variciferus　135

Neanthes acuminata　100

Neanthes glandicincta　101

Nectoneanthes oxypoda　102

Neohaustator fortilirata　135

Neosalanx anderssoni　244

Nephtys *polybranchia*　112

Neptunea arthritica cumingii　138

Nereis heterocirrata　102

Nereis multignatha　103

Neverita didyma　133

Nibea albiflora　259

Notocochlis tigrina　134

Notomastus latericeus　121

Nutallia olivacea　174

O

Octopus variabilis　207

Octopus vulgaris　208

Okamejei hollandi　240

Omphalius rusticus　130

Ophiura kinbergi　238

Oratosquilla oratoria　229

Ostrea denselamellosa　159

P

Pagrus major　256

Palaemon gravieri　217

Palaemon serrifer　217

Paracaudina chilensis　231

Paralacydonia paradoxa　111

Paralichthys olivaceus　263

Paratapes undulatus　191

Patiria pectinifera　233

Pecten albicans　155

Penaeus chinensis　210

Penaeus monodon　211

Penaeus vannamei　211

Periglypta puerpera　186

Perinereis aibuhitensis　104

Perinereis camiguinoides　105

Perinereis cultrifera　105

Perinereis nuntia　106

Perna viridis　144

Phylo felix　120

Pinctada imbricata　152

Pinctada maxima　152

Pinna atropurpurea　151

Pinna muricata　151

Pirenella cingulata　131

Placuna placenta　157

Planiliza haematocheila　253

Platycephalus indicus　251

Platynereis bicanaliculata　107

Portunus trituberculatus　223

Potamocorbula amurensis　198

Potamocorbula laevis　197

Potamocorbula rubromuscula　197

Protapes gallus　192

Pseudopleuronectes yokohamae　263

Q

Quidnipagus palatam　169

R

Raeta pulchella　164
Rapana venosa　136
Reishia clavigera　137
Reishia luteostoma　137
Rhopilema esculentum　268
Ruditapes philippinarum　180

S

Saccoglossus hwangtauensis　270
Salanx chinensis　245
Sardinella zunasi　243
Saurida elongata　245
Saxidomus purpurata　183
Scapharca kagoshimensis　142
Scomber japonicus　261
Scomberomorus niphonius　261
Sebastes schlegelii　250
Sebastes thompsoni　250
Sepia esculenta　205
Sepiella inermis　205
Sepiola birostrata　206
Septifer bilocularis　146
Serpula vermicularis　124
Siliqua pulchella　180
Sillago japonica　255
Sillago sihama　255
Sinonovacula constricta　176
Sipunculus (Sipunculus) nudus　270
Solecurtus divaricatus　176
Solen brevissimus　178
Solen grandis　177
Solen strictus　178
Sphyraena japonica　262
Sternaspis scutata　122
Syllis cornuta　109
Syngnathus acus　249

T

Takifugu pseudommus　267
Takifugu rubripes　266

Tapes literatus　191
Tectus niloticus　128
Tegillarca granosa　143
Tellinides timorensis　170
Temnopleurus hardwickii　234
Temnopleurus toreumaticus　235
Tenualosa reevesii　243
Teredo navalis　200
Thamnaconus modestus　265
Theora lata　173
Thyasira tokunagai　160
Todarodes pacificus　202
Trachysalambria curvirostris　213
Trichiurus lepturus　260
Tridacna maxima　163
Trigonothracia jinxingae　201
Trochus maculatus　129
Tylonereis bogoyawlenskyi　108
Tylorrhynchus heterochaetus　108

U

Upogebia major　222
Urechis unicinctus　125
Uroteuthis (Photololigo) chinensis　202
Uroteuthis (Photololigo) edulis　203

V

Venerupis aspera　181
Vepricardium sinense　162
Volachlamys hirasei　156
Volutharpa ampullacea　139
Vossquilla kempi　229

X

Xenocephalus elongatus　259

Y

Yoldia notabilis　141

Z

Zenopsis nebulosa　248